全国高等院校土木与建筑专业十二五创新规划教材

建设工程造价案例分析

王 凯 主 编

王丽红 马桂茹 副主编

U0283848

清华大学出版社

北 京

内 容 简 介

本书综合性较强，内容通俗、实用，紧扣工程造价理论和实践，并结合了新的相关法律法规，如2013 版《建设工程工程量清单计价规范》，使读者能够对整个建设工程各个阶段的造价管理有一个系统的认识和了解，并通过大量例题来掌握相关知识。本书尽量体现"新"、"精"，注重实用性，简化理论概述内容。

本书共 6 章，主要内容包括建设项目投资估算与财务评价、建设工程设计与施工方案技术经济分析、建设工程计量与计价、建设工程施工招标与投标、建设工程合同管理与工程索赔、工程价款结算与竣工决算等，以案例分析为主，着重实际应用能力的培养。

本书主要可用作高等院校工程造价专业、建筑工程专业或其他相关专业的教学用书，也可用作相关岗位培训教材及自学考试、注册考试用书。

本书封面贴有清华大学出版社防伪标签，无标签者不得销售。
版权所有，侵权必究。举报：010-62782989，beiqinquan@tup.tsinghua.edu.cn。

图书在版编目(CIP)数据

建设工程造价案例分析/王凯主编. --北京：清华大学出版社，2015（2024.7 重印）
(全国高等院校土木与建筑专业十二五创新规划教材)
ISBN 978-7-302-39564-5

Ⅰ. ①建… Ⅱ. ①王… Ⅲ. ①建筑造价管理—案例—高等学校—教材 Ⅳ. ①TU723.3

中国版本图书馆 CIP 数据核字(2015)第 046495 号

责任编辑：桑任松
装帧设计：刘孝琼
责任校对：周剑云
责任印制：杨 艳

出版发行：清华大学出版社
   网　　址：https://www.tup.com.cn, https://www.wqxuetang.com
   地　　址：北京清华大学学研大厦 A 座　　　　邮　　编：100084
   社 总 机：010-83470000　　　　　　　　　邮　　购：010-62786544
   投稿与读者服务：010-62776969, c-service@tup.tsinghua.edu.cn
   质量反馈：010-62772015, zhiliang@tup.tsinghua.edu.cn
   课件下载：https://www.tup.com.cn, 010-62791865
印 装 者：三河市龙大印装有限公司
经　　销：全国新华书店
开　　本：185mm×260mm　　印　张：17　　　字　数：410 千字
版　　次：2015 年 4 月第 1 版　　　　　　　印　次：2024 年 7 月第 10 次印刷
定　　价：49.00 元

产品编号：057592-03

　　高等职业教育的根本就是要从市场的实际出发，坚持以全面素质教育为基础，以就业为导向，培养高素质的应用技能型人才。高等职业教育的快速发展要求加强以市场的实用内容为主的教学。因此，建筑工程类教材的编制应紧跟时代步伐，及时准确地反映国家现行的相关法律法规、规范和标准等。因此，本书在编写时尽量做到内容通俗易懂、理论概述简洁明了、案例清晰实用，特别注重教材的实用性。

　　本书在编写上具有以下几个特点。

1. 课程知识结构合理

　　本书知识体系的结构较为合理，系统地阐明了工程建设项目决策阶段的投资估算、设计和施工前期阶段的技术经济评价和工程量计量与计价、招投标阶段的法律法规要求以及施工过程中的合同管理、竣工验收阶段的结算与决算等主要知识点内容，做到主线分明、结构合理、重点突出。

2. 教学案例典型丰富

　　"建设工程造价案例分析"是一门综合性、应用性很强的专业课程。它的学习建立在工程造价学科所有基础专业课程完成之后，涉及多个知识点的集成。因此，本书以大量案例来加强理论知识的学习，使得读者能够做到理论知识的融会贯通，同时提高自己的实际应用能力。在编写过程中，我们尽量做到案例典型、新颖，知识点集中。本书最后还附有三套模拟试卷及答案，供读者自我测试和学习。

3. 注重细节，便于教学

　　本书中涉及的案例对工程造价管理知识的基本概念、基本运算以及解题思路和计算过程都给出了明确答案，方便教学和读者自学。

　　本书主要可用作高等院校工程造价专业、建筑工程专业或其他相关专业的教学用书，也可用作相关岗位培训教材及自学考试、注册考试用书。

　　本书由王凯老师担任主编，王丽红、马桂茹老师担任副主编，参加编写的还有张红宇、王斌和安冰姝老师。具体的编写分工为：王凯老师编写第 1 章；王斌老师编写第 2 章；张红宇老师编写第 3 章；马桂茹老师编写第 4 章；安冰姝老师编写第 5 章；王丽红老师编写第 6 章。

　　由于编者水平有限，书中难免存在疏漏和错误，恳请使用本书的师生和相关专家批评指正。

编　者

第 1 章　建设项目投资估算与财务评价

【学习要点及目标】

◆　了解建设项目投资的构成与投资估算的方法。

◆　掌握建设项目财务评价中基本报表的编制。

◆　了解建设项目财务指标的分类。

◆　掌握建设项目财务评价的静态、动态分析的基本方法。

◆　掌握建设项目评价中的不确定性分析。

1.1 投 资 估 算

1.1.1 投资估算概述

1. 投资估算的概念

投资估算是指在建设项目的整个投资决策过程中，依据已有的资料，运用一定的科学方法和手段，对建设项目全部投资费用进行的预测和估算。投资估算的成果文件称作投资估算书，它是项目建议书或者可行性研究报告的重要组成部分，也是项目决策的重要依据之一。

2. 项目投资估算的阶段划分与精度要求

目前，项目投资估算一般涉及项目规划、项目建设书、初步可行性研究及详细可行性研究等阶段。投资估算的准确性不仅影响可行性研究工作的质量和经济评价结果，而且直接关系到下一阶段设计概算和施工图预算的编制。因此，应全面准确地对建设项目总投资进行估算。我国建设项目投资估算可划分为以下几个阶段。

1) 项目规划阶段的投资估算

本阶段的投资估算工作比较粗略，主要是根据国民经济发展规划、地区发展规划和行业发展规划的要求，编制建设项目的建设规划，粗略地估算建设项目所需的投资额，对投资估算精度的要求为允许误差大于±30%。

2) 项目建议书阶段的投资估算

本阶段的投资估算工作比较粗略，投资额的估计一般是按照项目建议书中的产品方案、建设规模、主要生产工艺及建厂地址等内容，并通过与已建类似项目的对比得来的，因此投资估算的误差率应在±30%以内。这一阶段的投资估算主要是为相关管理部门审批项目建议书提供依据。

3) 初步可行性研究阶段的投资估算

本阶段是介于项目建议书和详细可行性研究之间的中间阶段，投资估算工作的误差率一般要求控制在±20%以内。这一阶段的投资估算要在投资机会研究结论的基础上进行，要求对项目的投资规模、原材料来源、工艺技术、厂址、组织机构和建设进度等资料掌握得更加详细、更加深入。同时，要进行项目的经济效益评价，判断项目的可行性，从而做出初步投资评价。这一阶段要对项目是否真正可行做出初步的决定。

4) 详细可行性研究阶段的投资估算

本阶段投资估算工作的研究内容详尽，投资估算的误差率应控制在±10%以内。这一阶段的投资估算要进行全面、详细、深入的技术经济分析论证，要评价、选择拟建项目的最佳投资方案，对项目的可行性提出结论性意见。这一阶段的投资估算是进行详尽经济评价、决定项目可行性、选择最佳投资方案的主要依据，同时也是编制设计文件、控制初步设计及概算的主要依据。

1.1.2　投资估算的内容

投资估算主要是计算建设项目的总投资。我国现行的建设项目总投资构成如图 1-1 所示。

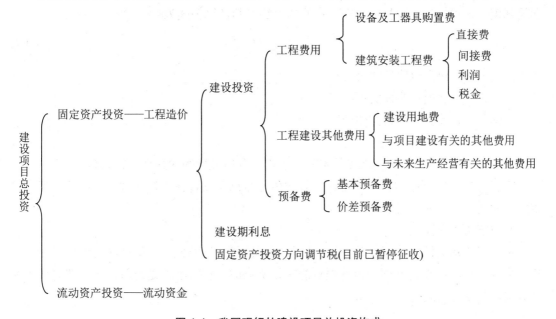

图 1-1　我国现行的建设项目总投资构成

按照资金的时间价值，可将投资估算分为静态投资和动态投资两大类。

(1) 静态投资是指不考虑资金时间价值的投资部分，主要包括建筑安装工程费、设备及工器具购置费、工程建设其他费用中的静态部分，以及预备费中的基本预备费。

(2) 动态投资是指考虑了资金时间价值的投资部分，主要包括价格变动可能增加的投资额(价差预备费)、建设期利息和固定资产投资方向调节税三部分内容。如果是涉外项目，还应该计算汇率的影响。

1.1.3　投资估算的编制方法

投资估算的编制方法很多，有的适用于项目规划和建议书阶段，有的适用于可行性研究阶段，方法不同，精确度也会有所不同。为了提高投资估算的科学性和准确性，应按照项目的性质、相关技术资料和有效数据，以及行业的具体规则，有针对性地选择适用的方法。

1. 建设项目静态投资部分的估算方法

静态投资是建设项目投资估算的基础，所以必须全面、准确地进行分析计算，既要避免少算漏项，又要防止高估超算，力求切合实际。由于民用建筑与工业生产项目的静态投资估算出发点及具体办法不同，一般情况下，工业项目的投资估算大多以设备费估算为基础进行，而民用项目则以建筑工程投资估算为基础。根据静态投资费用项目内容的不同，投资估算采用的方法和深度也不尽相同，以下将分别进行介绍。

1) 单位生产能力估算法

单位生产能力估算法是根据已建成的、性质类似的建设项目的单位生产能力投资乘以建设规模，即得到拟建项目的静态投资额的方法。其计算公式为

$$C_2 = \frac{C_1}{Q_1} \cdot Q_2 \cdot f \tag{1.1.1}$$

式中：C_1——已建类似项目的投资额；

C_2——拟建项目的投资额；

Q_1——已建类似项目的生产能力；

Q_2——拟建项目的生产能力；

f——不同时期、不同地点的定额、单价、费用变更等的综合调整系数。

特点：精度较低；估算简便迅速；只适用于与已建项目在规模和时间上相近的拟建项目，一般两者生产能力比值为 0.2~2。

2) 生产能力指数法

生产能力指数法又称指数估算法，它是根据已建成的类似项目生产能力和投资额来粗略估算同类但生产能力不同的拟建项目静态投资额的一种方法，是对单位生产能力估算法的改进。其计算公式为

$$C_2 = C_1 \cdot \left(\frac{Q_2}{Q_1}\right)^x \cdot f \tag{1.1.2}$$

式中：x——生产能力指数，$0 \leq x \leq 1$。

其他符号含义同公式(1.1.1)。

特点：与单位生产能力估算法相比精确度略高，其误差可以控制在±20%以内；主要应用于设计深度不足，拟建建设项目与类似建设项目的规模不同，设计定型并系列化，基础资料完备的情况；在总承包报价时经常采用。

3) 系数估算法

系数估算法也称为因子估算法，它是以拟建项目的主体工程费或主要设备费为基数，以其他工程费占主体工程费的百分比为系数，据此估算拟建项目静态投资额的方法。这种方法简单易行，但是精度较低，一般用于项目建议书阶段。系数估算法的种类很多，下面介绍几种主要类型。

(1) 设备系数法。设备系数法以拟建项目的设备购置费为基数，根据已建成的同类项目的建筑安装费和其他工程费等与设备价值的百分比，求出拟建项目建筑安装工程费和其他工程费，进而求出建设项目的静态投资额。其计算公式为

$$C = E(1 + f_1P_1 + f_2P_2 + f_3P_3 + L) + I \tag{1.1.3}$$

式中：C——拟建项目的静态投资额；

E——拟建项目根据当时当地价格计算的设备购置费；

P_1、P_2、P_3、L——已建项目中建筑安装费及其他工程费等占设备购置费的比重；

f_1、f_2、f_3、L ——由于时间因素引起的定额、价格、费用标准等变化的综合调整系数；

　　　　I——拟建项目的其他费用。

　　(2) 主体专业系数法。主体专业系数法以拟建项目中投资比重较大，并与生产能力直接相关的工艺设备投资为基数，根据已建同类项目的有关统计资料，计算出拟建项目各专业工程(总图、土建、采暖、给排水、管道、电气、自控等)占工艺设备投资的百分比，据以求出拟建项目各专业投资，然后加总即得到拟建项目的静态投资额。其计算公式为

$$C = E(1 + f_1P_1 + f_2P_2 + f_3P_3 + L) + I \tag{1.1.4}$$

式中：P_1、P_2、P_3、L ——已建项目中各专业工程费用占设备费的比重。

　　其他符号同公式(1.1.3)。

　　(3) 朗格系数法。朗格系数法以设备购置费为基础，乘以适当系数来推算项目的静态投资额。这种方法在国内不常见，是世行项目投资估算常采用的方法，精度不高。该方法的基本原理是分别计算项目建设的总成本费用中的直接成本和间接成本，再将其合为项目的静态投资额。其计算公式为

$$C = E \cdot (1 + \sum K_i) \cdot K_C \tag{1.1.5}$$

式中：K_i——管线、仪表、建筑物等各项费用的估算系数；

　　　　K_C——管理费、合同费、应急费等间接费在内的总估算系数。

　　其他符号同公式(1.1.3)。

　　4) 比例估算法

　　比例估算法是根据已知的同类建设项目主要生产工艺设备占整个建设项目的投资比例，先逐项估算出拟建项目主要生产工艺设备投资，再按比例估算拟建项目的静态投资额的方法。其计算公式为

$$I = \frac{1}{K} \sum_{i=1}^{n} Q_i P_i \tag{1.1.6}$$

式中：I——拟建项目的静态投资额；

　　　　K——已建项目主要设备投资占拟建项目投资的比例；

　　　　n——设备种类数；

　　　　Q_i——第 i 种设备的数量；

　　　　P_i——第 i 种设备的单价(到厂价格)。

　　特点：主要应用于设计深度不足，拟建建设项目与类似建设项目的主要生产工艺设备投资比重较大，行业内相关系数等基础资料完备的情况。

　　5) 混合法

　　混合法是根据主体专业设计的阶段和深度，投资估算编制者所掌握的国家及地区、行业或部门相关投资估算基础资料和数据，以及其他统计和积累的、可靠的相关造价资料基础，对一个拟建建设项目采用生产能力指数法与比例估算法或系数估算法与比例估算法混合估算其相关投资额的方法。它主要应用于项目规划和建议书阶段。

　　6) 指标估算法

　　指标估算法是投资估算的主要方法，主要应用在可行性研究阶段，是指依据各种具体

的投资估算指标，对各单位工程或单项工程费用进行估算，进而估算建设项目总投资的方法。投资估算指标形式有很多，比如元/m²、元/m³、元/kVA 等，分别与单位面积法、单位体积法、单位容量法等相对应。根据投资估算指标，用其乘以所需建设项目单位工程或单项工程的面积、体积、容量，即可得到相应单位或单项工程的投资额。汇总后再估算工程建设其他费用及预备费等，即求得所需的投资额。

需要注意的是：指标估算法在使用过程中绝对不能生搬硬套，必须对工艺流程、定额、价格及费用标准进行分析，经过实事求是地调整和换算之后，才能提高其精确度。

2. 建设项目动态投资部分的估算方法

动态投资估算主要包括价差预备费和建设期利息的估算两部分内容。需要注意的是，进行动态投资估算时，应以基准年静态投资的资金使用计划为基础来计算以上各种变动因素，而不是以编制年的静态投资为基础计算。

1) 价差预备费的估算

价差预备费是指从估算年到项目建成期间内，由于价格等变化引起工程造价变化的预测预留费用。费用内容包括：人工、材料、施工机械的价差费，建筑安装工程费及工程建设其他费用调整，利率、汇率调整等增加的费用。其计算公式为

$$PF = \sum_{t=1}^{n} I_t [(1+f)^m (1+f)^{0.5} (1+f)^{t-1} - 1] \tag{1.1.7}$$

式中：PF——价差预备费；

　　　　n——建设期年份数；

　　　　I_t——估算静态投资额中第 t 年投入的工程费用；

　　　　f——年涨价率；

　　　　m——建设前期年限(从编制估算到开工建设)。

2) 建设期利息的估算

建设期利息是指在建设期内发生的为工程项目筹措资金的融资费用及债务资金利息。其计算公式为

$$q_j = \left(P_{j-1} + \frac{1}{2} A_j \right) \times i \tag{1.1.8}$$

式中：q_j——建设期第 j 年应计利息；

　　　　P_{j-1}——建设期第 j-1 年贷款累计金额与利息累计金额之和；

　　　　A_j——建设期第 j 年贷款金额；

　　　　i——年利率。

需要注意的是，计算建设期利息的假设前提是：当总贷款是分年均衡发放时，建设期利息的计算可按当年借款在年中支用考虑，即当年贷款按半年计息，上年贷款按全年计息。

3. 设备及工器具购置费的估算

设备购置费是指为建设项目购置或自制的达到固定资产标准的各种国产或进口设备、工器具及生产家具的购置费用。它由设备原价和设备运杂费构成，即

$$\text{设备购置费}=\text{设备原价}+\text{设备运杂费} \tag{1.1.9}$$

式中，设备原价是指国产设备或进口设备的原价；设备运杂费是指除设备原价之外的关于设备采购、运输、途中包装及仓库保管等方面支出费用的总和。

1) 国产设备原价的构成及计算

(1) 国产标准设备原价。

国产标准设备是指按照主管部门颁发的标准图纸和技术要求，由我国设备生产厂批量生产的，符合国家质量检测标准的设备。标准设备一般具有完善的设备交易市场，因此可以通过查询相关交易市场价格或向设备生产厂家询价得到国产标准设备原价。计算时应注意一般采用带有备件的原价。

(2) 国产非标准设备原价。

国产非标准设备是指国家尚无定型标准，各设备生产厂不可能在工艺过程中采用批量生产，只能按订货要求并根据具体的设计图纸制造的设备。非标准设备由于单件生产、无定型标准，所以无法获取市场交易价格，只能按其成本构成或相关技术参数估算其价格。非标准设备原价有多种计算方法，其中成本计算估价法是一种比较常用的估算方法。其计算公式为

$$\begin{aligned}
\text{单台非标准设备原价}=&\{[(\text{材料费}+\text{加工费}+\text{辅助材料费})\times(1+\text{专用工具费率})\\
&\times(1+\text{废品损失费率})+\text{外购配套件费}]\times(1+\text{包装费率})\\
&-\text{外购配套件费}\}\times(1+\text{利润率})+\text{销项税额}+\text{非标准设备}\\
&\text{设计费}+\text{外购配套件费}
\end{aligned} \tag{1.1.10}$$

2) 进口设备原价的构成及计算

进口设备的原价是指进口设备的抵岸价，即设备抵达买方边境、港口或车站，交纳完各种手续费、税费后形成的价格。抵岸价通常由两部分组成：到岸价(CIF)和进口从属费。即

$$\text{进口设备原价}=\text{到岸价(CIF)}+\text{进口从属费} \tag{1.1.11}$$

(1) 进口设备到岸价(CIF)。

$$\begin{aligned}
\text{进口设备到岸价(CIF)}&=\text{离岸价(FOB)}+\text{国际运费}+\text{运输保险费}\\
&=\text{运费在内价(CFR)}+\text{运输保险费}
\end{aligned} \tag{1.1.12}$$

离岸价(FOB)：即进口设备货价，一般指装运港船上交货价。可分为原币货价和人民币货价，原币货价一律折算为美元表示，人民币货价按原币货价乘以外汇市场美元兑换人民币汇率中间价确定。

国际运费：即从装运港(站)到达我国目的港(站)的运费。我国进口设备大部分采用海洋运输，小部分采用铁路运输，个别采用航空运输。其计算公式为

$$\text{国际运费}=\text{原币货价(FOB)}\times\text{运费率(或单位运价}\times\text{运量)} \tag{1.1.13}$$

运输保险费：是一种财产保险。其计算公式为

$$\text{运输保险费}=\frac{\text{原币货价(FOB)}+\text{国外运费}}{1-\text{保险费率}(\%)}\times\text{保险费率}(\%) \tag{1.1.14}$$

(2) 进口从属费。

进口从属费的计算公式为

进口从属费=银行财务费+外贸手续费+关税+消费税+进口环节增值税+车辆购置税 (1.1.15)

银行财务费：一般是指在国际贸易结算中，中国银行为进出口商提供金融结算服务所收取的费用。其计算公式为

$$银行财务费=离岸价格(FOB)×人民币外汇汇率×银行财务费率 \quad (1.1.16)$$

外贸手续费：指按规定的外贸手续费率计取的费用，外贸手续费率一般取 1.5%。其计算公式为

$$外贸手续费=到岸价格(CIF)×人民币外汇汇率×外贸手续费率 \quad (1.1.17)$$

关税：由海关对进出国境或关境的货物和物品征收的一种税。其计算公式为

$$关税=到岸价格(CIF)×人民币外汇汇率×进口关税税率 \quad (1.1.18)$$

需要注意的是，到岸价格作为关税的计征基数时，通常又可称为关税完税价格。

消费税：仅对部分进口设备(如轿车、摩托车等)征收。其计算公式为

$$消费税 = \frac{到岸价格(CIF)×人民币外汇汇率 + 关税}{1 - 消费税税率(\%)} × 消费税税率(\%) \quad (1.1.19)$$

进口环节增值税：是对从事进口贸易的单位和个人，在进口商品报关进口后征收的税种。其计算公式为

$$进口环节增值税=(关税完税价格 + 关税 + 消费税)×增值税税率 \quad (1.1.20)$$

车辆购置税：进口车辆需缴纳进口车辆购置税。计算公式为

$$车辆购置税 = (关税完税价格 + 关税 + 消费税)×车辆购置税税率 \quad (1.1.21)$$

3) 设备运杂费的构成及计算

(1) 设备运杂费的构成。

① 运费和装卸费：对于国产设备，指由设备制造厂交货地点起至工地仓库(或施工组织设计指定的需要安装设备的堆放地点)止所发生的运费和装卸费；对于进口设备，则指由我国到岸港口或边境车站起至工地仓库(或施工组织设计指定的需要安装设备的堆放地点)止所发生的运费和装卸费。

② 包装费：在设备原价中没有包含的，为运输而进行的包装支出的各种费用。

③ 设备供销部门的手续费：按有关部门规定的统一费率计算。

④ 采购与仓库保管费：指采购、验收、保管和收发设备所发生的各项费用，包括设备采购、保管和管理人员的工资、工资附加费、办公费、差旅交通费，设备供应部门办公和仓库所占固定资产使用费、工具用具使用费、劳动保护费、检验试验费等。这些费用可按主管部门规定的采购与保管费率计算。

(2) 设备运杂费的计算。

$$设备运杂费=设备原价×设备运杂费率(\%) \quad (1.1.22)$$

4. 基本预备费的估算

基本预备费的内容包括：①在批准的初步设计范围内，技术设计、施工图设计及施工

过程中所增加的工程费用；设计变更、工程变更、材料代用、局部地基处理等增加的费用；②一般自然灾害造成的损失和预防自然灾害所采用的措施费用，对于实行工程保险的工程项目，该费用应适当降低；③竣工验收时为鉴定工程质量对隐蔽工程进行必要的挖掘和修复费用；④超规超限设备运输增加的费用。其计算公式为

$$基本预备费=(工程费用+工程建设其他费用)×基本预备费率 \tag{1.1.23}$$

5. 流动资金的估算

流动资金是指生产经营性项目投产后，为进行正常生产运营，用于购买原材料、燃料，支付工资及其他经营费用等所需的周转资金，是项目总投资中的组成部分。流动资金的估算方法主要有分项详细估算法和扩大指标法两种。

需要指出的是，流动资金属于长期性(永久性)流动资产，流动资金的筹措可通过长期负债和资本金(一般要求占 30%)的方式解决。借款部分按全年计算利息，流动资金利息应计入生产期间财务费用，项目计算期末收回全部流动资金(不含利息)。

1.2　建设项目财务评价

1.2.1　建设项目财务评价概述

1. 项目财务评价的概念

建设项目的财务评价和经济评价是可行性研究阶段的重要组成部分，也是进行项目决策的重要依据。财务评价与经济评价的本质区别在于：财务评价是从财务管理、现金收支的角度评价项目，所涉及的是与"金钱"有关的财务问题；经济评价是从资源优化配置的角度来评价项目，所涉及的是项目所占用的资源是否得到合理配置及有效使用的问题。本书主要介绍建设项目的财务评价内容。

项目财务评价根据国家现行的财税制度和价格体系，分析、计算项目直接发生的财务效益和费用，编制财务报表，计算评价指标，考察项目盈利能力、清偿能力以及外汇平衡等财务状况，据以判别项目的财务可行性，为建设项目投资决策提供科学依据。

2. 项目财务评价的作用

进行项目财务评价的主要作用如下。

(1) 考察项目的财务盈利能力。

(2) 用于制订适宜的资金计划。

(3) 为协调企业利益与国家利益提供依据。

(4) 为中外合资项目提供双方合作的基础。

3. 项目财务评价的程序

项目财务评价是在项目市场研究、生产条件及技术研究的基础上进行的，它主要通过有关的基础数据，编制财务报表，计算分析相关经济评价指标，做出评价结论。其程序大致包括下面几个步骤。

(1) 选取财务评价的基础数据与参数。

(2) 估算各期现金流量。

(3) 编制基本财务报表。

(4) 计算财务评价指标，进行项目的盈利能力和偿债能力分析。

(5) 进行不确定性分析。

(6) 得出评价结论。

1.2.2　建设项目财务评价指标体系

建设项目财务评价指标体系是按照财务评价的内容建立起来的，同时也与编制的财务评价报表密切相关。项目财务评价内容、基本报表与评价指标之间的关系如表 1-1 所示。

表 1-1　财务评价指标体系

评价内容	基本报表		评价指标	
			静态指标	动态指标
盈利能力分析	融资前分析	项目投资现金流量表	项目投资回收期	项目投资财务内部收益率；项目投资财务净现值
	融资后分析	项目资本金现金流量表		项目资本金财务内部收益率
		投资各方现金流量表		投资各方财务内部收益率
		利润与利润分配表	总投资收益率；项目资本金；净利润率	
清偿能力分析		借款还本付息计划表	偿债备付率；利息备付率	
		资产负债表	资产负债率；流动比率；速动比率	
财务生存能力分析		财务计划现金流量表	累计盈余资金	
外汇平衡分析		财务外汇平衡表		

续表

评价内容	基本报表	评价指标	
		静态指标	动态指标
不确定性分析	盈亏平衡分析	盈亏平衡产量；盈亏平衡生产能力利用率	
	敏感性分析	敏感系数；不确定因素的临界值	
	概率分析	FNPV≥0 的累计概率	
		定性分析	

1.2.3　建设项目财务评价指标的计算与分析

1. 项目财务盈利能力分析

财务盈利能力分析主要考察投资项目投资的盈利水平。为此目的，需编制项目投资现金流量表、项目资本金现金流量表以及利润与利润分配表等基本财务报表，计算财务净现值、财务内部收益率、项目投资回收期、总投资收益率、项目资本金净利润率等指标。

1) 财务净现值

财务净现值(FNPV)是指把项目计算期内各年的财务净现金流量，按照行业的基准收益率(或设定的折现率)折算到建设期初的现值之和，它反映项目在满足行业基准收益率(或设定的折现率)要求的盈利之外所能获得的超额盈利的现值。财务净现值是考察项目在其计算期内盈利能力的主要动态评价指标。其计算公式为

$$\text{FNPV} = \sum_{t=0}^{n} (\text{CI} - \text{CO})_t (1 + i_C) - t \tag{1.2.1}$$

式中：FNPV——财务净现值；

　　　CI——现金流入；

　　　CO——现金流出；

　　　n——项目计算期；

　　　i_C——行业基准收益率(或设定折现率)。

结论：当 FNPV≥0 时，表明项目的盈利能力达到或者超过了所要求的盈利水平，项目在财务上是可行的；当 FNPV＜0 时，项目在财务上不可行。

2) 财务内部收益率

财务内部收益率(FIRR)是指项目在整个计算期内各年财务净现金流量的现值之和等于零时的折现率，也就是使项目的财务净现值等于零时的折现率。其计算公式为

$$\sum_{t=0}^{n}(CI-CO)_t \times (1+FIRR)^{-t} = 0 \qquad (1.2.2)$$

项目财务内部收益率的计算除了可以应用计算机软件中的财务函数进行计算外，也可以采用试算插值法计算求得。其计算公式为

$$FIRR = i_1 + \frac{FNPV_1}{FNPV_1 - |FNPV_2|}(i_2 - i_1) \qquad (1.2.3)$$

结论：当 $FIRR \geq i_C$ 时，则认为项目的盈利能力已满足最低要求，在财务上是可行的；当 $FIRR \geq i_C$ 时，项目不可行（i_C 为行业基准收益率或设定折现率）。

3) 项目投资回收期

项目投资回收期按照是否考虑资金时间价值可以分为静态投资回收期和动态投资回收期。

(1) 静态投资回收期（P_t）。静态投资回收期是指以项目每年的净收益回收项目全部投资所需要的时间，是考察项目财务上投资回收能力的重要指标。其计算公式为

$$P_t = 累计净现金流量现值开始出现正值的年份 - 1 + \frac{上一年累计现金流量的绝对值}{当年净现金流量} \qquad (1.2.4)$$

结论：当 $P_t \leq P_C$ 时，项目可以考虑接受；当 $P_t > P_C$ 时，项目不可行（P_C 为行业的基准投资回收期）。

(2) 动态投资回收期（P_t'）。动态投资回收期是指在考虑了资金时间价值的情况下，以项目每年的净收益回收项目全部投资所需要的时间。相比于静态投资回收期，动态投资回收期考虑了资金的时间价值，更趋于合理。其计算公式为

$$P_t' = 累计净现金流量现值开始出现正值的年份 - 1 +$$
$$\frac{上一年累计现金流量现值的绝对值}{当年净现金流量现值} \qquad (1.2.5)$$

结论：当 $P_t' \leq n$ 时，项目可以考虑接受；当 $P_t' > n$ 时，项目不可行（n 为项目的计算期）。

4) 总投资收益率

总投资收益率（ROI）是指项目达到设计能力后正常年份的年息税前利润或运营期内年平均息税前利润（EBIT）与项目总投资（TI）的比率。其计算公式为

$$ROI = \frac{EBIT}{TI} \times 100\% \qquad (1.2.6)$$

结论：总投资收益率高于同行业的收益率参考值，则表明项目的财务盈利能力满足要求，项目可行。

5) 项目资本金净利润率

项目资本金净利润率（ROE）是指项目达到设计能力后正常年份的年净利润或运营期内平均净利润（NP）与项目资本金（EC）的比率。其计算公式为

$$ROE = \frac{NP}{EC} \times 100\% \qquad (1.2.7)$$

结论：项目资本金净利润率高于同行业的净利润率参考值，则表明项目的财务盈利能力满足要求，项目可行。

2．项目清偿能力分析

投资项目的资金构成一般可分为借入资金和自有资金。自有资金可长期使用，而借入资金必须按期偿还。项目的投资者自然要关心项目清偿能力；借入资金的所有者——债权人也非常关心贷出资金能否按期收回本息。因此，清偿能力分析是财务分析中的一项重要内容。

项目清偿能力分析一般根据借款还本付息计划表和资产负债表等基本财务报表，计算利息备付率、偿债备付率、资产负债率、流动比率和速动比率等评价指标，评价项目借款偿债能力。

1) 利息备付率

利息备付率(ICR)是指项目在借款偿还期内的息税前利润(EBIT)与应付利息(PI)的比值，它从付息资金来源的充裕性角度反映项目偿付债务利息的保障程度。其计算公式为

$$ICR = \frac{EBIT}{PI} \tag{1.2.8}$$

结论：利息备付率越高，表明利息偿付的保障程度越高，企业偿债风险越小。同时，利息备付率应当分年计算，并且数值应大于 1。

2) 偿债备付率

偿债备付率(DSCR)是指项目在借款偿还期内，各年可用于还本付息的资金(EBITDA-T_{AX})与当期应还本付息金额(PD)的比值，它表示可用于还本付息的资金偿还借款本息的保障程度。其计算公式为

$$DSCR = \frac{EBITDA - T_{AX}}{PD} \tag{1.2.9}$$

式中：EBITDA——息税前利润加折旧和摊销；

T_{AX}——企业所得税。

结论：偿债备付率越高，表明借款还本付息的保障程度越高，企业偿债风险越小。同时，偿债备付率可以按年计算，也可以按整个借款期计算，并且数值应大于 1。

3) 资产负债率

资产负债率是反映项目各年所面临的财务风险程度及偿债能力的指标。其计算公式为

$$资产负债率 = \frac{负债合计}{资产合计} \times 100\% \tag{1.2.10}$$

结论：一般情况下，资产负债率越小，表明企业长期偿债能力越强。保守的观点认为资产负债率不应高于 50%，而国际上公认较好的资产负债率指标值为 60%。其实，过高的资产负债率表明企业财务风险太大，过低的资产负债率则表明企业对财务杠杆利用不够。同时，各行业资产负债率的差异也很大，所以，具体应用时应结合实际条件分析判定。

4) 流动比率

流动比率是反映项目各年偿付流动负债能力的指标。其计算公式为

$$流动比率 = \frac{流动资产总额}{流动负债总额} \times 100\% \tag{1.2.11}$$

5) 速动比率

速动比率是反映项目各年快速偿付流动负债能力的指标。其计算公式为

$$速动比率 = \frac{流动资产总额 - 存货}{流动负债总额} \times 100\%$$ (1.2.12)

1.2.4 不确定性分析

在对项目投资方案进行评价时，采用的大部分数据都是由预测和估算取得的，存在着一定程度的不确定性。为了分析不确定性因素对经济评价指标的影响，有必要在财务评价和国民经济评价的基础上进行不确定性分析，以估算项目可能承担的风险，确定项目财务、经济上的可靠性。

不确定性分析是项目经济评价中的一项重要内容。常用的不确定性分析方法有盈亏平衡分析、敏感性分析和概率分析。在具体应用时，要在综合考虑项目的类型、特点，决策者的要求，相应的人力、财力，以及项目对国民经济的影响程度等条件的基础上来选择。一般情况下，盈亏平衡分析只适用于项目的财务评价，而敏感性分析和概率分析则可同时用于财务评价和国民经济评价。下面分别来介绍这 3 种分析方法。

1. 盈亏平衡分析

盈亏平衡分析又称量本利分析。它是在一定市场、生产能力及经营管理条件下，通过对产品产量、成本、利润相互间关系的分析，判断企业对市场需求变化适应能力的一种不确定性分析方法。在工程经济评价中，这种方法的作用是找出投资项目的盈亏平衡点，以判断不确定性因素对方案经济效果的影响程度，说明方案实施的风险大小及投资项目承担风险的能力，为投资决策提供科学依据。

根据生产成本及销售收入与产量(销售量)之间是否呈线性关系，盈亏平衡分析又可进一步分为线性盈亏平衡分析和非线性盈亏平衡分析。项目评价中一般仅进行线性盈亏平衡分析。盈亏平衡点的确定基于企业利润为零，其基本等式为

$$总收益(TR) = 总成本(TC)$$ (1.2.13)

其中：
$$总收益(TR) = 单位售价 \times 销量 \times (1 - 综合税率)$$ (1.2.14)
$$总成本(TC) = 变动成本 + 固定成本 = 单位变动成本 \times 产量 + 固定成本$$ (1.2.15)

代入原式，则表达式为

$$P(1-t)Q = C_{V}Q + C_{F}$$ (1.2.16)

式中：P——单位产品售价；

Q——销售量或生产量；

t——企业产品综合销售税率；

C_{V}——单位产品变动成本；

C_{F}——固定成本。

盈亏平衡点的表达形式有多种，既可以用实物产销量、单位产品售价、单位产品的可

变成本以及年总固定成本的绝对量表示，也可以用某些相对值表示，如生产能力利用率。其中以产销量和生产能力利用率表示的盈亏平衡点应用最为广泛。

(1) 用产销量表示的盈亏平衡点 BEP(Q)。其计算公式为

$$\text{BEP}(Q) = \frac{C_F}{P(1-t) - C_V} \tag{1.2.17}$$

结论：产销量表示的盈亏平衡点 BEP(Q)越低，表明项目的抗风险能力越强。

(2) 用销售单价表示的盈亏平衡点 BEP(p)。其计算公式为

$$\text{BEP}(p) = \frac{C_F - C_V Q_0}{Q_0(1-t)} \tag{1.2.18}$$

式中：Q_0——设计生产能力。

结论：销售单价表示的盈亏平衡点 BEP(p)越低，表明项目的抗风险能力越强。通常与产品的预测价格比较，可计算出产品的最大降价空间。

(3) 用生产能力利用率表示的盈亏平衡点 BEP(%)。其计算公式为

$$\text{BEP}(\%) = \frac{\text{BEP}(Q)}{Q_0} \times 100\% \tag{1.2.19}$$

结论：如果 BEP(%)≤70%，则认为项目产出的抗风险能力较强，可以考虑采用此方案。

2．敏感性分析

敏感性分析通过分析不确定性因素发生增减变化时，对财务或经济评价指标的影响，并计算敏感度系数和临界点，找出敏感因素，估计项目效益对它们的敏感程度，粗略预测项目可能承担的风险。

敏感性分析包括单因素敏感性分析和多因素敏感性分析，我们通常多进行的是单因素敏感性分析。单因素敏感性分析每次只改变一个因素的数值来进行分析，估算单个因素的变化对项目效益产生的影响。

1) 单因素敏感性分析过程

(1) 确定需要进行敏感性分析的评价指标。一般以净现值、内部收益率或投资回收期为分析对象。

(2) 选择主要不确定性因素。一般以总投资、销售收入或经营成本为影响因素。

(3) 计算各个影响因素对评价指标的影响程度。这一步主要是根据现金流量表进行的。首先计算各影响因素的变化所造成的现金流量的变化，再计算出评价指标的变动结果。

(4) 绘制敏感性分析图，确定敏感性因素，评价项目风险。敏感性因素就是对评价指标产生较大变动的影响因素，在敏感性分析图中较陡峭的直线所对应的不确定性因素即为敏感性因素。

2) 指标计算

(1) 敏感度系数。敏感度系数又称灵敏度，表示项目评价指标对不确定性因素的敏感程度，是一种相对测定的方法。其计算公式为

$$\beta_{ij} = \frac{\Delta Y_j}{\Delta F_i} \tag{1.2.20}$$

$$\Delta Y_j = \frac{Y_{j1} - Y_{j0}}{Y_{j0}} \tag{1.2.21}$$

式中： β_{ij} ——第 j 个指标对第 i 个不确定性因素的敏感度系数；

ΔF_i ——第 i 个不确定性因素的变化幅度(%)；

ΔY_j ——第 j 个指标受变量因素变化影响的差额幅度(变化率)；

Y_{j1} ——第 j 个指标受变量因素变化影响后所达到的指标值；

Y_{j0} ——第 j 个指标未受变量因素变化影响时的指标值。

结论：敏感度系数高表示项目效益对该不确定性因素敏感程度高，应予以重视；同时，根据各不确定性因素敏感度系数的排序情况，可选出敏感度较大的因素。

(2) 临界点。临界点是指项目允许不确定性因素向不利方向变化的极限值，超过极限，项目的效益指标将不可行。这是一种绝对测定方法，属于定性分析。

在实践中，一般将敏感度系数和临界点两种方法结合起来使用。临界点的确定可以通过敏感性分析图求得其近似值，或采用专用函数求解。

3. 概率分析

概率分析又称为风险分析，是利用概率来研究和预测不确定性因素对项目经济评价指标的影响的一种定量分析方法。

概率分析的方法有很多，并且这些方法大多是以项目经济评价指标(主要是 NPV)的期望值的计算过程和计算结果为基础的。它们通过计算项目净现值的期望值及净现值大于或等于零时的累计概率，来判断项目承担风险的能力。在这里我们只介绍项目净现值的期望值法和决策树法。

1) 净现值的期望值法

期望值是用来描述随机变量的一个主要参数，是在大量重复事件中随机变量取值的平均值。换言之，它是随机变量所有可能取值的加权平均值，权重为各种可能取值出现的概率。其计算公式为

$$E(x) = \sum_{i=1}^{n} x_i \cdot p_i \tag{1.2.22}$$

式中： $E(x)$ ——随机变量 x 的期望值；

x_i ——随机变量 x 的各种取值；

p_i —— x 取值 x_i 时所对应的概率值。

根据期望值的计算公式，就可以推导出项目净现值的期望值计算公式为

$$E(\text{NPV}) = \sum_{i=1}^{n} \text{NPV}_i \cdot p_i \tag{1.2.23}$$

式中： $E(\text{NPV})$ ——NPV 的期望值；

NPV_i ——各种现金流量情况下的净现值；

p_i ——对应于各种现金流量情况的概率值。

结论：概率分析需要计算项目净现值的期望值及净现值大于或等于零时的累计概率。累计概率越大，表明项目的风险越小。

2) 决策树法

决策树法是指在已知各种情况发生概率的基础上，通过构造决策树来求取净现值的期望值大于或等于零的概率，以评价项目风险、判断其可行性的决策分析方法。它是直观运用概率分析的一种图解方法。决策树法特别适用于多阶段决策分析。

决策树一般由决策点、机会点、方案枝、概率枝等组成。

(1) 决策树的绘制。按照背景材料给出的事件发生先后顺序和逻辑关系绘图。绘图时应注意：从左画到右；期望值要标在节点旁；淘汰的方案要剪枝。

(2) 决策树的计算。计算决策树时应注意：二级决策树的绘制；动态分析(结合资金时间价值)；方案的可比性(计算期)；概率的确定。

1.3　案　例　分　析

1.3.1　案例 1——项目进口设备购置费

1. 背景

某企业引进项目建设期为 2 年，全套设备拟从国外进口，重量 1850 吨，装运港船上交货价为 460 万美元，国际运费标准为 330 美元/吨，海上运输保险费费率为 0.267%，中国银行费率为 0.45%，外贸手续费率为 1.7%，关税税率为 22%，增值税税率为 17%，美元对人民币的银行牌价为 1∶6.83，设备的国内运杂费率为 2.3%。

2. 问题

计算该项目进口设备购置投资。

3. 答案

进口设备货价(FOB)=460×6.83=3141.80(万元)

国际运费=1850×330×6.83=416.97(万元)

国外运输保险费$=\dfrac{3141.80-416.97}{1-0.267\%}\times0.267\%=9.53$(万元)

银行财务费=3141.80×0.45%=14.14(万元)

外贸手续费=(3141.80+416.97+9.53)×1.7%=60.66(万元)

进口关税=(3141.80+416.97+9.53)×22%=785.03(万元)

增值税=(3141.80+416.97+9.53+785.03)×17%=740.07(万元)

进口设备原价=3141.80+416.97+9.53+14.14+60.66+785.03+740.07=5168.20(万元)

进口设备购置投资=5168.20×(1+2.3%)=5287.07(万元)

1.3.2　案例2——建设项目总投资

1. 背景

某企业欲投资建设某一石化项目，具体基础数据如下。

(1) 设计生产能力45万吨，已知生产能力为30万吨的同类项目投入设备费用为30 000万元，设备综合调整系数为1.1，该项目生产能力指数估计为0.8。

(2) 该类项目的建筑工程是设备费的10%，安装工程费是设备费的20%，其他工程费用是设备费的10%，这三项的综合调整系数为1.0，其他投资费用估算为1000万元。

(3) 项目建设期为3年，投资进度计划为：第1年30%，第2年50%，第3年20%。

(4) 基本预备费率为10%，年均投资价格上涨率为5%。

(5) 该项目自有资金为50 000万元，其余通过银行贷款获得，年利率为8%，按季计息，贷款发放进度与项目投资进度一致。

2. 问题

(1) 估算设备购置费和静态投资。

(2) 估算价差预备费。

(3) 估算建设期贷款利息。

(4) 假设该项目铺底流动资金投资为2100万元，试估算建设项目的总投资额。

3. 答案

(1) 估算设备购置费和静态投资：

① 用生产能力指数法估算设备购置费：

$$设备购置费 = 30\,000 \times \left(\frac{45}{30}\right)^{0.8} \times 1.1 = 45\,644.34(万元)$$

② 用比例法估算静态投资：

45 644.34×(1+10%×1.0+20%×1.0+10%×1.0)+1000=64 902.08(万元)

基本预备费=64 902.08×10%=6490.21(万元)

该项目包含基本预备费的静态投资=64 902.08+6490.21=71 392.29(万元)

(2) 计算价差预备费：

工程费用=64 902.08-1000=63 902.08(万元)

建设期第1年完成投资 I_1=63 902.08×30%=19 170.62(万元)

第一年价差预备费 $PF_1 = I_1[(1+f)(1+f)^{0.5}-1] = 19\,170.62 \times [(1+5\%)(1+5\%)^{0.5}-1] = 1455.62$ (万元)

建设期第2年完成投资 I_2=63 902.08×50%=31 951.04(万元)

第2年价差预备费 $PF_2 = I_2[(1+f)(1+f)^{0.5}(1+f)^1-1] = 31\,951.04 \times [(1+5\%)(1+5\%)^{0.5}(1+5\%)-1] = 4144.89$ (万元)

建设期第 3 年完成投资 I_3=63 902.08×20%=12 780.42(万元)

第 3 年价差预备费 $\mathrm{PF}_3 = I_3[(1+f)(1+f)^{0.5}(1+f)^2 - 1] = 12\,780.42 \times [(1+5\%)(1+5\%)^{0.5}(1+5\%)^2 - 1] = 2379.88$(万元)

所以，建设期的价差预备费=1455.62+4144.89+2379.88=7980.39(万元)

(3) 计算建设期贷款利息：

$$实际年利率 = \left(1 + \frac{8\%}{4}\right)^4 - 1 = 8.24\%$$

第 1 年借款额=第 1 年的投资计划额-第 1 年自有资金投资额=(71 392.29+7980.39-50 000)×30%=8811.80(万元)

第 1 年应计利息=$\frac{1}{2}$×8811.80×8.24%=363.05(万元)

第 2 年借款额=(71 392.29+7980.39-50 000)×50%=14 686.34(万元)

第 2 年应计利息=(8811.80+363.05+14 686.34/2)×8.24%=1361.08(万元)

第 3 年借款额=(71 392.29+7980.39-50 000)×20%=5874.54(万元)

第 3 年应计利息=(8811.80+363.05+14 686.34+1361.08+5874.54/2)×8.24%=2320.35(万元)

所以，建设期贷款利息=363.05+1361.08+2320.35=4044.48(万元)

(4) 建设项目总投资估算额=固定资产投资估算总额+流动资金=71 392.29+7980.39+4044.48+2100=85 517.16(万元)。

1.3.3　案例 3——现金流量

1. 背景

拟建某工业性生产项目，建设期为 2 年，运营期为 6 年。基础数据如下。

(1) 固定资产投资估算额为 2200 万元，其中：预计形成固定资产 2080 万元(含建设期贷款利息 80 万元)，无形资产 120 万元。固定资产使用年限为 8 年，残值率为 5%，按平均年限法计算折旧。在运营期末回收固定资产余值。无形资产在运营期内均匀摊入成本。

(2) 本项目固定资产投资中自有资金为 520 万元，固定资产投资资金来源为贷款和自有资金。建设期贷款发生在第 2 年，贷款年利率 10%，还款方式为在运营期内等额偿还本息。

(3) 流动资产投资 800 万元，在项目计算期末回收。流动资金贷款利率为 3%，还款方式为运营期内每年年末只还所欠利息，项目期末偿还本金。项目资金投入表见表 1-2。

(4) 项目投产即达产，设计生产能力为 100 万件，预计产品售价为 30 元/件，营业税金及附加的税率为 6%，企业所得税税率为 15%。年经营成本为 1700 万元。

(5) 在经营成本中占 5%的管理费用计入固定成本，经营成本中的其余费用，以及各年发生的利息支出均计入变动成本。

(6) 行业的投资收益率为 20%，行业净利润率为 25%。

表1-2 项目资金投入表　　　　　　　　　　　　　　　　　　单位：万元

年月份 项目	1	2	3	4	5～8
建设投资：					
自有资金	260	260			
贷款(不含贷款利息)					
流动资金：					
自有资金			200		
贷款			500	100	

2. 问题

(1) 计算该项目发生建设期贷款的数额，并填入项目资金投入表中。

(2) 编制项目借款还本付息计划表。

(3) 编制项目的总成本费用估算表。

(4) 编制项目利润与利润分配表(法定盈余公积金按10%提取)，并计算项目的总投资收益率、项目资本金净利润率。

(5) 计算利息支付最多年份的利息备付率、计算期最末一年的偿债备付率。

(6) 从财务评价的角度，分析判断该项目的可行性。

3. 答案

(1) 建设期贷款额=2200-520-80=1600(万元)

项目资金投入表如表1-3所示。

表1-3 项目资金投入表　　　　　　　　　　　　　　　　　　单位：万元

年份 项目	1	2	3	4	5～8
建设投资：					
自有资金	260	260			
贷款(不含贷款利息)		1600			
流动资金：					
自有资金			200		
贷款			500	100	

(2) 每年应还本息=1680(A/P,10%,6)=385.74(万元)

项目借款还本付息计划表如表1-4所示。

表 1-4　项目借款还本付息计划表　　　　　　　　单位：万元

序　号	项　目	1	2	3	4	5	6	7	8
1	年初累计借款			1680	1462.26	1222.75	959.28	669.47	350.68
2	本年新增借款		1600						
3	本年应计利息		80	168	146.23	122.27	95.93	66.95	35.07
4	本年应还本息			385.74	385.74	385.74	385.74	385.74	385.74
4.1	本年应还本金			217.74	239.51	263.47	289.81	318.79	350.67
4.2	本年应还利息			168	146.23	122.27	95.93	66.95	35.07

(3) 年折旧费=[2080×(1-5%)]/8=247(万元)

年摊销费=120/6=20(万元)

项目总成本费用估算表如表 1-5 所示。

表 1-5　项目总成本费用估算表　　　　　　　　单位：万元

序　号	项　目	3	4	5	6	7	8
1	经营成本	1700	1700	1700	1700	1700	1700
2	折旧费	247	247	247	247	247	247
3	摊销费	20	20	20	20	20	20
4	利息支出	183	164.23	140.27	113.93	84.95	53.07
4.1	长期借款利息	168	146.23	122.27	95.93	66.95	35.07
4.2	流动资金借款利息	15	18	18	18	18	18
5	总成本费用	2150	2131.23	2107.27	2080.93	2051.95	2020.07
5.1	固定成本	352	352	352	352	352	352
5.2	可变成本	1798	1779.23	1755.27	1728.93	1699.95	1668.07

(4) 项目利润与利润分配表如表 1-6 所示。

表 1-6　项目利润与利润分配表　　　　　　　　单位：万元

序　号	项　目	3	4	5	6	7	8
1	营业收入	3000	3000	3000	3000	3000	3000
2	营业税金及附加	180	180	180	180	180	180
3	总成本费用	2150	2131.23	2107.27	2080.93	2051.95	2020.07

续表

序　号	项　　目	3	4	5	6	7	8
4	利润总额(1-2-3)	670	688.77	712.73	739.07	768.05	799.93
5	弥补以前年度亏损	0	0	0	0	0	0
6	应纳税所得税(4-5)	670	688.77	712.73	739.07	768.05	799.93
7	所得税(6)×15%	100.50	103.32	106.91	110.86	115.21	119.99
8	净利润(4-7)	569.50	585.45	605.82	628.21	652.84	679.94
9	提取法定盈余公积金(8)×10%	56.95	58.55	60.58	62.82	65.28	67.99
10	息税前利润	853	853	853	853	853	853
11	息税折旧摊销前利润	1120	1120	1120	1120	1120	1120

息税前利润(EBIT)=利润总额+利息支出

第 3 年 EBIT=670+183=853(万元)

第 4 年 EBIT=688.77+164.23=853(万元)

第 5 年 EBIT=712.73+140.27=853(万元)

第 6 年 EBIT=739.07+113.93=853(万元)

第 7 年 EBIT=768.05+84.95=853(万元)

第 8 年 EBIT=799.93+53.07=853(万元)

$$总投资收益率(ROI) = \frac{EBIT}{IT} \times 100\% = \frac{853}{2200+800} \times 100\% = 28.43\%$$

$$资本金净利润率(ROE) = \frac{NP}{EC} \times 100\%$$

$$= \frac{(569.50+585.45+605.82+628.21+652.84+679.94) \div 6}{520+200} \times 100\%$$

$$= 86.15\%$$

(5) 由计算可知，项目计算期第 3 年需要支付的利息为 183 万元，其中长期借款利息为 168 万元，流动资金借款利息为 15 万元，为各年中支付利息最多的年份。

$$第 3 年的利息备付率(ICR) = \frac{EBIT}{PI} = \frac{853}{183} = 4.66$$

由计算可知，项目计算期最末一年(第 8 年)的应还本付息项目包括：长期借款还本付息、流动资金借款偿还本金、流动资金借款支付利息，为各年中还本付息金额最多的年份。

息税折旧摊销前利润(EBITDA)=息税前利润+折旧费+摊销费

第 3~8 年 EBITDA=853+247+20=1120(万元)

$$第 8 年偿债备付率(DSCR) = \frac{EBITDA - T_{AX}}{PD} = \frac{1120 - 119.99}{385.74 + 600 + 18} = 1.00$$

(6) 该项目总投资收益率(ROI)=28.43%高于行业投资收益率 20%，项目资本金净利润率(ROE)=86.15%远高于行业净利润率 25%，表明项目的静态盈利能力较好；项目第 3 年利息备付率(ICR) = 4.66>1，第 8 年偿债备付率(DSCR)=1.00，表明项目在利息支付最多的年份和还本付息金额最多的年份都已达到相应的资金保障要求，偿债能力较强。因此，从财务评价角度看，项目是可行的。

1.3.4　案例 4——盈亏平衡分析

1. 背景

某项目设计生产能力为年产 60 万件产品，根据资料分析，确定每件产品的销售价格为 90 元，单位可变成本为 50 元，年总固定成本为 300 万元，每件产品营业税金及附加的综合税率为 5%。

2. 问题

(1) 试用产销量、生产能力利用率和产品单价计算该方案的盈亏平衡点。

(2) 在市场销售良好的状况下，正常生产年份的最大可能盈利额是多少？

(3) 在市场销售不良的情况下，为了促销，产品的市场价格由 90 元降低 10%销售，若使年利润达到 160 万元，则年产量应为多少？

(4) 从盈亏平衡角度判断建设项目的可行性。

3. 答案

(1) 产量盈亏平衡点 $BEP(Q) = \dfrac{C_F}{P(1-t)-C_V} = \dfrac{300}{90 \times (1-5\%) - 50} = 8.45$(万件)

生产能力利用率盈亏平衡点 $BEP(\%) = \dfrac{BEP(Q)}{Q_0} \times 100\% = \dfrac{8.45}{60} \times 100\% = 14.08\%$

单价盈亏平衡点 $BEP(p) = \dfrac{C_F + C_V Q_0}{Q_0(1-t)} = \dfrac{300 + 50 \times 60}{60 \times (1-5\%)} = 57.89$(元)

(2) 在市场销售良好的状况下：
正常生产年份的最大可能盈利额 $= PQ_0(1-t) - C_F - C_V Q_0 = 60 \times 90 \times (1-5\%) - 300 - 60 \times 50 = 1830$(万元)

(3) 年产量 $= \dfrac{C_F + B}{P(1-t) - C_V} = \dfrac{300 + 160}{90 \times (1-10\%) \times (1-5\%) - 50} = 17.07$(万件)

(4) 根据盈亏平衡分析，该项目具有一定的盈利能力及抗风险能力，因此项目可行。

1.3.5　案例 5——敏感性分析

1. 背景

已知某建设项目的投资额、单位产品价格和年经营成本在初始值的基础上分别变动 ±100%时对应的财务净现值的计算结果如表 1-7 所示。

表 1-7　单因素变动情况下的财务净现值表　　　　单位：万元

因　　素 ＼ 变化幅度	-10%	0	10%
投资额	1410	1300	1190
单位产品价格	320	1300	2280
年经营成本	2050	1300	550

2. 问题

(1) 根据该表的数据列式计算各因素的敏感系数，并对 3 个因素的敏感性进行排序。

(2) 根据表中数据绘制单因素敏感性分析图，列式计算并在图中标出单位产品价格的临界点。

3. 答案

(1) 投资额敏感系数：$\dfrac{1190-1300}{1300}/10\% = -0.85(或0.85\%)$

单位产品价格敏感系数：$\dfrac{320-1300}{1300}/(-10\%) = 7.54(或7.54\%)$

年经营成本敏感系数：$\dfrac{550-1300}{1300}/10\% = -5.77(或5.77\%)$

所以，以上 3 个因素敏感系数由大到小排序为：单位产品价格、年经营成本、投资额。

(2) 单位产品价格的临界点为：$-1300\times10\%/(1300-320)=-13.27\%$[或 $1300\times10\%/(2280-1300)=13.27\%$]。

单因素敏感性分析图如图 1-2 所示。

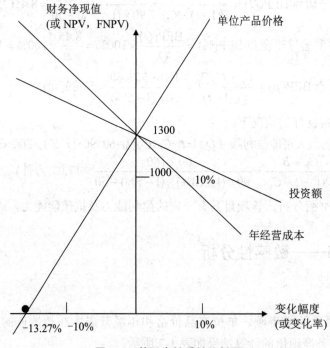

图 1-2 单因素敏感性分析图

1.3.6 案例 6——决策树分析

1. 背景

某总承包企业拟开拓国内某大城市工程承包市场。经调查该市目前有 A、B 两个政府投资项目将要招标。两个项目建成后经营期限均为 15 年。经进一步调研，收集和整理出 A、B 两个项目投资与收益数据，见表 1-8。

表 1-8　A、B 项目投资与收益数据

项目名称	初始投资	运营期每年收益/万元		
		1～5 年	6～10 年	11～15 年
A 项目	10000	2000	2500	3000
B 项目	7000	1500	2000	2500

基准折现率为 6%，资金时间价值系数见表 1-9。

表 1-9　资金时间价值系数

n	5	10	15
$(P/F,6\%,n)$	0.7474	0.5584	0.4173
$(P/A,6\%,n)$	4.2123	7.3601	9.7122

2. 问题

(1) 不考虑建设期的影响，分别列式计算 A、B 两个项目总收益的净现值。

(2) 据估计：投 A 项目中标概率为 0.7，不中标费用损失 80 万元；投 B 项目中标概率为 0.65，不中标费用损失 100 万元。若投 B 项目中标并建成经营 5 年后，可以自行决定是否扩建，如果扩建，其扩建投资 4000 万元，扩建后 B 项目每年运营收益增加 1000 万元。

按以下步骤求解该问题。

① 计算 B 项目扩建后总收益的净现值。

② 将各方案总收益净现值和不中标费用损失作为损益值，绘制投标决策树。

③ 判断 B 项目在 5 年后是否扩建？计算各机会点的期望值，并做出投标决策。

3. 答案

(1) 计算各项目总收益净现值。

A 项目：$NPV_A = -10\ 000 + 2000(P/A,6\%,5) + 2500(P/A,6\%,5)(P/F,6\%,5) + 3000(P/A,6\%,5)(P/F,6\%,10) = -10\ 000 + 2000 \times 4.2123 + 2500 \times 4.2123 \times 0.7474 + 3000 \times 4.2123 \times 0.5584 = -10\ 000 + 8424.60 + 7870.68 + 7056.44 = 13\ 351.72$(万元)

B 项目：$NPV_B = -7000 + 1500(P/A,6\%,5) + 2000(P/A,6\%,5)(P/F,6\%,5) + 2500(P/A,6\%,5)(P/F,6\%,10) = -7000 + 1500 \times 4.2123 + 2000 \times 4.2123 \times 0.7474 + 2500 \times 4.2123 \times 0.5584 = -7000 + 6318.45 + 6296.55 + 5880.37 = 11\ 495.37$(万元)

(2) ① B 项目扩建后总收益净现值：

$NPV_B = 11\ 495.37 + [1000(P/A,6\%,10) - 4000](P/F,6\%,5) = 11\ 495.37 + [1000 \times 7.3601 - 4000] \times 0.7474 = 11\ 495.37 + 3360.10 \times 0.7474 = 14\ 006.71$(万元)

② 绘制决策树：

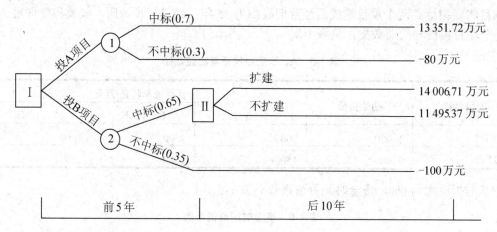

③ 通过决策树可以看出，B 项目 5 年后应该扩建，才能获得更高的收益净现值。

计算各机会点的期望值并做出投标决策。

机会点 1：0.7×13 351.72+0.3×(-80)=9322.20(万元)

机会点 2：0.65×14 006.71+0.35×(-100)=9069.36(万元)

通过计算得出，投 A 项目才能获得更高的收益期望值，所以应投资 A 项目。

练 习 题

练习题 1

【背景】

某工业引进项目，基础数据如下。

(1) 项目的建设期为 2 年，该项目的实施计划为：第 1 年完成项目全部投资的 40%，第 2 年完成 60%，第 3 年项目投产并且达到 100%的设计生产能力，预计年产量为 3000 万吨。

(2) 设备购置费用由引进设备费用和国产设备费用两部分组成。引进设备(FOB)原价折合人民币 166 万元；进口设备从属费中：海上运输费率为 6%，银行财务费费率为 4‰，外贸手续费费率为 1.5%，关税税率为 22%，增值税税率为 17%，国际运输保险费为 4.808 万元；国内运杂费费用为 6.61 万元；现场保管费费率为 2‰。国产设备为非标准设备，设备制造过程材料费 35 万元，加工费 8 万元，辅助材料费 7 万元，外购配套件费用 2 万元，设计费用 5 万元，专用工具费率为 3%，废品损失费率为 1%，包装费费率为 5‰，利润率为 5%，销项税税率为 0%。

(3) 根据已建同类项目统计情况，一般建筑工程占设备购置投资的 27.6%，安装工程占设备购置投资的 10%，工程建设其他费用占设备购置投资的 7.7%，以上 3 项的综合调整系数分别为 1.23、1.15、1.08。

(4) 本项目固定资产投资中有 2000 万元来自银行贷款，其余为自有资金，且不论借款还是自有资金均按计划比例投入。根据借款协议，贷款利率按 10%计算，按季计息。基本预备费费率 10%，建设期内价差预备费费率为 6%。

(5) 根据已建成同类项目资料，每万吨产品占用流动资金为 1.3 万元。

【问题】

(1) 计算项目设备购置投资。

(2) 估算项目固定资产投资额。

(3) 试用扩大指标法估算流动资金。

(4) 估算该项目的总投资。

练习题 2

【背景】

A 公司根据市场信息，准备在 B 地投资建厂，委托工程咨询公司为其提供决策咨询服务，A 公司提供的信息如下。

(1) 目前 A 公司的产能为 710 万件/年。

(2) 市场需求：预测未来市场需求总量为 8000 万件/年，且 A 公司产品在市场占有份额预计为 10%。

(3) B 地建厂可提供的投资方案：方案 1，采用自动化设备，年总固定成本为 800 万元，单位可变成本为 10 元/年；方案 2，采用半自动化设备，年总固定成本为 600 万元，单位可变成本为 12 元/年；方案 3，采用非自动化设备，年总固定成本为 400 万元，单位可变成本为 16 元/年。产品的售价为 22 元/件。营业税金及附加为 0.6 元/件。

(以上售价和成本均不含增值税)

【问题】

(1) A 公司在 B 地建厂的设计生产能力应以多少为宜？说明理由。

(2) 分别列出上述信息(3)中 3 种不同投资方案的总成本与产量关系式。

(3) 指出在不同的产能区间，3 种投资方案的优劣排序，根据 B 地建厂的设计生产能力，确定最优投资建厂方案。

(4) 以 A 公司最优决策方案为基础，分别计算以产量和产品售价表示的盈亏平衡点，计算达到设计生产能力时的年利润。

练习题 3

【背景】

某地拟建一个制药项目。根据已知资料估算该项目主厂房设备投资 4200 万元，主厂房的建筑工程费占设备投资的 18%，安装工程费占设备投资的 12%，其他工程费用按设备(含安装)和厂房投资系数法进行估算，有关系数见表 1-10。上述各项费用均形成企业固定资产。

表 1-10 其他工程费用系数

辅助工程	公用工程	服务性工程	环境保护工程	总图运输工程	工程建设其他费
9%	12%	0.7%	2.8%	1.5%	32%

预计建设期物价平均上涨率 3%，基本预备费率 10%。建设期 2 年，建设投资第 1 年投入 60%，第 2 年投入 40%。

项目资金来源为自有资金和贷款，贷款本金为 6000 万元，年利率为 6%。每年贷款比例与建设资金投入比例相同，且在各年年中均衡发放。还款从生产期的第 1 年开始，按 5 年等额还本付息方式进行还款。固定资产折旧年限为 8 年，按平均年限法计算折旧，预计净残值率为 5%，在生产期末回收固定资产余值。

项目生产期为 8 年，流动资金总额为 500 万元，全部源于自有资金。生产期第 1 年年初投入流动资金总额的 30%，其余 70%于该年年末投入。流动资金在计算期末全部收回。预计生产期各年的经营成本均为 2000 万元(不含增值税进项税额)，销售收入(不含增值税销项税额)在生产期第 1 年为 4000 万元，第 2 年至第 8 年均为 5500 万元。营业税金及附加占销售收入的比例为 5%，所得税税率为 33%，行业基准收益率 i_C=15%。

【问题】

(1) 估算该项目的建设投资。

(2) 计算建设期利息以及还款期第 1 年的还本额和付息额。

(3) 计算固定资产净残值、各年折旧额。

(4) 编制项目投资现金流量表(直接将有关数据填入表 1-11)。计算项目投资后财务净现值，并评价本项目在财务上是否可行(不考虑借款在折旧和残值中的影响)。

表 1-11　项目投资现金流量表

序　号	项　　目	1	2	3	4～9	10
1	现金流入					
1.1	营业收入			4000	5500	5500
1.2	回收固定资产余值					
1.3	回收流动资金					
2	现金流出					
2.1	建设投资					
2.2	流动资金					
2.3	经营成本			2000	2000	2000
2.4	营业税金及附加					
3	所得税前净现金流量					
4	调整所得税					
5	所得税后净现金流量					

练习题 4

【背景】

某拟建工业项目建设投资 3000 万元，建设期 2 年，生产运营期 8 年。其他有关资料和基础数据如下。

(1) 建设投资预计全部形成固定资产，固定资产使用年限为 8 年，残值率为 5%，采用直线法折旧。

(2) 建设投资来源为资本金和贷款。其中贷款本金为 1800 万元，贷款年利率为 6%，按年计息。贷款在两年内均衡投入。

(3) 在生产运营期前 4 年按照等额还本付息方式偿还贷款。

(4) 生产运营期第 1 年由资本金投入 300 万元，作为生产运营期间的流动资金。

(5) 项目生产运营期正常年份营业收入为 1500 万元，经营成本为 680 万元，生产运营期第 1 年营业收入和经营成本均为正常年份的 80%，第 2 年起各年营业收入和营业成本均达到正常年份水平。

(6) 项目所得税税率为 25%，营业税金及附加税率为 6%。

【问题】

(1) 列式计算项目的年折旧额。

(2) 列式计算项目生产运营期第 1 年、第 2 年应偿还的本息额。

(3) 列式计算项目生产运营期第 1 年、第 2 年的总成本费用。

(4) 判断项目生产运营期第 1 年年末项目还款资金能否满足约定还款方式要求，并通过列式计算说明理由。

(5) 列式计算项目正常年份的总投资收益率。

第2章 建设工程设计与施工方案技术经济分析

【学习要点及目标】

◆ 掌握建设工程设计、施工方案综合评价法。

◆ 掌握价值工程在设计、施工方案比选、改进中的应用。

◆ 掌握生命周期费用理论在设计方案评价中的应用。

◆ 掌握工程网络计划的优化与调整。

2.1 设计、施工方案综合评价方法介绍

2.1.1 价值工程分析方法

1. 价值工程概念及特点

1) 价值工程的概念

价值工程是以提高产品或作业价值为目的，通过有组织的创造性工作，寻求用最低的寿命周期成本，可靠地实现使用者所需功能的一种管理技术。价值工程中所述的"价值"，是指作为某种产品(或作业)所具有的功能与获得该功能的全部费用的比值。它不是对象的使用价值，也不是对象的交换价值，而是对象的比较价值。这种对比关系用公式表示为

$$V = \frac{F}{C} \tag{2.1.1}$$

式中：V——研究对象的价值；

F——研究对象的功能；

C——研究对象的成本，即寿命周期成本。

2) 价值工程的特点

价值工程具有以下几个特点。

(1) 价值工程的目标是以最低的寿命周期成本，使产品具备它所必须具备的功能。产品的寿命周期成本由生产成本和使用及维护成本组成。

(2) 价值工程的核心是对产品进行功能分析。价值工程分析产品，首先不是分析其结构，而是分析其功能，即产品的效用。在分析功能的基础上，再去研究结构、材质等问题。

(3) 价值工程将产品价值、功能和成本作为一个整体同时来考虑。也就是说，价值工程中对价值、功能、成本的考虑，不是片面和孤立的，而是在确保产品功能的基础上综合考虑生产成本和使用成本，兼顾生产者和用户的利益，从而创造出总体价值最高的产品。

(4) 价值工程强调不断改革和创新，开拓新构思和新途径，获得新方案，创造新功能载体，从而简化产品结构，节约原材料，节约能源，绿色环保，提高产品的技术经济效益。

(5) 价值工程要求将功能定量化，即将功能转化为能够与成本直接相比的量化值。

(6) 价值工程是以集体的智慧开展的有计划、有组织的管理活动。开展价值工程活动的过程涉及各个部门的各方面人员。在他们之间，要沟通思想、交换意见、统一认识、协调行动，要步调一致地开展工作。

2. 功能评价

功能评价，即评定功能的价值，是指找出实现功能的最低费用作为功能的目标成本(又称为功能评价值)，以功能的目标成本为基准，通过与功能现实成本的比较，求出两者的比值(功能价值)和两者的差异值(改善期望值)，然后选择功能价值低、改善期望值大的功能作为价值工程活动的重点对象。功能评价工作可以更准确地选择价值工程研究对象，同时，

制定目标成本,有利于提高价值工程的工作效率,并增强工作人员的信心。功能评价的程序如图 2-1 所示。

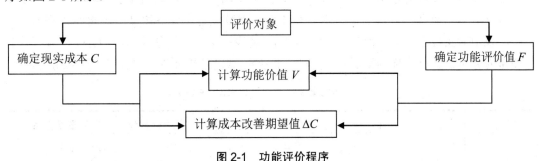

图 2-1 功能评价程序

1) 功能现实成本 C 的计算

功能现实成本计算与一般的传统成本核算最大的不同在于:功能现实成本的计算是以对象的功能为单位,而传统成本核算是以产品或零部件为单位,所以,功能现实成本 C 的计算就要按照评价对象的功能对应的实际成本来确定,且现实成本包括生产成本和维护成本,即为寿命周期成本。成本指数的计算公式为

$$第 i 个评价对象的成本指数 C_I = \frac{第 i 个评价对象的现实成本 C_i}{全部成本} \tag{2.1.2}$$

2) 功能评价值 F 的计算

功能的现实成本较易确定,而功能评价值较难确定。求功能评价值的方法较多,这里仅介绍功能重要性系数评价法。

功能重要性系数又称功能评价系数或功能指数,是指评价对象的功能在整体功能中所占的比率。其计算公式为

$$第 i 个评价对象的功能重要性系数 F_I = \frac{第 i 个评价对象的功能得分值 F_i}{全部功能得分值} \tag{2.1.3}$$

确定功能重要性系数的关键是对功能进行打分,这里主要介绍强制打分法(0—1 评分法和 0—4 评分法)和环比评分法。

(1) 0—1 评分法。

使用要点:评价对象(功能)i 与 j(i, j=1, 2, …, n)两两相比,重要一方得 1 分,次要一方得 0 分,将结果列入评分表中。表中对角线上元素取值为 0(标"×")。表中第 i 行得分求和再加上 1 称为第 i 个评价对象的修正得分,作为分子,所有修正得分之和为分母,其比值称为第 i 个评价对象的权重(或功能重要性系数),如表 2-1 所示。

表 2-1 功能重要性系数计算表(0—1 评分法)

零件功能	A	B	C	D	E	功能总分	修正得分	功能重要性系数
A	×	1	1	0	1	3	4	4/15=0.267
B	0	×	1	0	1	2	3	3/15=0.200
C	0	0	×	0	1	1	2	2/15=0.133
D	1	1	1	×	1	4	5	5/15=0.333
E	0	0	0	0	×	0	1	1/15=0.067
合计						10	15	1.00

(2) 0—4 评分法。

使用要点：评价对象(功能)i 与 $j(i, j=1, 2, \cdots, n)$ 两两相比，绝对重要一方得 4 分，次要一方得 0 分；较重要一方得 3 分，对方得 1 分；两项同等重要各得 2 分。将结果列入评分表中，表中对角线上元素取值为 0(标 "×")。将表中第 i 行得分求和作为分子，各行得分之和作为分母，其比值称为第 i 个评价对象的权重(或功能重要性系数)，如表 2-2 所示。

表 2-2   功能重要性系数计算表(0—4 评分法)

零件功能	A	B	C	D	E	功能总分	功能重要性系数
A	×	3	1	4	4	12	12/40=0.3
B	1	×	3	1	4	9	9/40=0.225
C	3	1	×	3	0	7	7/40=0.175
D	0	3	1	×	3	7	7/40=0.175
E	0	0	4	1	×	5	5/40=0.125
合计						40	1.00

(3) 环比评分法。

使用要点：首先，对上下相邻两项功能的重要性进行对比打分，所打的分数作为暂定重要性系数，如表 2-3 中第 2 列的数据。F_1 的重要性是 F_2 的 1.5 倍，F_2 的重要性是 F_3 的 2.0 倍，F_3 的重要性是 F_4 的 3.0 倍。然后将最下面一项功能 F_i 的重要性系数定为 1.0，依次向上类推，对暂定重要性系数进行修正；如表 2-3 中第 3 列的数据。F_4 的重要性系数定为 1.0，称为修正重要性系数，由第 2 列数据得知，F_3 的暂定重要性是 F_4 的 3.0 倍，故 F_3 的修正重要性系数为 3.0(=3.0×1.0)，而 F_2 为 F_3 的 2 倍，故 F_2 定为 6.0(=3.0×2.0)，同理，F_1 的修正重要性系数为 9.0(=6.0×1.5)；最后，修正后的重要性系数作为分子，修正重要性系数之和作为分母，其比值称为第 i 个评价对象的权重(或功能重要性系数)，如表 2-3 所示。

表 2-3   功能重要性系数计算表(环比评分法)

功能区	功能重要性评价		
	暂定重要性系数	修正重要性系数	功能重要性系数
F_1	1.5	9.0	9/19=0.47
F_2	2.0	6.0	6/19=0.32
F_3	3.0	3.0	3/19=0.16
F_4		1.0	1/19=0.05
合计		19.0	1.00

3) 功能价值 V 的计算及分析

功能评价值计算出来以后，需要进行分析，以揭示功能与成本的内在联系，确定评价对象是否为功能改进的重点，以及其功能改进的方向及幅度，为后面的方案创新工作打下良好的基础。功能价值 V 的计算方法可分为两大类：功能成本法和功能指数法。

(1) 功能成本法中功能价值的计算及分析。

在功能成本法中，功能价值用价值系数 V 来衡量，其计算公式为

$$第i个评价对象的价值系数 V = \frac{第i个评价对象的功能评价值F}{第i个评价对象的现实成本C} \qquad (2.1.4)$$

据上述计算公式，功能的价值系数有 3 种结果。

① $V=1$。此时功能评价值等于功能现实成本。这表明评价对象的功能现实成本与实现功能所必需的最低成本大致相当，说明评价对象的价值为最佳，一般无须改进。

② $V<1$。此时功能现实成本大于功能评价值。这表明评价对象的现实成本偏高，一种可能是由于存在着过剩的功能；另一种可能是功能虽无过剩，但实现功能的条件或方法不佳，以致使实现功能的成本大于功能的实际需要。这两种情况都应列入功能改进的范围，并且以剔除过剩功能及降低现实成本为改进方向。

③ $V>1$。此时功能现实成本低于功能评价值。这表明该部分功能比较重要，但分配的成本较少。此时，应具体分析：功能与成本的分配可能已经比较理想，或者有不必要的功能，或者应该提高成本。

(2) 功能指数法中功能价值的计算及分析。

在功能指数法中，功能的价值用价值指数 V_I 来表示，其计算公式为

$$第i个评价对象的价值指数 V_I = \frac{第i个评价对象的功能指数F_i}{第i个评价对象的成本指数C_i} \qquad (2.1.5)$$

此时根据计算结果又分为 3 种情况。

① $V_I=1$。此时评价对象的功能比重与成本比重大致平衡，合理匹配，可以认为功能的目前成本是比较合理的。

② $V_I<1$。此时评价对象的成本比重大于功能比重，表明相对于系统内的其他对象而言，目前所占的成本偏高，从而会导致该对象的功能过剩。应将评价对象列为改进对象，改善方向主要是降低成本。

③ $V_I>1$。此时评价对象的成本比重小于其功能比重。出现这种结果的原因可能有 3 个：第一个原因是目前成本偏低，不能满足评价对象实现其应具有的功能的要求，致使对象功能偏低，这种情况应列为改进对象，改善方向是增加成本；第二个原因是对象目前具有的功能已经超过了其应该具有的水平，即存在过剩功能，这种情况也应列为改进对象，改善方向是降低功能水平；第三个原因是对象在技术、经济等方面具有某些特殊性，在客观上存在着功能很重要而需要耗费的成本却很少的情况，这种情况一般就不必列为改进对象了。

2.1.2　资金时间价值分析方法

资金的时间价值在技术经济方案比选中的应用，主要是指净现值法、净年值法、费用现值法和费用年值法等。

1. 净现值法

净现值(NPV)法是指将各年的净现金流量按行业基准收益率或设定折现率折现到建设

起点(建设期初)的现值之和，净现值越大，方案越优。其公式为

$$NPV = \sum_{t=0}^{n}(CI - CO)_t \cdot (1+i_C)^{-t} \qquad (2.1.6)$$

式中：NPV——净现值；

　　　CI——现金流入；

　　　CO——现金流出；

　　　n——项目计算期；

　　　i_C——行业基准收益率或设定收益率。

值得注意的是，对于效益相同(或基本相同)，但效益无法或很难用货币直接计量的互斥方案进行比较时，常用费用现值(PC)法替代净现值法进行评价，选择费用现值最低的方案为最佳。

2. 净年值法

净年值(NAV)法是指将各投资方案所有的净现金流量按行业基准收益率或设定收益率折现到每年年末的等额资金，净年值越大，方案越优。其公式为

$$NAV = NPV(A/P, i_C, n) = \left[\sum_{t=0}^{n}(CI - CO)_t \cdot (1+i_C)^{-t}\right](A/P, i_C, n) \qquad (2.1.7)$$

式中符号含义与式(2.1.6)中相同。

3. 费用现值法

费用现值(PC)法是指将各投资方案各年的费用按行业基准收益率或设定收益率折现到建设起点(建设期初)的现值之和，费用现值越小，方案越优。其公式为

$$PC = \sum_{t=0}^{n}CO_t(P/F, i_C, n) \qquad (2.1.8)$$

4. 费用年值法

费用年值(AC)法是指将多个投资方案的所有费用按行业基准收益率或设定收益率折现到每年年末的等额资金，费用年值越小，方案越优。其公式为

$$AC = PC(A/P, i_C, n) = \left[\sum_{t=0}^{n}CO_t(P/F, i_C, n)\right](A/P, i_C, n) \qquad (2.1.9)$$

值得注意的是，进行互斥方案经济效果评价的前提是要分清方案的寿命期是否相同。对于寿命期相同的方案，以上几种方法可以直接使用；若互斥方案寿命期不同，必须对寿命期做出某种假定，使得方案在相等期限的基础上进行比较，这样才能保证得到合理的结论。

总结一下：对于年值法，可将寿命期不同的投资方案无限期重复按净年值或费用年值进行选择；可采用最小公倍数法，取各投资方案的最小公倍数作为各投资方案的共同寿命期，然后采用寿命期相同的比选方法进行选择；还可采用研究期法，取各投资方案的最短寿命期，作为共同寿命期，然后采用寿命期相同的投资方案的选优方法进行选择。

2.1.3　寿命周期成本分析方法

1. 寿命周期成本分析的概念

寿命周期成本分析是指为了从各可行方案中筛选出最佳方案以有效地利用稀缺资源，而对项目方案进行系统分析的过程或活动。即要从项目总体的角度进行研究，在使资产具备规定性能的前提下，要尽可能使设置费和维持费的总和达到最低。寿命周期成本分析是对于项目全寿命周期而言的，而非一些人为设定的时间跨度。

2. 寿命周期成本的分析方法

常用的寿命周期成本分析方法有费用效率法、固定效率法和固定费用法、权衡分析法等。

1) 费用效率法

费用效率(CE)是指工程系统效率(SE)与工程寿命周期成本(LCC)的比值。其计算式为

$$CE = \frac{SE}{LCC} = \frac{SE}{IC+SC} \qquad (2.1.10)$$

式中：CE——费用效率；

SE——工程系统效率；

LCC——工程寿命周期成本；

IC——设置费；

SC——维持费。

分析结论：一般情况下，CE 值越大越好；如果 CE 公式中寿命周期费用为固定值时，系统效率大的方案为佳；如果 CE 公式中系统效率为固定值时，则可认为寿命周期费用少的方案为佳。

需要指出的是，在应用费用效率分析方法时，系统效率(SE)的计算过程一般将年发生数据作为基础数据，建设成本(设置费 IC)一般给出项目全过程费用，使用成本(维持费 SC)一般给出年发生数据和大修等阶段间费用。因此，在使用此方法时，两个关键环节是将各种形式的系统效率构成数据转化为货币值，将 IC 计算现值再转换为年金值，充分体现资金的时间价值。具体见案例题。

2) 固定效率法和固定费用法

所谓固定费用法，是指将费用值固定下来，然后选出能得到最佳效率的方案。反之，固定效率法是指将效率值固定下来，然后选取能达到这个效率而费用最低的方案。

根据系统情况的不同，有时只需采用固定费用法或固定效率法即可，有时则需同时运用两种方法。

3) 权衡分析法

权衡分析是对性质完全相反的两个要素做适当的处理，其目的是提高总体的经济性。寿命周期成本评价法的重要特点是进行有效的权衡分析。通过有效的权衡分析，可使系统的任务能较好地完成，既保证了系统的性能，又可使有限的资源(人、财、物)得到有效的利

用。寿命周期成本分析法在很大程度上依赖于权衡分析的彻底程度。

在寿命周期成本分析法中，权衡分析的对象包括 5 种情况：①设置费与维持费的权衡分析；②设置费中各项费用之间的权衡分析；③维持费中各项费用之间的权衡分析；④系统效率和寿命周期成本的权衡分析；⑤从开发到系统设置完成这段时间与设置费的权衡分析。

2.1.4 网络计划分析方法

1. 基本概念

简单来说，网络计划分析是利用网络分析制订计划以及对计划予以评价的技术，是一种类似流程图的箭线图。它描绘出项目包含的各种活动的先后次序，标明每项活动的时间或相关的成本。它能协调整个计划的各道工序，合理安排人力、物力、时间、资金，加速计划的完成。在现代计划的编制和分析手段上，网络计划分析被广泛地使用，是现代化管理的重要手段和方法。

进行网络计划分析的前提主要是准确地进行网络图的绘制。网络图有双代号网络图和单代号网络图两种。双代号网络图又称箭线式网络图，它是以箭线及其两端节点的编号表示工作，同时，节点表示工作的开始或结束以及工作之间的连接状态。单代号网络图又称节点式网络图，它是以节点及其编号表示工作，箭线表示工作之间的逻辑关系。本书主要讲述双代号网络图的应用。

2. 双代号网络图

1) 双代号网络图的绘制规则

在绘制双代号网络图时，一般应遵循以下基本规则。

(1) 网络图必须按照已定的逻辑关系绘制。

(2) 网络图中严禁出现从一个节点出发，顺箭头方向又回到原出发点的循环回路。

(3) 网络图中的箭线(包括虚箭线)应保持自左向右的方向，不应出现箭头指向左方的水平箭线和箭头偏向左方的斜向箭线。

(4) 网络图中严禁出现双向箭头和无箭头的连线。

(5) 网络图中严禁出现没有箭尾节点的箭线和没有箭头节点的箭线。

(6) 严禁在箭线上引入或引出箭线。但当网络图的起点节点有多条箭线引出(外向箭线)或终点节点有多条箭线引入(内向箭线)时，为使图形简洁，可用母线法绘制。

(7) 尽量避免网络图中的工作箭线的交叉。当交叉不可避免时，可采用过桥法或指向法处理。

(8) 网络图中应只有一个起点节点和一个终点节点(任务中部分工作需要分期完成的网络计划除外)。除网络图的起点节点和终点节点外，不允许出现没有外向箭线的节点和没有内向箭线的节点。

需要注意的是，在实际应用时经常会出现虚工作的引入。虚工作既不消耗时间，也不

消耗资源。虚工作主要用来表示相邻两项工作之间的逻辑关系。但有时为了避免两项同时开始、同时进行的工作具有相同的开始节点和完成节点，也需要用虚工作加以区分。比如，案例中会经常出现多道工序共用一台设备、增加临时工作等情况的处理，那么，原有的网络图对应逻辑关系将发生变化，即要采用增设虚工作表示线的方法进行重新描述。还要注意增加虚工作表示线时既要符合题设条件要求，又不能破坏原图中其他工序间逻辑关系的原状，调整后要注意序号顺序。

2) 双代号网络计划时间参数的计算

事项最早时间为 T_E(标示用□)，事项最迟时间为 T_L(标示用△)，工序时间为 D，T_E、T_L 为节点时间，工序时间参数为以下 6 个。

(1) 工序最早开始时间：$T_{ES}=T_E(i)$(工序开始节点最早时间)。

(2) 工序最早完成时间：$T_{EF}=T_{ES}(i)+D$。

(3) 工序最迟开始时间：$T_{LS}=T_{LF}(j)-D$。

(4) 工序最迟完成时间：$T_{LF}=T_L(j)$(工序结束节点最迟时间)。

(5) 工序总时差：$TF=T_{LS}-T_{ES}=T_{LF}-T_{EF}$。

(6) 工序自由时差：FF=紧后工作 T_{ES}-本工序 T_{EF}。

值得注意的是：T_E 的计算遵循前进取大原则，T_L 的计算遵循后退取小原则。

总时差：在不影响总工期的前提下，本工作可以利用的机动时间。计算工期等于计划工期时，TF=0 的工序为关键工序。

自由时差：在不影响其紧后工作最早开始时间的前提下，本工作可利用的机动时间。

3) 关键线路和工期的确定

关键线路的确定可采用标号法、穷举法、参数计算法等。

标号法是一种快速寻求网络计划计算工期和关键线路的方法。它利用按节点计算法的基本原理，对网络计划中的每一个节点进行标号，然后利用标号值确定网络计划的计算工期和关键线路。

利用穷举法可以确定由开工点至完工点线路最长的线路为关键线路。关键线路可以不唯一，关键线路上各工序为关键工序，各关键工序工作时间之和为计算工期 T_c。根据双方合同约定产生计划工期 T_p 和业主方要求工期 T_r。当 T_r 确定时，$T_c \leqslant T_p \leqslant T_r$；当 T_r 未规定时，$T_c \leqslant T_p$(可取 $T_p=T_c$)。

在时间参数的计算过程中，可求出各工序 TF($TF=T_{LS}-T_{ES}=T_{LF}-T_{EF}$)，TF=0 的工序为关键工序。由开工点至完工点关键工序所组成的线路为关键线路。

3. 双代号时标网络图

双代号时标网络图必须以水平时间坐标为尺度表示工作时间。时标的时间单位应根据需要在编制网络计划之前确定，可以是小时、天、周、月或季度等。

在时标网络计划中，以实箭线表示工作，实箭线的水平投影长度表示该工作的持续时间；以虚箭线表示虚工作，由于虚工作的持续时间为零，故虚箭线只能垂直画；以波形线表示工作与其紧后工作之间的时间间隔(以终点节点为完成节点的工作除外，当计划工期等于计算工期时，这些工作箭线中波形线的水平投影长度表示其自由时差)。

时标网络计划既具有网络计划的优点，又具有横道计划直观易懂的优点，它可以将网络计划的时间参数直观地表达出来。

关键线路的判定：双代号时标网络计划图中，由完工点至开工点不含自由时差表示线(波形线)的线路即为关键线路。其计算工期可以根据最后一个完工节点所对应的时标确定。

计算工期的判定：双代号时标网络计划的计算工期应等于终点节点所对应的时标值与起点节点所对应的时标值之差。

4. 网络优化

网络计划的优化是指在一定约束条件下，按既定目标对网络计划进行不断改进，以寻求满意方案的过程。

网络计划的优化目标应按计划任务的需要和条件选定，包括工期目标、费用目标和资源目标。根据优化目标的不同，网络计划的优化可分为工期优化、费用优化和资源优化 3种。具体优化过程见案例题。

2.2 案 例 分 析

2.2.1 案例1——0－1评分法

1. 背景

某咨询公司受业主委托，对某设计院提出的 8000 平方米工程量的屋面工程的 A、B、C 3 个设计方案进行评价。各方案含税全费用价格(元/m^2)分别为：A 方案 65；B 方案 80；C 方案 115。咨询公司评价方案中设置功能实用性(F_1)、经济合理性(F_2)、结构可靠性(F_3)、外形美观性(F_4)、与环境协调性(F_5)5 项评价指标。该 5 项评价指标的重要程度依次为 F_1、F_3、F_2、F_5、F_4，各方案的每项评价指标得分见表 2-4。

表 2-4 各方案评价指标得分表

功　能 \ 方　案	A	B	C
F_1	9	8	10
F_2	8	10	9
F_3	10	9	8
F_4	7	9	9
F_5	8	10	8

2. 问题

(1) 该工程各方案的工程总造价均为多少？

(2) 用 0—1 评分法确定各项评价指标的权重并把计算结果填入表 2-5 中。

(3) 列式计算 A、B、C 3 个方案的加权综合得分，并选择最优方案。

3. 答案

(1) 各方案的工程总造价分别如下。

A 方案：65×8000=52(万元)

B 方案：80×8000=64(万元)

C 方案：115×8000=92(万元)

(2) 用 0—1 评分法确定的各评价指标权重如表 2-5 所示。

表 2-5　各评价指标权重计算表

功能	F_1	F_2	F_3	F_4	F_5	得 分	修正得分	权 重
F_1	×	1	1	1	1	4	5	5/15=0.333
F_2	0	×	0	1	1	2	3	3/15=0.200
F_3	0	1	×	1	1	3	4	4/15=0.267
F_4	0	0	0	×	0	0	1	1/15=0.067
F_5	0	0	0	1	×	1	2	2/15=0.133
合　　计						10	15	1.000

(3) A 方案综合得分：9×0.333+8×0.200+10×0.267+7×0.067+8×0.133=8.80(分)

B 方案综合得分：8×0.333+10×0.200+9×0.267+9×0.067+10×0.133=9.00(分)

C 方案综合得分：10×0.333+9×0.200+8×0.267+9×0.067+8×0.133=8.93(分)

所以，B 方案为最优方案。

2.2.2　案例 2——资金时间价值分析

1. 背景

方案 A 和方案 B 的寿命相同，资料见表 2-6，基准折现率为 15%。

表 2-6　方案资料

方　案	投　资	年现金流入	年现金支出	期末净值	使用寿命
A	5500	1500	300	200	10
B	6200	1800	400	0	10

2. 问题

(1) 分别求出两种方案的净现值。

(2) 根据得到的净现值，分析两种方案的可行性。

3. 答案

(1) $\text{NPV}_A=-5500+(1500-300)(P/A,15\%,10)+200(P/F,15\%,10)=572$(万元)

NPV$_B$=-6200+(1800-400)(P/A,15%,10)=826.32(万元)

(2) 因为 NPV$_B$>NPV$_A$>0，表明方案 A、B 均可行，且方案 B 优于方案 A。

2.2.3　案例3——费用现值法

1. 背景

某车间可从 A、B 两种新设备中选择一种来更换现有旧设备。设备 A 使用寿命期为 6 年，设备投资 10 000 万元，年经营成本前 3 年均为 5500 万元，后 3 年均为 6500 万元，期末净残值为 3500 万元。设备 B 使用寿命期为 6 年，设备投资 12 000 万元，年经营成本前 3 年均为 5000 万元，后 3 年均为 6000 万元，期末净残值为 4500 万元。该项目投资财务基准收益率为 15%。

2. 问题

(1) 用年费用法比较选择设备更新最优方案。

(2) 如果设备 B 使用寿命期为 9 年，最后 3 年经营成本均为 7000 万元，期末净残值为 2000 万元，其他数据不变，用费用现值法比较选择最优方案(以最小寿命期作为共同研究期)。

3. 答案

(1) AC$_A$=[10 000+5500(P/A,15%,3)+6500(P/A,15%,3)(P/F,15%,3)-3500(P/F,15%,6)]/(A/P,15%,6)=(10 000+12 556.5+9764.39-1512)/3.784=8141.88(万元)

AC$_B$=[12 000+5000(P/A,15%,3)+6000(P/A,15%,3)(P/F,15%,3)-4500(P/F,15%,6)]/(A/P,15%,6)=(12 000+11 415+9013.28-1944)/3.784=8056.10(万元)

经比较得知，B 方案较优。

(2) PC$_A$=10 000+5500(P/A,15%,3)+6500(P/A,15%,3)(P/F,15%,3)-3500(P/F,15%,6)=30 808.89(万元)

PC$_B$=[12 000+5000(P/A,15%,3)+6000(P/A,15%,3)(P/F,15%,3)+7000(P/A,15%,3)(P/F,15%,6)-2000(P/F,15%,9)](A/P,15%,9)/(P/A,15%,6)=30 738.32(万元)

经比较得知，B 方案较优。

2.2.4　案例4——价值工程分析

1. 背景

某工程项目设计人员根据业主的使用要求，提出了 3 个设计方案。有关专家决定从 5 个方面(分别以 F_1～F_5 表示)对不同方案的功能进行评价，并对各功能的重要性分析如下：F_3 相对于 F_4 很重要，F_3 相对于 F_1 较重要，F_2 和 F_5 同样重要，F_4 和 F_5 同样重要。各方案单位面积造价及专家对 3 个方案满足程度的评分结果见表 2-7。

表 2-7　某工程功能评分表

功能 ＼ 得分	A	B	C
F_1	9	8	9
F_2	8	7	8
F_3	8	10	10
F_4	7	6	8
F_5	10	9	8
单位面积造价/(元/m²)	1680	1720	1590

2. 问题

(1) 试用 0—4 评分法计算各功能的权重。

(2) 用功能指数法选择最佳设计方案。

(3) 在确定某一设计方案后，设计人员按限额设计要求，确定建安工程目标成本额为 14 000 万元，然后以主要分部工程为对象进一步开展价值工程分析。各部分工程评分值及目前成本见表 2-8。试分析各功能项目的功能指数、目标成本及应降低额，并确定功能改进顺序。

表 2-8　某工程功能评分及目前成本

功能项目	功能得分	目前成本/万元
A.±0.000 以下工程	21	3854
B.主体结构工程	35	4633
C.装饰工程	28	4364
D.水电安装工程	32	3219

(4) 如果专家组采用环比法确定 $F_1 \sim F_5$ 各项功能权重，一致认为各功能重要程度之比为 $F_1 : F_2 : F_3 : F_4 : F_5 = 4 : 3 : 5 : 2.5 : 2$，试确定各项功能权重。

3. 答案

(1) 0—4 评分法计算出的各功能的权重如表 2-9 所示。

表 2-9　功能权重计算表(0—4 评分法)

项　目	F_1	F_2	F_3	F_4	F_5	得　分	权　重
F_1	×	3	1	3	3	10	10/40=0.25
F_2	1	×	0	2	2	5	5/40=0.125
F_3	3	4	×	4	4	15	15/40=0.375
F_4	1	2	0	×	2	5	5/40=0.125
F_5	1	2	0	2	×	5	5/40=0.125
合计						40	1.000

(2) 各方案功能加权得分如下。

A 方案综合得分：9×0.25+8×0.125+8×0.375+7×0.125+10×0.125=8.375(分)

B 方案综合得分：8×0.25+7×0.125+10×0.375+6×0.125+9×0.125=8.500(分)

C 方案综合得分：9×0.25+8×0.125+10×0.375+8×0.125+8×0.125=9.000(分)

A、B、C 3 个方案得分之和为 8.375+8.500+9.000=25.875(分)

A、B、C 3 个方案的功能指数分别为

$$F_A=8.375/25.875=0.324$$
$$F_B=8.500/25.875=0.329$$
$$F_C=9.000/25.875=0.348$$

A、B、C 3 个方案的成本指数分别为

$$C_A=1680/(1680+1720+1590)=1680/4990=0.337$$
$$C_B=1720/4990=0.345$$
$$C_C=1590/4990=0.319$$

所以，A、B、C 3 个方案的价值系数分别为

$$V_A=0.324/0.337=0.961$$
$$V_B=0.329/0.345=0.954$$
$$V_C=0.348/0.319=1.091$$

应用功能指数法进行比较后，$V_C>V_A>V_B$，所以 C 方案为最佳设计方案。

(3) 各功能项目的功能指数分别为

$$F_A=21/(21+35+28+32)=21/116=0.181$$
$$F_B=35/116=0.302$$
$$F_C=28/116=0.241$$
$$F_D=32/116=0.276$$

所以，各部分工程的目标成本为

$$C_A=14\ 000×0.181=2534(万元)$$
$$C_B=14\ 000×0.302=4228(万元)$$
$$C_C=14\ 000×0.241=3374(万元)$$
$$C_D=14\ 000×0.276=3864(万元)$$

成本改进计算表如表 2-10 所示。

表 2-10 某工程成本改进计算表

方　案	功能指数	目前成本/万元	目标成本/万元	应降低额/万元	功能改进顺序
A.±0.000 以下工程	0.181	3854	2534	1320	①
B.主体结构工程	0.302	4633	4228	405	③
C.装饰工程	0.241	4364	3374	990	②
D.水电安装工程	0.276	3219	3864	−645	

(4) 环比法确定的各功能权重如表 2-11 所示。

表 2-11　环比法确定功能权重计算表

功 能 区	功能重要性评价		
	暂定重要性系数	修正重要性系数	功能重要性系数(权重)
F_1	$N_1=F_1:F_2=1.33$	2.0	2.0/8.25=0.24
F_2	$N_2=F_2:F_3=0.6$	1.5	1.5/8.25=0.18
F_3	$N_3=F_3:F_4=2$	2.5	2.5/8.25=0.30
F_4	$N_4=F_4:F_5=1.25$	1.25	1.25/8.25=0.15
F_5		1	1/8.25=0.13
合计		8.25	1.00

2.2.5　案例 5——费用效率

1. 背景

某市修建一条快速干线，初步拟定两条备选路线，即沿河路线与穿山路线，两条路线的平均车速都提高了 50 千米/小时，日平均流量都是 6000 辆，寿命均为 30 年，且无残值，基准收益率为 12%，其他数据如表 2-12 所示。

表 2-12　两方案的费用效益

方案指标	沿河路线(A)	穿山路线(B)
全长/千米	20	15
初期投资/万元	490	650
年维护及运行费/(万元/千米·年)	0.2	0.25
大修(每 10 年一次，万元/10 年)	85	65
运输费用节约/(元千米·辆)	0.098	0.1127
时间费用节约/(元/小时·辆)	2.6	2.6

已知$(P/F,12\%,10)=0.3220$，$(P/F,12\%,20)=0.1037$，$(A/P,12\%,30)=0.1241$。

2. 问题

试用生命周期费用理论分析两条路线的优劣，并做出方案选择(计算结果保留两位小数)。

3. 答案

(1) 计算沿河路线方案的费用效率(CE)。

① 求系统效率(SE)。

时间费用节约：6000×365×20/50×2.6/10 000=227.76(万元/年)

运输费用节约：6000×365×20×0.098/10 000=429.24(万元/年)

则 SE=227.76+429.24=657(万元/年)

② 求生命周期费用(LCC)，包括设置费(IC)和维持费(SC)。

IC=490(A/P,12%,30)=490×0.1241=60.81(万元/年)

SC=0.2×20+[85(P/F,12%,10)+85(P/F,12%,20)](A/P,12%,30)=4+(85×0.3220+85×0.1037)×0.1241=8.49(万元/年)

则 LCC=IC+SC=60.81+8.49=69.3(万元/年)

③ 求费用效率(CE)。

CE=SE/LCC=657/69.3=9.48

(2) 计算穿山路线方案的费用效率(CE)。

① 求系统效率(SE)。

时间费用节约：6000×365×15/50×2.6/10 000=170.82(万元/年)

运输费用节约：6000×365×15×0.1127/10 000=370.22(万元/年)

则 SE=170.82+370.22=541.04(万元/年)

② 求生命周期费用(LCC)，包括设置费(IC)和维持费(SC)。

IC=650(A/P,12%,30)=650×0.1241=80.67(万元/年)

SC=0.25×15+[65(P/F,12%,10)+65(P/F,12%,20)](A/P,12%,30)=3.75+[65×0.3220+65×0.1037]×0.1241=7.18(万元/年)

则 LCC=IC+SC=80.67+7.18=87.85(万元/年)

③ 求费用效率(CE)。

CE=SE/LCC=541.04/87.85=6.16

(3) 方案选择。

因为沿河路线方案的费用效率大于穿山路线方案的费用效率，所以选择沿河路线方案。

2.2.6 案例6——不同分析方法的综合应用

1. 背景

某技术改造项目拟引进国外设备，据调研同类项目通常投资为3000万元人民币，年生产费用通常水平应为1200万元，基准收益率为10%，技术水平、质量水平可按一般水平为通常水平，现有3个方案可供选择。

A 方案：引进设备(Ⅰ)总费用为4000万元(人民币)，年生产费用900万元，技术水平先进，质量水平高，经济寿命15年，人员培训费用高。

B 方案：引进设备(Ⅱ)(FOB)价格为200万美元(1∶8.3)，重量500t，国际运费标准为400美元/t，海上运输保险费为4.565万元，银行财务费0.5%，外贸手续费1.5%，关税税率20%，进口环节增值税税率17%，车辆运杂费为0%，国内其他费用394.129万元，年生产费用1200万元，技术水平、质量水平一般，经济寿命期10年，人员培训费用较低。

C 方案：引进设备(Ⅲ)总费用3500万元(人民币)，年生产费用1000万元，技术较高，质量水平较高，经济寿命期12年，人员培训费较高。

各方案的综合评分见表 2-13。

表 2-13　各方案综合评分表

评价指标	指标权重	评分标准	各方案评分		
			A	B	C
投资金额	0.2	(1)低于通常水平：80 分 (2)通常水平：70 分 (3)高于通常水平：60 分			
年生产费用	0.2	(1)低于通常水平：90 分 (2)通常水平：70 分 (3)高于通常水平：60 分			
技术水平	0.2	(1)先进：90 分 (2)较高：80 分 (3)一般：60 分			
质量水平	0.1	(1)高于一般水平：80 分 (2)一般：60 分			
经济寿命	0.2	(1)$n \geq 15$ 年：90 分 (2)$10 < n \leq 15$ 年：70 分 (3)$n \leq 10$ 年：50 分			
人员培训费用	0.1	(1)高：50 分 (2)较高：60 分 (3)较低：80 分			

2. 问题

(1) 计算 B 方案引进设备(Ⅱ)的购置费。

(2) 按照评分标准，给 A、B、C 3 个方案评分。

(3) 计算各方案的综合得分，做出方案选择。

(4) 根据最小费用原理，考虑资金时间价值，做出方案选择。

3. 答案

(1) 计算 B 方案引进设备费用。

确定引进设备货价=200×8.3=1660(万元)

国际运费=400×500×8.3×10^{-4}=166(万元)

国外运输保险费=4.565(万元)

进口关税=(1660+166+4.565)×20%=366.113(万元)

增值税=(1660+166+4.565+366.113)×17%=373.435(万元)

外贸手续费=(1660+166+4.565)×1.5%=27.458(万元)

银行财务费=1660×0.5%=8.3(万元)

进口设备原价=1660+166+4.565+366.113+373.435+27.458+8.3=2605.871(万元)

总价=394.129+2605.871=3000(万元)

(2) 按照评分标准，给 A、B、C 3 个方案评分，见表 2-14。

表 2-14 各方案综合评分表

评价指标	指标权重	各方案评分		
		A	B	C
投资金额	0.2	60	70	60
年生产费用	0.2	90	70	90
技术水平	0.2	90	60	80
质量水平	0.1	80	60	80
经济寿命 n	0.2	90	50	70
人员培训费用	0.1	50	80	60

(3) 分别计算各方案综合得分。

A 方案得分=60×0.2+90×0.2+90×0.2+80×0.1+90×0.2+50×0.1=79(分)

B 方案得分=70×0.2+70×0.2+60×0.2+60×0.1+50×0.2+80×0.1=64(分)

C 方案得分=60×0.2+90×0.2+80×0.2+80×0.1+70×0.2+60×0.1=74(分)

由计算结果可知，A 方案综合得分最高，因此应选择引进国外设备(I)。

(4) 由于各方案经济寿命期不等，考虑资金的时间价值，选取费用年值 AC 为评价指标。

A 方案费用年值：

$$AC_A=4000\times(A/P,10\%,15)+900=4000\times\left[\frac{10\%\times(1+10\%)^{15}}{(1+10\%)^{15}-1}\right]+900=1425.90(万元)$$

B 方案费用年值：

$$AC_B=3000\times(A/P,10\%,10)+1200=3000\times\left[\frac{10\%\times(1+10\%)^{10}}{(1+10\%)^{10}-1}\right]+1200=1688.24(万元)$$

C 方案费用年值：

$$AC_C=3500\times(A/P,10\%,12)+1000=3500\times\left[\frac{10\%\times(1+10\%)^{12}}{(1+10\%)^{12}-1}\right]+1000=1513.67(万元)$$

由计算结果可知，A 方案的费用年值最低，因此应选择引进国外设备(I)。

2.2.7 案例 7——网络计划分析

1. 背景

某施工单位编制的某工程网络图如图 2-2 所示，网络进度计划原始方案各工作的持续时间和估计费用如表 2-15 所示。

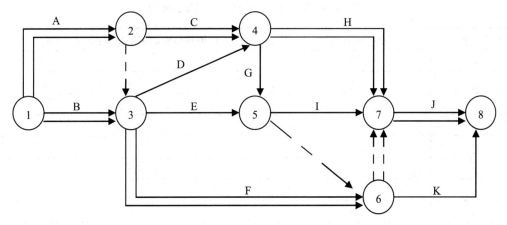

图 2-2　网络图

表 2-15　各工作持续时间和估计费用表

工　作	持续时间/天	费用/万元
A	12	18
B	26	40
C	24	25
D	6	15
E	12	40
F	40	120
G	8	16
H	28	37
I	4	10
J	32	64
K	16	16

2. 问题

(1) 计算网络进度计划原始方案各工作的时间参数，确定网络进度计划原始方案的关键线路和计算工期。

(2) 若施工合同规定：工程工期 93 天，工期每提前一天奖励施工单位 3 万元，每延期一天对施工单位罚款 5 万元。计算按网络进度计划原始方案实施时的综合费用。

(3) 若该网络进度计划各工作的可压缩时间及压缩单位时间增加的费用如表 2-16 所示。确定该网络进度计划的最低综合费用和相应的关键线路，并计算调整优化后的总工期(要求写出调整优化过程)。

表 2-16　各工作可压缩时间及增加的费用

工　作	可压缩时间/天	压缩单位时间增加的费用/(万元/天)
A	2	2
B	2	4
C	2	3.5
D	0	1
E	1	2
F	5	2
G	1	2
H	2	1.5
I	0	1
J	2	6
K	2	2

3. 答案

(1) 关键线路见图 2-3(或关键工作为 B、F、J；或在图中直接标出)。

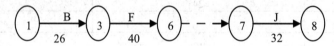

图 2-3　关键线路

工期=98 天

(2) 计算综合费用。

原始方案估计费用=18+40+25+15+40+120+16+37+10+64+16=401(万元)

延期罚款=5×(98-93)=25(万元)

综合费用=401+25=426(万元)

(3) 第一次调整优化：在关键线路上取压缩单位时间增加费用最低的 F 工作为对象压缩 2 天。增加费用为 2 天×2 万元/天=4 万元。

第二次调整优化：A、C、H、J 与 B、F、J 同时成为关键工作，选择 H 工作和 F 工作作为调整对象，各压缩 2 天。增加费用为 2 天×(1.5 万元/天+2 万元/天)=7 万元。

第三次调整优化：A、C、H、J 与 B、F、J 仍为关键工作，选择 A 工作和 F 工作作为调整对象，各压缩 1 天。增加费用为 1 天×(2 万元/天+2 万元/天)=4 万元。

优化后的关键线路为①-③-⑥-⑦-⑧和①-②-④-⑦-⑧，如图 2-4 所示。

工期=98-2-2-1=93(天)

最低综合费用=401+4+7+4=416(万元)

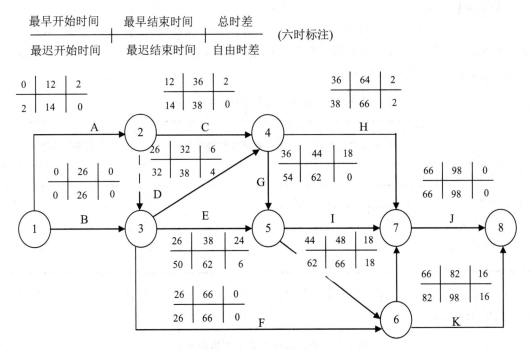

图 2-4　网络时间参数计算

练 习 题

练习题 1

【背景】

某公司准备改造某商厦，某咨询公司利用价值工程理论对甲、乙 2 个建设方案进行了讨论。咨询公司根据历史经验，主要从 4 个因素论证，聘请 6 个专家对各因素进行打分，如表 2-17 所示。

表 2-17　专家对各因素的打分

因　素 \ 专　家	1	2	3	4	5	6	合　计	重要性系数
顾客舒适度	8	9	7	10	10	8		
内部结构	7	6	8	8	6	7		
广告效应	7	8	9	6	7	6		
场地利用	8	7	8	9	8	8		

另外，咨询公司还广泛发放了调查表，统计结果表明：顾客舒适度比内部结构重要 2 倍，内部结构比广告效应重要 3 倍，广告效应比场地利用重要 3 倍。

对以上两种调查结果，咨询公司按照顾客调查表占权重 0.4，专家意见占 0.6 计算。

【问题】

(1) 完成专家打分表,计算各因素重要性系数。请用环比评分法计算顾客调查表的各因素重要性系数。计算加权后的各因素重要性系数(计算过程和结果保留 3 位小数,忽略由此带来的计算误差),填入表 2-18 中。

表 2-18 功能重要性系数计算表(环评法)

专家\n因素	暂定重要性系数	修正重要性系数	功能重要性系数
顾客舒适度			
内部结构			
广告效应			
场地利用			
合计			

(2) 咨询公司组织专家对两方案满足 4 个要素方面进行打分,并估算了各方案的投资费用,结果如表 2-19 所示。

表 2-19 专家对两方案 4 个因素的打分

专家\n因素	甲方案	乙方案
顾客舒适度	8	10
内部结构	7	9
广告效应	9	8
场地利用	6	8
各方案投资	1100 万元	1150 万元

请根据价值工程理论计算价值系数,并选择方案。

(3) 假设最后选定的方案的总投资是 1000 万元,方案的功能得分、初步估算成本等如表 2-20 所示。如果希望节约投资,请根据价值工程理论计算期望成本,列出改进对象。

表 2-20 根据工程价值理论计算期望成本

方案功能	估算目前成本	功能评比得分	功能系数	理论分配成本	目标成本	期望成本改进值
F_1	300	16				
F_2	300	15				
F_3	200	13				
F_4	200	11				
合计	1000	55				

练习题 2

【背景】

某承包人参与一项工程的投标，在其投标文件中，基础工程的工期为 4 个月，报价为 1200 万元；主体结构工程的工期为 12 个月，报价为 3960 万元。该承包人中标并与发包人签订了施工合同。合同中规定，无工程预付款，每月工程款均于下月末支付，提前竣工奖为 30 万元/月，在最后 1 个月结算时支付。

签订施工合同后，该承包人拟定了以下两种加快施工进度的措施。

(1) 开工前，采取一次性技术措施，可使基础工程的工期缩短 1 个月，需技术措施费用 60 万元。

(2) 主体结构工程施工的前 6 个月，每月采取经常性技术措施，可使主体结构工程的工期缩短 1 个月，每月末需技术措施费用 8 万元。

假定贷款月利率为 1%，各分部工程每月完成的工作量相同且能按合同规定收到工程款。

【问题】

(1) 若按原合同工期施工，基础工程款和主体结构工程款的现值分别为多少？

(2) 从承包人的角度优选施工方案，并说明理由。

练习题 3

【背景】

某工程双代号初始施工网络计划如图 2-5 所示。

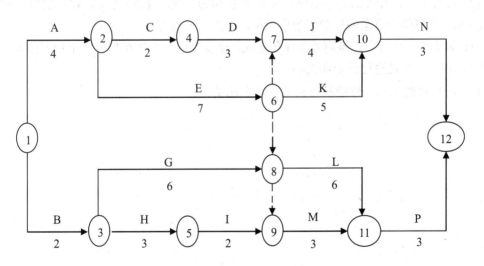

图 2-5　网络计划图

【问题】

(1) 该网络计划计算工期为多少天？确定关键线路，并判断 C、K、G 的总时差和自由时差。

(2) 如果工作 C 和工作 G 因共用一台施工机械而必须顺序施工，该计划如何安排才更合理？

练习题 4

【背景】

某咨询公司接受某商厦业主委托，对商厦改造提出以下两个方案。

方案甲：对原商厦进行改建。该方案预计投资 8000 万元，改建后可运营 10 年。运营期间每年需维护费 500 万元，运营 10 年后报废，残值为 0。

方案乙：拆除原商厦，并新建。该方案预计投资 24 000 万元，建成后可运营 40 年。运营期间每年需维护费 600 万元，每 15 年需进行一次大修，每次大修费用为 1500 万元，运营期满后报废，残值 800 万元。

基准收益率为 6%。资金等值换算系数表见表 2-21。

表 2-21　资金等值换算系数

n	3	10	15	20	30	40	43
$(P/F,6\%,n)$	0.8396	0.5584	0.4173	0.3118	0.1441	0.0972	0.0816
$(A/P,6\%,n)$	0.3741	0.1359	0.1030	0.0872	0.0726	0.0665	0.0653

【问题】

(1) 如果不考虑两方案建设期的差异(建设期为 0，建设投资在运营期初一次性投入)，计算两个方案的年费用。

(2) 若方案甲、方案乙的年系统效率分别是 3000 万元、4300 万元，以年费用作为寿命周期成本，计算两个方案的年费用效率指标，并选择最优方案。

(3) 如果考虑按方案乙该商厦需 3 年建成，建设投资分 3 次在每年年末均匀投入，试重新对方案甲、方案乙进行评价和选择。

(4) 根据问题(3)的条件绘制方案乙的现金流量图。

第3章　建设工程计量与计价

【学习要点及目标】

◆ 了解工程造价计价的一般原理与方法。

◆ 掌握建筑安装工程定额有关知识。

◆ 掌握建筑安装工程人工、材料、机械台班消耗指标的确定方法。

◆ 掌握工料机单价的组成、确定、换算及补充方法。

◆ 熟悉最新颁布的《建筑工程建筑面积计算规范》、《全国统一建筑工程预算工程量计算规则》、《建设工程工程量清单计价规范》(GB 50500—2013)、《房屋建筑与装饰工程计量规范》(GB 50854—2013)等国家规范、标准和条例。

◆ 掌握工程量清单的编制和分部分项工程单价的编制。

◆ 能分别熟练运用工料单价法和综合单价法完成单位工程施工图预算的编制。

3.1 工程造价计价办法概述

3.1.1 工程计价的一般原理

工程造价的计价就是对工程项目价格进行计算。由于工程项目具有单件性和多样性的特点，不能批量生产和按整个工程项目确定价格，需要以特殊的计价程序和方法对每一个工程项目单独计算。其计价的基本原理如下。

(1) 将整个工程项目进行分解，计算分解后的基本单元价格。

(2) 对基本单元价格进行汇总，得出整个工程项目的造价。

3.1.2 工程计价的方式方法

1. 工程计价的顺序

工程计价的顺序为：计算分部分项工程量→计算分部分项工程单价→计算单位工程造价→计算单项工程造价→计算建设项目总造价。

2. 计算工程造价的基本要素

计算工程造价的基本要素包括以下两个。

(1) 基本构造的实物数量。实物数量按工程量计算规则和设计图纸计算。

(2) 基本构造要素的价格。该价格的确定要考虑人工、材料、机械资源等要素的价格形式。

3. 工程计价的方式

由于在要素价格确定方式上不同，工程计价形成以下两种不同方式。

(1) 工料单价法(定额计价法)。

(2) 综合单价法(工程量清单计价法)。

预算定额计价法是计划经济体制下预算定额制度的产物，但随着社会主义市场经济体制的逐步建立和发展，现行预算定额制度越来越不能适应新的形势。一是定额中"量"和"价"没有分开，形成"活市场"和"死单价"的矛盾，不能在市场中真实地、及时地、准确地反映建筑产品的造价；二是现行预算定额中综合程度较大，施工手段消耗部分统得较死，不利于施工企业发挥优势，竞争优胜；三是现行预算定额带有法定性质和强制性质，对预算定额直接费和取费标准还是以计划定价为主；四是现行预算定额计价取费固定化，不利于与国际报价方式接轨。

随着我国加入 WTO 和经济全球化进程的加快，规范建筑市场的行为规则与国际管理全面接轨已成为必然。一是全面实现"量价分离"，把量价合一的预算定额改为政府发布工程消耗定额；二是逐步实现统一概念、统一符号、统一计量单位、统一工程量计算规则和统一费用项目；三是把实体材料消耗与施工消耗相对分离，它是市场经济中的价值规律的体现；四是简化取费，以利于控制投资活动和分包及设计变更部分的计价。

据此，逐步推行"工程量清单计价法"是我国建设工程造价管理改革的方向，并且取得一定成效。在 2013 年 7 月 1 日开始实施的《建设工程工程量清单计价规范》(GB 50500—2013)和 2014 年 2 月 1 日开始施行的《建筑工程施工发包与承包计价管理办法》(住建部第 16 号令)中，对"工程量清单计价法"做了如下强制性规定。

(1) 全部使用国有资金投资或者以国有资金投资为主的建筑工程(简称国有资金投资的建筑工程)，应当采用工程量清单计价；

(2) 非国有资金投资的建设工程，宜采用工程量清单计价。

3.2　建设工程定额计价

3.2.1　建设工程定额

1. 建设工程定额的概念

工程定额是完成规定计量单位的合格建筑安装产品所消耗资源的数量标准。工程定额是一个综合概念，是建设工程造价计价和管理中各类定额的总称，包括许多种类的定额，可以按照不同的原则和方法对它进行分类。

2. 建设工程定额分类

建设工程定额的种类很多，但不论何种定额，其包含的生产要素是共同的，即：人工、材料和机械三要素。

建设工程定额可按不同的标准进行划分。

1) 按生产要素划分

建设工程定额按生产要素可划分为以下 3 类。

(1) 劳动消耗定额，是指在合理的施工技术和组织条件下，工人以社会平均熟练程度和劳动强度完成规定计量单位合格建筑安装产品所消耗的人工工日的数量标准。

劳动消耗定额简称劳动定额，是建筑安装工程定额的主要组成部分，反映建筑安装工人劳动生产率的社会平均先进水平。劳动定额的主要表现形式是时间定额，但同时也表现为产量定额。时间定额和产量定额互为倒数。

① 时间定额。时间定额是指在一定的生产技术和生产组织条件下，某工种、某种技术等级的工人小组或个人，完成单位合格产品所必须消耗的工作时间限额。定额工作时间(也称工作延续时间)包括工人的有效工作时间(准备与结束时间、基本工作时间、辅助工作时间)、必要的休息与生理需要时间和不可避免的中断时间。定额工作时间以工日为单位，每一工日按 8h 计算。其计算公式如下：

时间定额(工日)=1/每工日产量

单位产品时间定额(工日)=小组成员工日数总和/小组台班产量

② 产量定额。产量定额是指在一定的生产技术和生产组织条件下，某工种、某种技术等级的工人小组或个人，在单位时间内(工日)应完成合格产品的数量限额。产量定额以产品的单位计量，如 m、m^2、m^3、t、块、件等。其计算公式如下：

$$每工日产量=1/单位产品时间定额(工日)$$

(2) 材料消耗定额，简称材料定额，是指在施工技术和组织条件正常，材料供应符合技术要求，合理使用材料的条件下，完成规定计量单位合格建筑安装产品所消耗的原材料、成品、半成品、构配件、燃料，以及水、电等动力资源的数量标准。

① 非周转性材料计算公式如下：

材料消耗量=材料净耗量+材料损耗量=材料净耗量×(1+材料损耗率)

$$损耗率=\frac{损耗量}{净用量}×100\%$$

② 周转性材料，按多次使用分次摊销的方法计算。其计算如下：

$$摊销量=一次使用量×(1+施工损耗)×\left[\frac{1+(周转次数-1)×补损率}{周转次数}-\frac{(1-周转次数)×50\%}{周转次数}\right]$$

(3) 机械消耗定额，又称机械台班定额，是以一台机械一个工作班为计量单位。机械消耗定额是指施工机械在正常的施工和合理的人机组合条件下，完成规定计量单位合格建筑安装产品所消耗的施工机械台班的数量标准。机械消耗定额的主要表现形式是机械时间定额，同时也以产量定额表现，二者互为倒数。

机械时间定额可以表述为该机械完成单位合格产品或某项工作所必需的工作时间。主要内容包括准备与结束时间、基本作业时间、辅助作业时间，以及工人必需的休息时间。以台班为单位，每一台班按 8h 计算。

劳动定额、材料消耗定额、机械使用台班定额反映了社会平均必须消耗的水平，它是制定各种实用性定额的基础，因此也称为基础定额。

2) 按照定额的编制程序和用途划分

按照定额的编制程序和用途可划分为 5 类。

(1) 施工定额，以同一性质的施工过程为测定对象，表示某一施工过程中的人工、主要材料和机械消耗量。

(2) 预算定额，是以工程中的分项工程，即在施工图纸上和工程实体上都可以区分开的产品为测定对象编制的，其内容包括人工、材料和机械台班使用量三个部分。经过计价后，可编制单位估价表。

预算定额是以施工定额为基础综合扩大编制的，同时它也是编制概算定额的基础。

(3) 概算定额，是完成合格单位扩大分项工程或单位扩大结构构件所需消耗的人工、材料和机械台班数量及其费用标准，是一种计价性定额。用于在初步设计深度条件下，编制设计概算，控制设计项目总造价，评定投资效果和优化设计方案。

(4) 概算指标，是以单位工程为对象，反映完成一个规定计量单位建筑安装产品的经济消耗指标。包括人工、材料和机械台班定额三个基本部分，同时列出各结构分布工程量及单位建筑工程的造价，是一种计价定额。

(5) 投资估算指标，是以建设项目、单项工程、单位工程为对象，反映建设总投资及其各项费用构成的经济指标。

3) 按照专业划分

建筑工程定额按专业对象可以划分为建筑装饰工程定额、房屋修缮工程定额、市政工程定额、铁路工程定额、公路工程定额、矿山井巷工程定额等；安装工程定额按专业对象分为电气设备安装工程定额、机械设备安装工程定额、热力设备安装工程定额、通信设备安装工程定额、化学工业安装工程定额、工业管道安装工程定额、工艺金属结构安装工程定额等。

4) 按制定单位和执行范围划分

建设工程定额按制定单位和执行范围可划分为 5 类：全国统一定额，地区统一定额，行业统一定额，企业定额，补充定额等。

3.2.2　建设工程预算定额

1. 建设工程预算定额的概念

建设工程预算定额是指在正常合理的施工条件下，完成一定计量单位的合格分项工程或结构构件所必须消耗的人工、材料和施工机械台班数量及其费用标准。

2. 预算定额的编制

预算定额的编制涉及以下几个方面。

(1) 确定预算定额的计量单位。主要是根据分部分项工程的形体和结构构件特征及其变化确定。

① 凡建筑结构构件的断面有一定形状和大小，但是长度不定时，可按长度以 m(米)为计量单位。如踢脚线、楼梯栏杆、木装饰条、管道线路安装等。

② 凡建筑结构构件的厚度有一定规格，但是长度和宽度不定时，可按面积以 m^2(平方米)为计量单位。如地面、楼面、墙面和天棚面抹灰等。

③ 凡建筑结构构件的长度、厚(高)度和宽度都变化时，可按体积以 m^3(立方米)为计量单位。如土方、钢筋混凝土构件等。

④ 钢结构由于重量与价格差异很大，形状又不固定，采用重量以 t(吨)为计量单位。

⑤ 凡建筑结构没有一定规格，而其构造又较复杂时，可按个、台、座、组为计量单位。如卫生洁具安装、铸铁水斗等。

(2) 工程量的计算：按典型设计图纸和资料计算施工过程数量。

(3) 确定预算定额各项目人工、材料和机械台班消耗量指标。

① 人工消耗指标的确定：预算定额中人工消耗指标包括基本用工和其他用工两部分。

a. 基本用工。基本用工=$\sum$(综合取定的工程量×劳动定额)

b. 其他用工。包括超运距用工、辅助用工、人工幅度差。

c. 超运距用工。它是指预算定额的平均水平运距超过劳动定额规定水平运距部分。

超运距用工=预算定额取定运距用工-劳动定额已包括的运距用工

d. 辅助用工。它是指技术工种劳动定额内不包括而在预算定额内又必须考虑的用工。

辅助用工=$\sum$(材料加工数量×相应的加工劳动定额)

e. 人工幅度差。它是指在劳动定额作业时间之外预算定额应考虑的在正常施工条件下所发生的各种工时损失。其计算公式如下：

人工幅度差=(基本用工+辅助用工+超运距用工)×人工幅度差系数

其中：人工幅度差系数一般为 10%～15%。

在确定预算定额中人工消耗量时，首先要确定时间定额：其计算公式如下：

工作延续时间=基本工作时间+辅助工作时间+准备与结束工作时间

+不可避免中断时间+休息时间

在计算时，由于除基本工作时间外的其他时间一般用占工作延续时间的比例来表示，因此计算公式可改写为

工作延续时间=基本工作时间/(1-其他工作时间占工作延续时间的比例)

预算定额人工消耗量=时间定额×(1+人工幅度差系数)

② 材料消耗指标的确定。材料消耗量是指完成单位合格产品所必须消耗的材料数量，按用途划分为主要材料、辅助材料、周转性材料、其他材料 4 种。

材料预算价格是指材料从其来源地到达施工工地仓库后出库的综合平均价格。

材料预算价格=(材料原价+供销部门手续费+包装费+运杂费+运输损耗费)

×(1+采保费率)-包装材料回收值

③ 机械台班消耗指标的确定。机械台班单价由 7 项费用组成：折旧费、大修理费、经常修理费、安拆费和场外运输费、燃料动力费、人工费及其他费用。其计算公式如下：

施工机械台班产量定额=机械净工作生产率×台班工作延续时间×机械正常利用系数

预算定额机械台班消耗量=施工机械台班产量定额×(1+机械幅度差系数)

(4) 编制定额表及拟定有关说明。

3. 预算定额的应用

(1) 预算定额的直接套用。当施工图设计要求与定额项目内容完全一致时，可以直接套用，套用时注意以下几点。

① 根据施工图设计说明标准图做法说明选择预算定额项目。

② 应从工程内容技术特征和施工方法上仔细核对才能准确地确定与施工图相对应的预算定额项目。

③ 施工图中分项工程的名称内容和计量单位要与预算定额项目相对应一致。

(2) 定额换算。当施工图中的分项工程项目不能直接套用预算定额时，可进行定额换算。

① 预算定额乘系数换算。

② 砂浆、混凝土强度等级、配合比换算。

当工程项目中设计的砂浆、混凝土强度等级、抹灰砂浆及保温材料配合比与定额项目规定不相符时，可根据定额说明进行相应换算。在进行换算时，应遵循两种材料交换，定额含量不变的原则。其计算公式如下：

$$换算后基价=原基价+(换入单价-换出单价)×定额材料用量$$

③ 其他换算。除上述情况以外的定额换算。

(3) 补充预算定额。当分项工程的设计要求与定额条件完全不相符或由于设计采用新结构，新材料，新工艺预算定额没有这类项目也属于定额缺项，这就需要补充定额。

3.2.3　施工图预算的编制

1. 施工图预算的概念

施工图预算是施工图设计完成后，工程开工前，以批准的施工图为依据，根据消耗量定额，计费规则及人、材、机的预算价格编制的确定工程造价的经济文件。

施工图预算编制的依据包括施工图纸、施工组织设计文件、工程预算定额、价目表或单位估价表、人工工资标准、材料预算价格、施工机械台班单价、预算工程手册、工程承发包合同文件等。

2. 编制施工图预算前应做好的准备工作

编制工程预算的准备阶段，一般要做好以下 5 个方面的工作。

1) 资料准备工作

(1) 完整的施工图纸。

(2) 施工组织设计或施工方案。

(3) 有关定额和标准。

(4) 有关手册和工具书，如预算工作手册。

(5) 施工合同或协议书。

以上资料，根据不同的工程对象，选用其中的一部分。

2) 情况调查

(1) 了解设计概算书的内容及概算造价。

(2) 施工现场情况的调查。

(3) 了解工程地点和合同有关条款。

3) 熟悉和审核施工图纸

4) 参加图纸会审

5) 确定编制预算的方案

(1) 预算编制方案的选择。

(2) 审核概算造价的方法。

3. 施工图预算的编制方法

施工图预算的编制方法有工料单价法和综合单价法两种。工料单价法又可分为预算单价法和实物法。

1) 预算单价法

预算单价法即为"工料单价法",采用定额计价模式,即按预算定额规定的分部分项子目逐项计算工程量,套用预算定额或单位估价表基价确定直接费(含直接工程费和措施费,其中直接工程费含人工费、材料费、施工机具使用费),然后按规定取费标准确定间接费(含企业管理费和利润)、利润和税金,加上材料调差,经汇总后即为工程预算价或标底价。其计算公式为

$$工程发、承包价=直接工程费+措施费+间接费+利润+税金$$

适用于工料单价法的建筑安装工程造价组成见图 3-1。

定额计价法(工料单价法)的计算方法:

工料单价是由建设行政主管部门或其授权的工程造价管理机构,一般以单位估价表的形式来发布的地区统一的消耗量定额。其计算公式为

$$分项工程的工料单价=人工费+材料费+机械台班使用费$$

$$其中:人工费=\sum(工程工日消耗量×日工资单价)$$

$$材料费=\sum(材料定额消耗量×材料单价)$$

$$机械台班使用费=\sum(机械台班使用定额消耗量×机械台班使用单价)$$

$$直接工程费=\sum(工程量×分项工程的工料单价)$$

$$间接费=取费基数×间接费费率(\%)$$

$$=取费基数×[(规费费率(\%)+企业管理费费率(\%)]$$

间接费的取费基数有 3 种:以直接费为计算基础、以人工费和机械费合计为计算基础及以人工费为计算基础。在不同的取费基数下,规费费率和企业管理费费率计算方法均不同。

$$利润=取费基数×相应利润率(\%)$$

利润的取费基数也有 3 种:直接费+间接费;直接费中的人工费和机械费合计;直接费中的人工费合计。

$$税金=(直接费+间接费+利润)×综合税率(\%)$$

施工图定额预算编制步骤如下。

(1) 准备工作。

(2) 计算工程量。

(3) 套预算定额,计算直接工程费。

(4) 编制工料分析表。

(5) 按计价程序计取其他费用,并汇总造价。

(6) 复核。

(7) 填写封面、编制说明。

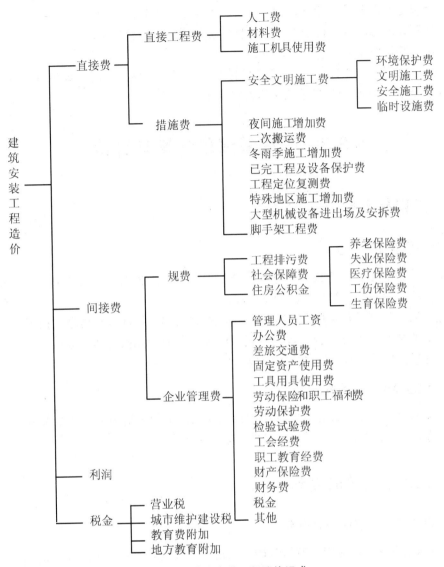

图 3-1 建筑安装工程造价组成

2) 实物法

用实物法编制单位工程施工图预算，就是根据施工图计算的各分项工程量分别乘以地区定额中人工、材料、施工机械台班的定额消耗量，分类汇总得出该单位工程所需的全部人工、材料、施工机械台班消耗数量，然后再乘以当时当地人工工日单价、各种材料单价、施工机械台班单价，求出相应的人工费、材料费、机械使用费，再加上措施费，就可以求出该工程的直接费。间接费、利润及税金等费用计取方法与预算单价法相同。

实物法编制施工图预算的基本步骤如下。

(1) 编制前的准备工作。

(2) 熟悉图纸和预算定额。

(3) 了解施工组织设计和施工现场情况。

(4) 划分工程项目和计算工程量。

(5) 套用定额消耗量，计算人工、材料、机械台班消耗量。

(6) 计算并汇总单位工程的人工费、材料费和施工机械台班费。

(7) 计算其他费用，汇总工程造价。

实物法的优点是能比较及时地将各种材料、人工、机械的当时当地市场单价计入预算价格，无须调价，反映当时当地的工程价格水平。

3.3 工程量清单计量与计价

3.3.1 工程量清单计价概述

1. 工程量清单的概念

工程量清单是指载明建设工程分部分项工程项目、措施项目、其他项目的名称和相应数量以及规费、税金项目等内容的明细清单。

工程量清单是把承包合同中规定的准备实施的全部工程项目和内容，按工程部位、性质以及它们的数量、单价、合价等列表表示出来，用于投标报价和中标后计算工程价款的依据，工程量清单是承包合同的重要组成部分。

2. 工程量清单计价的概念

工程量清单计价是指投标人完成由招标人提供的工程量清单所需的全部费用，包括分部分项工程费、措施项目费、其他项目费、规费和税金。

3.3.2 工程量清单的编制

1. 工程量清单编制的一般规定

(1) 招标工程量清单应由具有编制能力的招标人或受其委托、具有相应资质的工程造价咨询人编制。

(2) 招标工程量清单必须作为招标文件的组成部分，其准确性和完整性应由招标人负责。

(3) 招标工程量清单是工程量清单计价的基础，应作为编制招标控制价、投标报价、计算或调整工量、索赔等的依据之一。

(4) 招标工程量清单应以单位(项)工程为单位编制，应由分部分项工程量清单、措施项目清单、其他项目清单、规费和税金项目清单组成。

2. 工程量清单的编制依据

(1) 现行工程量清单计价与计量规范、规定，由《建设工程工程量清单计价规范》(GB 50500—2013)、《房屋建筑与装饰工程计量规范》(GB 50854—2013)、《仿古建筑工程计量规范》(GB 50855—2013)、《通用安装工程计量规范》(GB 50856—2013)、《市政工程

计量规范》(GB 50857—2013)、《园林绿化工程计量规范》(GB 50858—2013)、《矿山工程
计量规范》(GB 50859—2013)、《构筑物工程计量规范》(GB 50860—2013)、《城市轨道交
通工程计量规范》(GB 50861—2013)、《爆破工程计量规范》(GB 50862—2013)、《建筑工
程施工发包与承包计价管理办法》(住建部第 16 号令)、《建筑安装工程费用项目组成》(建
标[2013]44 号)等组成。

(2) 国家或省级、行业建设主管部门颁发的计价定额和办法。

(3) 建设工程设计文件及相关资料。

(4) 与建设工程有关的标准、规范、技术资料。

(5) 拟定的招标文件。

(6) 施工现场情况、地勘水文资料、工程特点及常规施工方案。

(7) 其他相关资料。

3. 编制内容

1) 分部分项工程项目清单

(1) 分部分项工程项目清单必须根据相关工程现行国家计量规范规定的项目编码、项目
名称、项目特征、计量单位和工程量计算规则进行编制。

(2) 清单编码以 12 位阿拉伯数字表示。其中前 9 位是《计量规范》给定的全国统一编
码,根据规范附录的规定设置;后 3 位清单项目名称顺序码由编制人根据图纸的设计要求
设置。

(3) 分部分项工程量清单的项目名称应按附录的项目名称结合拟建工程的实际确定。

(4) 工程数量主要通过工程量计算规则计算得到,计量规范附录中给出了各类别工程的
项目设置和工程量计算规则。

(5) 分部分项工程量清单的计量单位,应按附录中规定的计量单位确定。

(6) 分部分项工程量清单的项目特征应按"计量规范"附录中规定的项目特征,结合技
术规范、标准图集 、施工图纸,按照工程结构、使用材质及规格或安装位置等予以详细而
准确的表述和说明。

(7) 编制工程量清单出现附录中未包括的项目,编制人应作补充,并报省级或行业工程
造价管理机构备案。省级或行业工程造价管理机构应汇总报住房和城乡建设部标准定额研
究所。补充项目的编码由附录的顺序码与 B 和三位阿拉伯数字组成,并应从×B001 起顺序
编制,不得重号。工程量清单中需附有补充项目的名称、项目特征、计量单位、工程量计
算规则、工作内容。

2) 措施项目清单

(1) 措施项目清单必须根据相关工程现行国家计量规范的规定编制。

(2) 措施项目清单应根据拟建工程的实际情况列项。《建设工程工程量清单计价规范》
中将实体项目划分为分部分项工程量清单,非实体项目划分为措施项目。

措施项目清单指为完成工程项目施工,发生于该工程施工前和施工过程中技术、生活、
文明、安全等方面的非工程实体项目清单。

通用措施项目可按图 3-2 所示进行选择列项,专业措施项目按《计量规范》及其附录规
定和工程实际情况列项。

措施项目中可以计算工程量的项目清单,宜采用分部分项工程量清单的方式编制,列
出项目编码、项目名称、项目特征、计量单位和工程量计算规则。不能计算工程量的项目

清单，以"项"为计量单位进行编制。

3) 其他项目清单

其他项目清单应按照下列内容列项。

(1) 暂列金额。

(2) 暂估价，包括材料暂估单价、工程设备暂估单价、专业工程暂估价。

(3) 计日工。

(4) 总承包服务费。

出现上述未列的项目，应根据工程实际情况补充。

4) 规费

规费项目清单应按照下列内容列项。

(1) 社会保险费：包括养老保险费、失业保险费、医疗保险费、工伤保险费、生育保险费。

(2) 住房公积金。

(3) 工程排污费。

出现上述未列的项目，应根据省级政府或省级有关部门的规定列项。

5) 税金

税金项目清单应包括下列内容。

(1) 营业税。

(2) 城市维护建设税。

(3) 教育费附加。

(4) 地方教育附加。

出现上述未列的项目，应根据税务部门的规定列项。

3.3.3 工程量清单计价

1. 一般规定

1) 建筑安装工程造价构成

采用工程量清单计价，建筑安装工程造价由分部分项工程费、措施项目费、其他项目费、规费和税金组成，如图 3-2 所示。

2) 分部分项工程量清单应采用综合单价计价。综合单价计算公式为

综合单价=人工费+材料和工程设备费+施工机具使用费+企业管理费+利润+一定范围内的风险费用

3) 计价方式

(1) 使用国有资金投资的建设工程发承包，必须采用工程量清单计价。

(2) 非国有资金投资的建设工程，宜采用工程量清单计价。

(3) 不采用工程量清单计价的建设工程，应执行《建设工程工程量清单计价规范》(GB 50500—2013)除工程量清单等专门性规定外的其他规定。

(4) 工程量清单应采用综合单价计价。

(5) 措施项目中的安全文明施工费必须按国家或省级、行业建设主管部门的规定计算，不得作为竞争性费用。

(6) 规费和税金必须按国家或省级、行业建设主管部门规定计算，不得作为竞争性费用。

4) 计价风险

(1) 建设工程发承包，必须在招标文件、合同中明确计价中的风险内容及其范围，不得采用无限风险、所有风险或类似语句规定计价中的风险内容及范围。

(2) 根据我国工程建设特点，投标人应完全承担的风险是技术风险和管理风险，如管理费和利润；应有限度承担的是市场风险，如材料价格、施工机械使用费等的风险；应完全不承担的是法律、法规、规章和政策变化的风险。

《建设工程工程量清单计价规范》定义的风险是综合单价包含的内容。根据我国目前工程建设的实际情况，各地方建设行政主管部门均根据当地人力资源和社会保障主管部门的有关规定发布人工成本信息或人工费调整，故人工费不应纳入风险，材料价格的风险宜控制在 5% 以内，施工机械使用费的风险可控制在 10% 以内，超过者予以调整，管理费和利润的风险由投标人全部承担。

(3) 因不可抗力事件导致的人员伤亡、财产损失及其费用增加，发承包双方应按规范规定的原则分别承担并调整合同价款和工期。

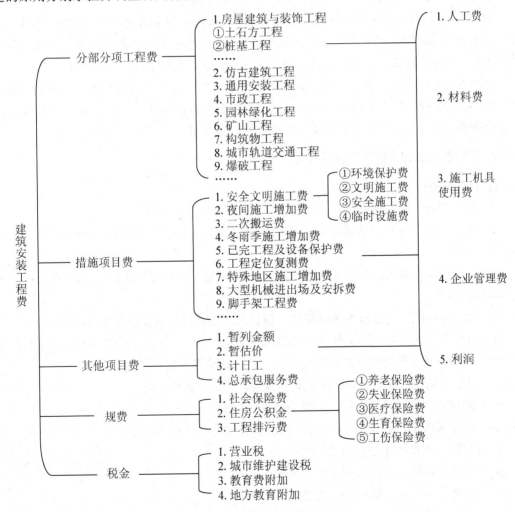

图 3-2 建筑安装工程费用项目组成

5) 其他规定

(1) 招标文件中的工程量清单标明的工程量是投标人投标报价的共同基础。竣工结算时分部分项工程和措施项目中的单价项目应依据发承包双方确认的工程量与已标价工程量清单的综合单价计算；发生调整的，应以发承包双方确认调整的综合单价计算。

(2) 措施项目清单计价可根据拟建工程的施工组织设计列项，可以计算工程量的措施项目，应按分部分项工程量清单的方式采用综合单价计价；其余措施项目可以"项"为单位的方式计价，应包括除规费、税金外的全部费用。

(3) 其他项目清单应根据工程特点和规范规定计算。

(4) 发包人在招标工程量清单中给定暂估价的材料、工程设备属于依法必须招标的，应由发承包双方以招标的方式选择供应商，确定价格，并应以此为依据取代暂估价，调整合同价款。

发包人在招标工程量清单中给定暂估价的材料、工程设备不属于依法必须招标的，应由承包人按照合同约定采购，经发包人确认单价后取代暂估价，调整合同价款。

(5) 工程计价表宜采用统一格式。工程量清单应按规范规定的内容填写表格、签字、盖章，由造价员编制的工程量清单应有负责审核的造价工程师签字、盖章。受委托编制的工程量清单，应有造价工程师签字、盖章以及工程造价咨询人盖章。

招标控制价、投标报价、竣工结算应按规范规定的内容填写表格、签字、盖章，除承包人自行编制的投标报价和竣工结算外，受委托编制的招标控制价、投标报价、竣工结算，由造价员编制的应有负责审核的造价工程师签字、盖章以及工程造价咨询人盖章。

2. 工程量清单计价规范的相关规定

1) 招标控制价

(1) 国有资金投资的建设工程招标，招标人必须编制招标控制价。

(2) 招标控制价应由具有编制能力的招标人或受其委托具有相应资质的工程造价咨询人编制和复核。

(3) 工程造价咨询人接受招标人委托编制招标控制价，不得再就同一工程接受投标人委托编制投标报价。

(4) 当招标控制价超过批准的概算时，招标人应将其报原概算审批部门审核。

(5) 招标人应在发布招标文件时公布招标控制价，同时应将招标控制价及有关资料报送工程所在地或有该工程管辖权的行业管理部门工程造价管理机构备查。

(6) 招标控制价应根据下列依据编制与复核，不应上调或下浮。

- 实施期内的《建设工程工程量清单计价规范》。
- 国家或省级、行业建设主管部门颁发的计价定额和计价办法。
- 建设工程设计文件及相关资料。
- 拟定的招标文件及招标工程量清单。
- 与建设项目相关的标准、规范、技术资料。
- 施工现场情况、工程特点及常规施工方案。

- 工程造价管理机构发布的工程造价信息，当工程造价信息没有发布时，参照市场价。
- 其他的相关资料。

(7) 综合单价中应包括招标文件中划分的应由投标人承担的风险范围及其费用。招标文件中没有明确的，如是工程造价咨询人编制，应提请招标人明确；如是招标人编制，应予明确。

(8) 分部分项工程和措施项目中的单价项目，应根据拟定的招标文件和招标工程量清单项目中的特征描述及有关要求确定综合单价计算。

(9) 措施项目中的总价项目应根据拟定的招标文件和常规施工方案按本章 3.3.3-1-3)-(4)、(5)的规定计价。

(10) 其他项目应按下列规定计价。

- 暂列金额应按招标工程量清单中列出的金额填写。
- 暂估价中的材料、工程设备单价应按招标工程量清单中列出的单价计入综合单价。
- 暂估价中的专业工程金额应按招标工程量清单中列出的金额填写。
- 计日工应按招标工程量清单中列出的项目根据工程特点和有关计价依据确定综合单价计算。
- 总承包服务费应根据招标工程量清单列出的内容和要求估算。

2) 投标报价

(1) 投标价应由投标人或受其委托具有相应资质的工程造价咨询人编制。

(2) 投标报价不得低于工程成本。投标人的投标报价高于招标控制价的应予废标。

(3) 投标人必须按招标工程量清单填报价格。项目编码、项目名称、项目特征、计量单位、工程量必须与招标工程量清单一致。

(4) 投标报价应根据下列依据编制和复核。

- 实施期内的《建设工程工程量清单计价规范》。
- 国家或省级、行业建设主管部门颁发的计价办法。
- 企业定额，国家或省级、行业建设主管部门颁发的计价定额和计价办法。
- 招标文件、招标工程量清单及其补充通知、答疑纪要。
- 建设工程设计文件及相关资料。
- 施工现场情况、工程特点及投标时拟订的施工组织设计或施工方案。
- 与建设项目相关的标准、规范等技术资料。
- 市场价格信息或工程造价管理机构发布的工程造价信息。
- 其他的相关资料。

投标人应据此自主确定投标报价。

(5) 综合单价中应包括招标文件中划分的应由投标人承担的风险范围及其费用，招标文件中没有明确的，应提请招标人明确。

(6) 分部分项工程和措施项目中的单价项目，应根据招标文件和招标工程量清单项目中的特征描述确定综合单价计算。

(7) 措施项目中的总价项目金额应根据招标文件及投标时拟订的施工组织设计或施工方案，按本章 3.3.3-1 的规定确定。

(8) 其他项目应按下列规定报价。

- 暂列金额应按招标工程量清单中列出的金额填写。
- 材料、工程设备暂估价应按招标工程量清单中列出的单价计入综合单价。
- 专业工程暂估价应按招标工程量清单中列出的金额填写。
- 计日工应按招标工程量清单中列出的项目和数量，自主确定综合单价并计算计日工金额。
- 总承包服务费应根据招标工程量清单中列出的内容和提出的要求自主确定。

(9) 招标工程量清单与计价表中列明的所有需要填写单价和合价的项目，投标人均应填写且只允许有一个报价。未填写单价和合价的项目，可视为此项费用已包含在已标价工程量清单中其他项目的单价和合价之中。当竣工结算时，此项目不得重新组价予以调整。

(10) 投标总价应当与分部分项工程费、措施项目费、其他项目费和规费、税金的合计金额一致。

3) 合同价款约定

(1) 实行招标的工程合同价款应在中标通知书发出之日起 30 日内，由发承包双方依据招标文件和中标人的投标文件在书面合同中约定。合同约定不得违背招标、投标文件中关于工期、造价、质量等方面的实质性内容。招标文件与中标人投标文件不一致的地方，应以投标文件为准。不实行招标的工程合同价款，应在发承包双方认可的工程价款基础上，由发承包双方在合同中约定。

(2) 实行工程量清单计价的工程，应采用单价合同；建设规模较小，技术难度较低，工期较短，且施工图设计已审查批准的建设工程可采用总价合同；紧急抢险、救灾以及施工技术特别复杂的建设工程可采用成本加酬金合同。

(3) 发承包双方应在合同条款中对下列事项进行约定。

- 预付工程款的数额、支付时间及抵扣方式。
- 安全文明施工措施的支付计划，使用要求等。
- 工程计量与支付工程进度款的方式、数额及时间。
- 工程价款的调整因素、方法、程序、支付及时间。
- 施工索赔与现场签证的程序、金额确认与支付时间。
- 承担计价风险的内容、范围以及超出约定内容、范围的调整办法。
- 工程竣工价款结算编制与核对、支付及时间。
- 工程质量保证金的数额、预留方式及时间。
- 违约责任以及发生合同价款争议的解决方法及时间；与履行合同、支付价款有关的其他事项等。

(4) 合同中没有按照上述要求约定或约定不明的，若发承包双方在合同履行中发生争议由双方协商确定；当协商不能达成一致时，应按规范的规定执行。

4) 工程计量

(1) 工程量必须按照相关工程现行国家计量规范规定的工程量计算规则计算。

(2) 工程计量可选择按月或按工程形象进度分段计量，具体计量周期应在合同中约定。

(3) 由于承包人原因造成的超出合同工程范围施工或返工的工程量，发包人不予计量。

(4) 成本加酬金合同应按下述单价合同的规定计量。

(5) 单价合同的计量。

● 工程量必须以承包人完成合同工程应予计量的工程量确定。

● 施工中进行工程计量，当发现招标工程量清单中出现缺项、工程量偏差，或因工程变更引起工程量增减时，应按承包人在履行合同义务中完成的工程量计算。

● 承包人应当按照合同约定的计量周期和时间向发包人提交当期已完工程量报告。发包人应在收到报告后 7 日内核实，并将核实计量结果通知承包人。发包人未在约定时间内进行核实的，承包人提交的计量报告中所列的工程量应视为承包人实际完成的工程量。

● 承包人完成已标价工程量清单中每个项目的工程量并经发包人核实无误后，发承包双方应对每个项目的历次计量报表进行汇总，以核实最终结算工程量，并应在汇总表上签字确认。

(6) 总价合同的计量。

● 采用工程量清单方式招标形成的总价合同，其工程量应按照上述(5)的规定计算。

● 采用经审定批准的施工图纸及其预算方式发包形成的总价合同，除按照工程变更规定的工程量增减外，总价合同各项目的工程量应为承包人用于结算的最终工程量。

● 总价合同约定的项目计量应以合同工程经审定批准的施工图纸为依据，发承包双方应在合同中约定工程计量的形象目标或时间节点进行计量。

● 承包人应在合同约定的每个计量周期内对已完成的工程进行计量，并向发包人提交达到工程形象目标完成的工程量和有关计量资料的报告。

● 发包人应在收到报告后 7 日内对承包人提交的上述资料进行复核，以确定实际完成的工程量和工程形象目标。对其有异议的，应通知承包人进行共同复核。

5) 合同价款调整

(1) 下列事项(但不限于)发生，发承包双方应当按照合同约定调整合同价款：法律法规变化；工程变更；项目特征不符；工程量清单缺项；工程量偏差；计日工；物价变化；暂估价；不可抗力；提前竣工(赶工补偿)；误期赔偿；索赔；现场签证；暂列金额；发承包双方约定的其他调整事项。

(2) 经发承包双方确认调整的合同价款，作为追加(减)合同价款，应与工程进度款或结算款同期支付。

(3) 已标价工程量清单中有适用于变更工程项目的，应采用该项目的单价。已标价工程量清单中没有适用但有类似于变更工程项目的，可在合理范围内参照类似项目的单价。

已标价工程量清单中没有适用也没有类似于变更工程项目的，应由承包人根据变更工程资料、计量规则和计价办法、工程造价管理机构发布的信息价格和承包人报价浮动率提出变更工程项目的单价，并应报发包人确认后调整。承包人报价浮动率计算公式如下：

招标工程：承包人报价浮动率 $L=(1-\text{中标价}/\text{招标控制价})\times100\%$

非招标工程：承包人报价浮动率 $L=(1-\text{报价}/\text{施工图预算})\times100\%$

(4) 已标价工程量清单中没有适用也没有类似于变更工程项目，且工程造价管理机构发布的信息价格缺价的，应由承包人根据变更工程资料、计量规则、计价办法和通过市场调查等取得有合法依据的市场价格提出变更工程项目的单价，并应报发包人确认后调整。

(5) 工程变更引起施工方案改变并使措施项目发生变化时，承包人提出调整措施项目费的，应事先将拟实施的方案提交发包人确认，并应详细说明与原方案措施项目相比的变化情况。拟实施的方案经发承包双方确认后执行，并应按照规范规定调整措施项目费。

按总价(或系数)计算的措施项目费，按照实际发生变化的措施项目调整，但应考虑承包人报价浮动因素，即调整金额按照实际调整金额乘以上述第(3)条规定的承包人报价浮动率计算。如果承包人未事先将拟实施的方案提交给发包人确认，则应视为工程变更不引起措施项目费的调整或承包人放弃调整措施项目费的权利。

(6) 当发包人提出的工程变更由于非承包人原因删减了合同中的某项原定工作或工程，致使承包人发生的费用或(和)得到的收益不能被包括在其他已支付或应支付的项目中，也未被包含在任何替代的工作或工程中时，承包人有权提出并应得到合理的费用及利润补偿。

(7) 新增分部分项工程清单项目后，引起措施项目发生变化的，应按照上述第(5)条的规定，在承包人提交的实施方案被发包人批准后调整合同价款。

(8) 对于任一招标工程量清单项目，当因招标与实际的工程量偏差和工程变更等原因导致工程量偏差超过 15%时，可进行调整。当工程量增加 15%以上时，增加部分的工程量的综合单价应予调低；当工程量减少 15%以上时，减少后剩余部分的工程量的综合单价应予调高。

当工程量出现上述变化，且该变化引起相关措施项目相应发生变化时，按系数或单一总价方式计价的，工程量增加的措施项目费调增，工程量减少的措施项目费调减。

(9) 因不可抗力事件导致的人员伤亡、财产损失及其费用增加，发承包双方应按下列原则分别承担并调整合同价款和工期。

- 合同工程本身的损害、因工程损害导致第三方人员伤亡和财产损失以及运至施工场地用于施工的材料和待安装的设备的损害，应由发包人承担。
- 发包人、承包人人员伤亡应由其所在单位负责，并应承担相应费用。
- 承包人的施工机械设备损坏及停工损失，应由承包人承担。
- 停工期间，承包人应发包人要求留在施工场地的必要的管理人员及保卫人员的费用应由发包人承担。
- 工程所需清理、修复费用，应由发包人承担。

不可抗力解除后复工的，若不能按期竣工，应合理延长工期。发包人要求赶工的，赶工费用应由发包人承担。

6) 合同价款期中支付

(1) 承包人应将预付款专用于合同工程。

(2) 包工包料工程的预付款的支付比例不得低于签约合同价(扣除暂列金额)的 10%，不宜高于签约合同价(扣除暂列金额)的 30%。

(3) 承包人应在签订合同或向发包人提供与预付款等额的预付款保函后向发包人提交预付款支付申请。承包人的预付款保函的担保金额根据预付款扣回的数额相应递减，但在预付款全部扣回之前一直保持有效。发包人应在预付款扣完后的 14 日内将预付款保函退还给承包人。预付款应从每一个支付期应支付给承包人的工程进度款中扣回，直到扣回的金额达到合同约定的预付款金额为止。

(4) 安全文明施工费包括的内容和使用范围，应符合国家有关文件和计量规范的规定。

(5) 发包人应在工程开工后的 28 日内预付不低于当年施工进度计划的安全文明施工费总额的 60%，其余部分应按照提前安排的原则进行分解，并应与进度款同期支付。

(6) 发承包双方应按照合同约定的时间、程序和方法，根据工程计量结果，办理期中价款结算，支付进度款。进度款支付周期应与合同约定的工程计量周期一致。

(7) 已标价工程量清单中的单价项目，承包人应按工程计量确认的工程量与综合单价计算；综合单价发生调整的，以发承包双方确认调整的综合单价计算进度款。

(8) 承包人向发包人提交已完工程进度款支付申请应包括下列内容。

- 累计已完成的合同价款。
- 累计已实际支付的合同价款。
- 本周期合计完成的合同价款。
  - 本周期已完成单价项目的金额。
  - 本周期应支付的总价项目的金额。
  - 本周期已完成的计日工价款。
  - 本周期应支付的安全文明施工费。
  - 本周期应增加的金额。
- 本周期合计应扣减的金额。
- 本周期实际应支付的合同价款。

7) 竣工结算的编制

(1) 工程完工后，发承包双方必须在合同约定时间内办理工程竣工结算。

(2) 工程竣工结算应由承包人或受其委托具有相应资质的工程造价咨询人编制，并应由发包人或受其委托具有相应资质的工程造价咨询人核对。

(3) 当发承包双方或一方对工程造价咨询人出具的竣工结算文件有异议时，可向工程造价管理机构投诉，申请对其进行执业质量鉴定。

(4) 竣工结算办理完毕，发包人应将竣工结算文件报送工程所在地或有该工程管辖权的行业管理部门的工程造价管理机构备案，竣工结算文件应作为工程竣工验收备案、交付使用的必备文件。

(5) 工程竣工结算应根据下列依据编制和复核。

- 实施期内的《建设工程工程量清单计价规范》。
- 工程合同。

- 发承包双方实施过程中已确认的工程量及其结算的合同价款。
- 发承包双方实施过程中已确认调整后追加(减)的合同价款。
- 建设工程设计文件及相关资料。
- 投标文件。
- 其他依据。

(6) 分部分项工程和措施项目中的单价项目应依据发承包双方确认的工程量与已标价工程量清单的综合单价计算;发生调整的,应以发承包双方确认调整的综合单价计算。

(7) 措施项目中的总价项目应依据已标价工程量清单的项目和金额计算;发生调整的,应以发承包双方确认调整的金额计算,其中安全文明施工费应按有关规定计算。

(8) 其他项目应按下列规定计价。

- 计日工应按发包人实际签证确认的事项计算。
- 暂估价应按规范规定计算。
- 总承包服务费应依据已标价工程量清单金额计算;发生调整的,应以发承包双方确认调整的金额计算。
- 索赔费用应依据发承包双方确认的索赔事项和金额计算。
- 现场签证费用应依据发承包双方签证资料确认的金额计算。
- 暂列金额应减去合同价款调整(包括索赔、现场签证)金额计算,余额归发包人。

(9) 规费和税金应按规范规定计算。规费中的工程排污费应按工程所在地环境保护部门规定的标准缴纳后按实列入。

(10) 发承包双方在合同工程实施过程中已经确认的工程计量结果和合同价款,在竣工结算办理中应直接进入结算。

3.3.4 工程量清单计价格式

1. 清单计价表的组成及使用规定

(1) 工程计价表宜采用统一格式。各省、自治区、直辖市建设行政主管部门和行业建设主管部门可根据本地区、本行业的实际情况,在规范附录 B 至附录 L 计价表格的基础上补充完善。

(2) 工程计价表格的设置应满足工程计价的需要,方便使用。

(3) 工程量清单的编制应符合下列规定。

① 工程量清单编制使用表格包括:封-1、扉-1、表-01、表-08、表-11、表-12(不含表-12-6～表-12-8)、表-13、表-20、表-21 或表-22。

② 扉页应按规定的内容填写、签字、盖章,由造价员编制的工程量清单应有负责审核的造价工程师签字、盖章。受委托编制的工程量清单,应有造价工程师签字、盖章以及工程造价咨询人盖章。

③ 总说明应按下列内容填写。

- 工程概况:建设规模、工程特征、计划工期、施工现场实际情况、自然地理条件、

　　　环境保护要求等。

- 　工程招标和专业工程发包范围。
- 　工程量清单编制依据。
- 　工程质量、材料、施工等的特殊要求。
- 　其他需要说明的问题。

　　(4) 招标控制价、投标报价、竣工结算的编制应符合下列规定。

　　① 使用表格。

- 　招标控制价使用表格包括：封-2、扉-2、表-01、表-02、表-03、表-04、表-08、表-09、表-11、表-12(不含表-12-6～表-12-8)、表-13、表-20、表-21 或表-22。
- 　投标报价使用的表格包括：封-3、扉-3、表-01、表-02、表-03、表-04、表-08、表-09、表-11、表-12(不含表-12-6～表-12-8)、表-13、表-16、招标文件提供的表-20、表-21 或表-22。
- 　竣工结算使用的表格包括：封-4、扉-4、表-01、表-05、表-06、表-07、表-08、表-09、表-10、表-11、表-12、表-13、表-14、表-15、表-16、表-17、表-18、表-19、表-20、表-21 或表-22。

　　② 扉页应按规定的内容填写、签字、盖章，除承包人自行编制的投标报价和竣工结算外，受委托编制的招标控制价、投标报价、竣工结算，由造价员编制的应有负责审核的造价工程师签字、盖章以及工程造价咨询人盖章。

　　③ 总说明应按下列内容填写。

- 　工程概况：建设规模、工程特征、计划工期、合同工期、实际工期、施工现场及变化情况、施工组织设计的特点、自然地理条件、环境保护要求等。
- 　编制依据等。

　　(5) 工程造价鉴定应符合下列规定。

　　① 工程造价鉴定使用表格包括：封-5、扉-5、表-01、表-05～表-20、表-21 或表-22。

　　② 扉页应按规定内容填写、签字、盖章，应有承担鉴定和负责审核的注册造价工程师签字、盖执业专用章。

　　③ 说明应按规范中鉴定书内容的第 1 款至第 6 款的规定填写。

　　(6) 投标人应按招标文件的要求，附工程量清单综合单价分析表。

2. 工程量清单计价格式的填写规定

工程量清单计价格式的填写规定如下。

　　(1) 工程量清单计价格式应由招标人统一规定，投标人填写。

　　(2) 建设项目/单项工程/单位工程投标总价扉页金额应各自分别按建设项目/单项工程/单位工程投标报价汇总表合计金额填写。其中单位工程投标报价汇总表合计金额包含分部分项工程、措施项目、其他项目、规费和税金 5 项合计金额的总和。

　　建设项目/单项工程/单位工程投标总价工程名称应各自分别按建设项目/单项工程/单位工程投标报价汇总表工程名称填写。

(3) 投标报价表中分部分项工程项目、措施项目、其他项目清单与计价表中的序号、项目编码、项目名称、计量单位、工程量必须与招标工程量清单一致。

3. 主要工程计价表格标准格式

《建设工程工程量清单计价规范》附录中标准表格摘录如下(76-104 页)。

封-1　招标工程量清单封面

_____工程

招标工程量清单

招　标　人：_____

　　　　　　　　　　　　　　　　　(单位盖章)

造价咨询人：_____

　　　　　　　　　　　　　　　　　(单位盖章)

年　　月　　日

扉-1　招标工程量清单扉页

_____工程

招标工程量清单

招标人：_____

（单位盖章）

工程造价
咨询人：_____

（单位资质专用章）

法定代表人
或其授权人：_____

（签字或盖章）

法定代表人
或其授权人：_____

（签字或盖章）

编制人：_____

（造价人员签字盖专用章）

复核人：_____

（造价工程师签字盖专用章）

编制时间：　　年　　月　　日

复核时间：　　年　　月　　日

封-3　投标总价封面

_____工程

投 标 总 价

投 标 人：_____

(单位盖章)

年　月　日

扉-3　投标总价扉页

投 标 总 价

招　标　人：＿＿＿＿＿＿＿＿＿＿＿＿＿＿＿＿＿＿＿＿

工 程 名 称：＿＿＿＿＿＿＿＿＿＿＿＿＿＿＿＿＿＿＿＿

投标总价(小写)：＿＿＿＿＿＿＿＿＿＿＿＿＿＿＿＿＿＿

　　　　(大写)：＿＿＿＿＿＿＿＿＿＿＿＿＿＿＿＿＿＿

投　标　人：＿＿＿＿＿＿＿＿＿＿＿＿＿＿＿＿＿＿＿＿
　　　　　　　　　　(单位盖章)

法定代表人

或其授权人：＿＿＿＿＿＿＿＿＿＿＿＿＿＿＿＿＿＿＿＿
　　　　　　　　　　(签字或盖章)

编　制　人：＿＿＿＿＿＿＿＿＿＿＿＿＿＿＿＿＿＿＿＿
　　　　　　　　(造价人员签字盖专用章)

编 制 时 间：　年　月　日

表-01　总说明

总说明

工程名称：　　　　　　　　　　　　　　　　　　　　　　　　　　　　第　页　共　页

表-02　建设项目投标报价汇总表

建设项目招标控制价/投标报价汇总表

工程名称：

第　页共　页

序　号	单项工程名称	金额/元	其中：(元)		规　费
			暂估价	安全文明施工费	
	合计				

注：本表适用于建设项目招标控制价或投标报价的汇总。

表-03 单项工程投标报价汇总表

单项工程招标控制价/投标报价汇总表

工程名称：　　　　　　　　　　　　　　　　　　　　　　　　第　页共　页

序　号	单位工程名称	金额/元	其中：(元)		
			暂估价	安全文明施工费	规　费
	合计				

　　注：本表适用于单项工程招标控制价或投标报价的汇总。暂估价包括分部分项工程中的暂估价和专业工程暂估价。

表-04 单位工程投标报价汇总表

单位工程招标控制价/投标报价汇总表

工程名称：　　　　　　　　　标段：　　　　　　　第 页 共 页

序　号	汇总内容	金额/元	其中：暂估价/元
1	分部分项工程费		
1.1			
1.2			
1.3			
1.4			
1.5			
2	措施项目		—
2.1	其中：安全文明施工费		—
3	其他项目		—
3.1	其中：暂列金额		—
3.2	其中：专业工程暂估价		—
3.3	其中：计日工		—
3.4	其中：总承包服务费		—
4	规费		—
5	税金		—
招标控制价合计 ＝1＋2＋3＋4＋5			

　　注：本表适用于单位工程招标控制价或投标报价的汇总，如无单位工程划分，单项工程也使用本表汇总。

表-05　建设项目竣工结算汇总表

建设项目竣工结算汇总表

工程名称：　　　　　　　　　　　　　　　　　　　　　　　　　　第　页　共　页

序　号	单项工程名称	金额/元	其中：(元)	
			安全文明施工费	规　费
	合计			

表-06　单项工程竣工结算汇总表

单项工程竣工结算汇总表

工程名称：　　　　　　　　　　　　　　　　　　　　　　第　页　共　页

序　号	单项工程名称	金额/元	其中：（元）	
			安全文明施工费	规　费
	合计			

表-07 单位工程竣工结算汇总表

单位工程竣工结算汇总表

工程名称：　　　　　　　　　　标段：　　　　　　　　第　页　共　页

序　号	汇总内容	金额/元
1	分部分项工程费	
1.1		
1.2		
1.3		
1.4		
1.5		
2	措施项目	
2.1	其中：安全文明施工费	
3	其他项目	
3.1	其中：专业工程结算价	
3.2	其中：计日工	
3.3	其中：总承包服务费	
3.4	其中：索赔与现场签证	
4	规费	
5	税金	
竣工结算总价合计 = 1 + 2 + 3 + 4 + 5		

注：如无单位工程划分，单项工程也使用本表汇总。

表-08　分部分项工程和单价措施项目清单与计价表

分部分项工程和单价措施项目清单与计价表

工程名称：　　　　　　　　　　　标段：　　　　　　　　　第 页 共 页

序　号	项目编码	项目名称	项目特征描述	计量单位	工程量	金额/元		
						综合单价	合价	暂估价
本页小计								
合　计								

注：为计取规费等的使用，可在表中增设其中："定额人工费"。

表-09　综合单价分析表

综合单价分析表

工程名称：　　　　　　　　　　标段：　　　　　　　　第 页 共 页

项目编码		项目名称		计量单位		工程量	

清单综合单价组成明细

定额编号	定额项目名称	定额单位	数量	单价/元				合价/元			
				人工费	材料费	机械费	管理费和利润	人工费	材料费	机械费	管理费和利润
人工单价		小计									
元/工日		未计价材料费									
清单项目综合单价											

材料费明细	主要材料名称、规格、型号	单位	数量	单价(元)	合价(元)	暂估单价(元)	暂估合价(元)
	其他材料费			—		—	
	材料费小计			—		—	

注：(1) 如不使用省级或行业建设主管部门发布的计价依据，可不填定额编号、名称等。

　　(2) 招标文件提供了暂估单价的材料，按暂估的单价填入表内"暂估单价"栏及"暂估合价"栏。

表-10　综合单价调整表

综合单价调整表

工程名称：　　　　　　　　　标段：　　　　　　　第 页 共 页

序号	项目编码	项目名称	已标价清单综合单价/元					调整后综合单价/元				
			综合单价	其中				综合单价	其中			
				人工费	材料费	机械费	管理费和利润		人工费	材料费	机械费	管理费和利润

造价工程师(签章)：　发包人代表(签章)：　　　造价人员(签章)：　承包人代表(签章)：

日期：　　　　　　　　　　　日期：

注：综合单价调整应附调整依据。

表-11　总价措施项目清单与计价表

总价措施项目清单与计价表

工程名称：　　　　　　　　　　　标段：　　　　　　　　第　页　共　　页

序号	项目编码	项目名称	计算基础	费率/%	金额/元	调整费率/%	调整后金额/元	备注
		安全文明施工费						
		夜间施工费						
		二次搬运费						
		冬雨季施工增加费						
		已完工程及设备保护费						
		工程定位复测费						
		特殊地区施工增加费						
		大型机械进出场及安拆费						
		脚手架工程费						
	合　计							

编制人(造价人员)：　　　　　　　　　　　　　　复核人(造价工程师)：

注：(1) "计算基础"中安全文明施工费可为"定额基价"、"定额人工费"或"定额人工费+定额机械费"，其他项目可为"定额人工费"或"定额人工费+定额机械费"。

(2) 按施工方案计算的措施费，若无"计算基础"和"费率"的数值，也可只填"金额"数值，但应在备注栏说明施工方案出处或计算方法。

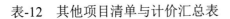

表-12　其他项目清单与计价汇总表

其他项目清单与计价汇总表

序　号	项目名称	金额 /元	结算金额 /元	备　注
1	暂列金额			明细详见 表-12-1
2	暂估价			
2.1	材料(工程设备)暂估价/结算价	—		明细详见 表-12-2
2.2	专业工程暂估价/结算价			明细详见 表-12-3
3	计日工			明细详见 表-12-4
4	总承包服务费			明细详见 表-12-5
5	索赔与现场签证			
	合　计			—

工程名称：　　　　　　　　　标段：　　　　　　　　　第　页共　页

注：材料(工程设备)暂估单价进入清单项目综合单价，此处不汇总。

表-12-1　暂列金额明细表

暂列金额明细表

工程名称：　　　　　　　　　标段：　　　　　　　第　页共　页

序　号	项目名称	计量单位	暂定金额/元	备　注
	合　计			—

注：此表由招标人填写，如不能详列，也可只列暂列金额总额，投标人应将上述暂列金额计入投标总价中。

表-12-2 材料(工程设备)暂估单价及调整表

材料(工程设备)暂估单价及调整表

工程名称：　　　　　　　　　　　标段：　　　　　　　　　　第　页共　页

序号	材料(工程设备)名称、规格、型号	计量单位	数 量		暂估/元		确认/元		差额(±)/元		备注
			暂估	确认	单价	合价	单价	合价	单价	合价	
合计											

注：此表由招标人填写"暂估单价"，并在备注栏说明暂估价的材料、工程设备拟用在那些清单项目上，投标人应将上述材料、工程设备暂估单价计入工程量清单综合单价报价中。

表-12-3　专业工程暂估价及结算价表

专业工程暂估价及结算价表

工程名称：　　　　　　　　　　　标段：　　　　　　　　　第　页　共　页

序　号	工程名称	工程内容	暂估金额/元	结算金额/元	差额(±)/元	备　注
合　计			0		—	

　　注：此表"暂估金额"由招标人填写，投标人应将"暂估金额"计入投标总价中。结算时按合同约定结算金额填写。

表-12-4　计日工表

计 日 工 表

编　号	项目名称	单　位	暂定数量	实际数量	综合单价/元	合　价	
						暂　定	实　际
一	人工						
1							
2							
3							
4							
人工小计							
二	材料						
1							
2							
3							
4							
5							
6							
材料小计							
三	施工机械						
1							
2							
3							
4							
施工机械小计							
四、企业管理费和利润							
总　　计							

工程名称：　　　　　　　　　　标段：　　　　　　　　第　页共　页

注：此表项目名称、暂定数量由招标人填写，编制招标控制价时，单价由招标人按有关计价规定确定；投标时，单价由投标人自主报价，按暂定数量计算合价计入投标总价中。结算时，按发承包双方确认的实际数量计算合价。

表-12-5　总承包服务费计价表

总承包服务费计价表

工程名称：　　　　　　　　　　标段：　　　　　　　　　　第　页共　页

序号	项目名称	项目价值/元	服务内容	计算基础	费率/%	金额/元
1	发包人发包专业工程					
2	发包人提供材料					
	合　计					

注：此表项目名称、服务内容由招标人填写。编制招标控制价时，费率及金额由招标人按有关计价规定确定；投标时，费率及金额由投标人自主报价，计入投标总价中。

表-12-6　索赔与现场签证计价汇总表

索赔与现场签证计价汇总表

工程名称：　　　　　　　　　　　标段：　　　　　　　　第　页 共　页

序　号	签证及索赔项目名称	计价单位	数　量	单价/元	合价/元	索赔及签证依据
	本页小计	—	—	—		—
	合　计	—	—	—		—

注：签证及索赔依据是指经双方认可的签证单和索赔依据的编号。

表-12-7　费用索赔申请(核准)表

费用索赔申请(核准)表

工程名称：＿＿＿＿＿＿　　　　标段：＿＿＿＿　　　　第　页共　页

致：＿＿＿＿＿＿＿＿＿＿＿＿＿＿＿＿＿＿＿＿＿＿＿＿＿(发包人全称)

根据施工合同条款＿＿＿＿＿条的规定，由于＿＿＿＿＿＿原因，我方要求索赔金额(大写)＿＿＿＿＿＿

(小写＿＿＿＿＿)，请予核准。

附：(1) 费用索赔的详细理由和依据；

(2) 索赔金额的计算；

(3) 证明材料：

承包人(章)

造价人员＿＿＿＿＿＿　　承包人代表＿＿＿＿＿＿　　日　期＿＿＿＿＿＿

复核意见：	复核意见：
根据施工条款＿＿＿＿＿条的约定，你方提出的费用索赔申请经复核： □不同意此项索赔，具体意见见附件。 □同意此项索赔，索赔金额的计算，由造价工程师复核。	根据施工条款＿＿＿＿＿ 条的约定，你方提出的费用索赔申请经复核，索赔金额为(大写)＿＿＿＿＿＿(小写＿＿＿＿＿)。
监理工程师 日　期	造价工程师 日　期

审核意见：

□不同意此项索赔。

□同意此项索赔，与本期进度款同期支付。

发包人(章)
发包人代表
日　期

注：(1) 在选择栏中的"□"内作标识"√"。

　　(2) 本表一式四份，由承包人填报，发包人、监理人、造价咨询人、承包人各存一份。

表-12-8　现场签证表

现场签证表

工程名称：	标段：	第　页共　页

致：_____(发包人全称)

根据施工合同条款_____(指令人姓名)　年　月　日的口头指令或你方_____(或监理人)

年　月　日的书面通知，我方要求完成此项工作应支付价款金额为(大写)_____

(小写_____)，请予核准。

附：(1) 签证事由及原因：

(2) 附图及计算式：

承包人(章)

造价人员_____　承包人代表_____　日　期_____

复核意见：	复核意见：
你方提出的此项签证申请经复核：	□此项签证按承包人中标的计日工单价计算，金额为(大写)_____(小写_____)。
□不同意此项签证，具体意见见附件。	
□同意此项签证，签证金额的计算，由造价工程师复核。	□此项签证因无计日工单价，金额为(大写)_____(小写_____)。
监理工程师	造价工程师
日　期	日　期

审核意见：

□不同意此项签证。

□同意此项签证，价款与本期进度款同期支付。

发包人(章)

发包人代表

日　期_____

注：(1) 在选择栏中的"□"内作标识"√"。

　　(2) 本表一式四份，由承包人在收到发包人(监理人)的口头或书面通知后填写，发包人、监理人、造价咨询人、承包人各存一份。

表-13　规费、税金项目计价表

规费、税金项目计价表

工程名称：　　　　　　　标段：　　　　　　　第　页共　页

序号	项目名称	计算基础	计算基数	计算费率/%	金额/元
1	规费	定额人工费			
1.1	社会保险费	定额人工费			
(1)	养老保险费	定额人工费		20	
(2)	失业保险费	定额人工费		7.5	
(3)	医疗保险费	定额人工费		2	
(4)	工伤保险费	定额人工费		1	
(5)	生育保险费	定额人工费		0.6	
1.2	住房公积金	定额人工费		8	
1.3	工程排污费	按工程所在地环境保护部门收取标准，按实计入			
2	税金	分部分项工程费+措施项目费+其他项目费+规费-按规定不计税的工程设备金额		3.48	
	合　计				

编制人(造价人员)：　　　　　　　　　　复核人(造价工程师)：

表-17 进度款支付申请(核准)表

进度款支付申请(核准)表

工程名称： 标段： 编号：

致：＿＿＿＿＿＿＿＿＿＿＿＿＿＿＿＿＿＿＿＿＿＿＿＿＿＿＿＿＿(发包人全称)

我方于＿＿＿＿至＿＿＿＿期间已完成了＿＿＿＿工作，根据施工合同的约定，现申请支付本周期的合同价款额为(大写)＿＿＿＿＿(小写＿＿＿＿＿＿)，请予核准。

序号	名 称	实际金额/元	申请金额/元	复核金额/元	备注
1	累计已完成的合同价款				
2	累计已实际支付的合同价款				
3	本周期合计完成的合同价款				
3.1	本周期已完成单价项目的金额				
3.2	本周期应支付总价项目的金额				
3.3	本周期已完成的计日工价款				
3.4	本周期应支付的安全文明施工费				
3.5	本周期应增加的合同价款				
4	本周期合计应扣减的金额				
4.1	本周期应抵扣的预付款				
4.2	本周期应扣减的金额				
5	本周期应支付的合同价款				

附：上述3、4详见附件清单。

承包人(章)

造价人员＿＿＿＿＿＿＿＿＿ 承包人代表＿＿＿＿＿＿＿＿＿ 日 期＿＿＿＿＿＿

复核意见： □与实际施工情况不符，修改体意见见附件。 □与实际施工情况相符,具体金额由造价工程师复核。 监理工程师 日 期	复核意见： 你方提出的支付申请经复核,本周期已完成合同价款为(大写)＿＿＿＿＿＿(小写＿＿＿＿),本周期应支付金额为(大写)＿＿＿＿＿＿(小写＿＿＿＿)。 造价工程师 日 期

审核意见：
□不同意。
□同意,支付时间为本表签发后的15天内。

发包人(章)
发包人代表

日 期＿＿＿＿＿＿

注：(1) 在选择栏中的"□"内作标识"√"。

(2) 本表一式四份，由承包人填报，发包人、监理人、造价咨询人、承包人各存一份。

表-20　发包人提供材料和工程设备一览表

发包人提供材料和工程设备一览表

工程名称：　　　　　　　　　　标段：　　　　　　　　第　页共　页

序　号	材料(工程设备)名称、规格、型号	单　位	数　量	单价/元	交货方式	送达地点	备　注

注：此表由招标人填写，供投标人在投标报价、确定总承包服务费时参考。

表-21　承包人提供主要材料和工程设备一览表

承包人提供主要材料和工程设备一览表
(适用造价信息差额调整法)

序　号	名称、规格、型号	单　位	数　量	风险系数%	基准单价/元	投标单价/元	发承包人确认单价/元	备　注

工程名称：　　　　　　　　　　　　标段：　　　　　　　　　第　页共　页

注：(1) 此表由招标人填写除"投标单价"栏的内容，投标人在投标时自主确定投标单价。

　　(2) 招标人应优先采用工程造价管理机构发布的单价作为基准单价，未发布的，通过市场调查确定其基准单价。

表-22　承包人提供主要材料和工程设备一览表

承包人提供主要材料和工程设备一览表
(适用于价格指数差额调整法)

序号	名称、规格、型号	变值权重 B	基本价格指数 F_0	现行价格指数 F_1	备　注
	定值权重 A		—	—	
	合　计		—	—	

工程名称：　　　　　　　　　标段：　　　　　　　第　页　共　页

注：(1) 此表材料和工程设备"名称、规格、型号""基本价格指数 F_0"栏由招标人填写，基本价格指数应首先采用工程造价管理机构发布的价格指数；没有时，可采用发布的价格代替。

(2) 此表"变值权重 B"栏由投标人根据该项材料和工程设备价值在投标报价中所占的比例填写。

(3) "现行价格指数 F_1"按约定的付款证书相关周期最后一天的前 42 日的各项材料和工程设备的价格指数填写，该指数应首先采用工程造价管理机构发布的价格指数；没有时，可采用发布的价格代替。

3.4　案　例　分　析

3.4.1　案例 1——定额应用

1. 背景

某施工项目包括砌筑工程和其他分部分项工程，施工单位需要确定砌筑一砖半墙 $1m^3$ 的施工定额和砌筑 $10m^3$ 砖墙的预算单价。

砌筑一砖半墙的技术测定资料如下。

完成 $1m^3$ 砖砌体需基本工作时间 15.5h，辅助工作时间占工作延续时间(定额时间)的 3%，准备与结束工作时间占 3%，不可避免中断时间占 2%，休息时间占 16%，人工幅度差系数 10%，超运距运砖每千块砖需耗时 2.5h。

砖墙采用 M5.0 水泥砂浆，实体体积与虚体积间的折算系数为 1.07。砖和砂浆的损耗率为 1%，完成 $1m^3$ 砌体需耗水 $0.8m^3$，其他材料费占上述材料费的 2%。

砂浆采用 400L 搅拌机现场搅拌，运料需 200s，装料需 50s，搅拌需 80s，卸料需 30s，不可避免中断时间 10s。搅拌机的投料系数为 0.65，机械利用系数 kB 为 0.8，机械幅度差系数为 15%。

人工日工资单价为 50 元/工日，M5.0 水泥砂浆单价为 206 元/m^3，机砖单价为 350 元/千块，水为 5 元/ m^3，400L 砂浆搅拌机台班单价为 150 元/台班。

2. 问题

确定砌筑工程中一砖半墙的施工定额和砌筑 $10\ m^3$ 砖墙的预算单价。

3. 答案

(1) 施工定额的编制。

① 劳动定额。

$$时间定额 = \frac{定额时间}{每工日工时数} = \frac{基本工作时间}{基本工作时间占定额时间的比例 \times 每工日工时数}$$

$$= \frac{基本工作时间}{(1-其他工作时间占定额时间的比例之和) \times 每工日工时数}$$

$$= \frac{15.5}{(1-3\%-3\%-2\%-16\%) \times 8} = 2.549(工日)$$

$$产量定额 = \frac{1}{时间定额} = \frac{1}{2.549} = 0.392(m^3)$$

② 材料消耗定额。

$1m^3$ 一砖半砖墙的净用量

$$=\left[\frac{1}{(\text{砖长}+\text{灰缝})\times(\text{砖厚}+\text{灰缝})}+\frac{1}{(\text{砖宽}+\text{灰缝})\times(\text{砖厚}+\text{灰缝})}\right]\times\frac{1}{\text{砖长}+\text{砖宽}+\text{灰缝}}$$

$$=\left[\frac{1}{(0.24+0.01)\times(0.053+0.01)}+\frac{1}{(0.115+0.01)\times(0.053+0.01)}\right]\times\frac{1}{0.24+0.115+0.01}$$

=522(块)

砖的消耗量=522×(1+1%)=527(块)

$1m^3$ 一砖半墙的砂浆净用量=(1-522×0.24×0.115×0.053)×1.07=0.253(m^3)

砂浆消耗量=0.253×(1+1%)=0.256(m^3)

水用量 0.8 m^3

③ 机械产量定额。

首先确定机械循环一次所需时间。

由于运料时间大于装料、搅拌、出料和不可避免的中断时间之和,所以机械循环一次所需时间为200s。

搅拌机净工作 1 小时的生产率 N_h=60×60÷200×0.4×0.65=4.68(m^3)

搅拌机的台班产量定额=N_h×8×k_B=4.68×8×0.8=29.952(m^3)

$1m^3$ 一砖半墙机械台班消耗量=0.256÷29.952=0.009(台班)

(2) 预算定额和预算单价的编制。

① 预算定额。

预算人工工日消耗量=(2.549+0.527×2.5/8)×10×(1+10%)=29.854(工日)

预算材料消耗量:砖 5.27 千块;砂浆 2.56 m^3;水 8 m^3

预算机械台班消耗量=0.009×10×(1+15%)=0.104(台班)

② 预算定额单价。

人工费=29.854×50=1492.70(元)

材料费=(5.27×350+2.56×206+8×5)×(1+2%)=2460.10(元)

机械费=0.104×150=15.60(元)

则预算定额单价=人工费+材料费+机械费=1492.70+2460.10+15.60=3968.40(元)

3.4.2 案例2——实物法编制施工图预算

1. 背景

根据某基础工程工程量和《全国统一建筑工程基础定额》消耗指标,进行工料分析计算得出各项资源消耗及该地区相应的市场价格,见表 3-1。

纳税人所在地为城市市区,按照建标〔2003〕206 号文件关于建安工程费用的组成和规定取费,各项费用的费率为:措施费率 8%,间接费率 10%,利润率 4.5%。该地区征收 2%的地方教育附加。

2. 问题

(1) 计算该工程应纳营业税、城市建设维护税和教育附加税的综合税率。

(2) 试用实物法编制该基础工程的施工图预算。

注：新发布的《建筑安装工程费用组成》(建标〔2013〕44 号)文件已于 2013 年 7 月 1 日起施行，原建标〔2003〕206 号文件同时废止，但按照旧建标执行的工料单价法取费方式已沿用多年，在今后的造价实践中仍有可能遇到，故在此案例中加以介绍，以供参考。

表 3-1　资源消耗量及预算价格表

资源名称	单 位	消耗量	单价/元	资源名称	单 位	消耗量	单价/元
32.5 水泥	kg	1740.84	0.46	钢筋φ10 以内	t	2.307	4600.00
42.5 水泥	kg	18 101.65	0.48	钢筋φ10 以上	t	5.526	4700.00
52.5 水泥	kg	20 349.76	0.50	砂浆搅拌机	台班	16.24	42.84
净砂	m³	70.76	30.00	5t 载重汽车	台班	14.00	310.59
碎石	m³	40.23	41.20	木工圆锯	台班	0.36	171.28
钢模	kg	152.96	9.95	翻斗车	台班	16.26	101.59
木门窗料	m³	5.00	2480.00	挖土机	台班	1.00	1060.00
木模	m³	1.232	2200.00	混凝土搅拌机	台班	4.35	152.15
镀锌铁丝	kg	146.58	10.48	卷扬机	台班	20.59	72.57
灰土	m³	54.74	50.48	钢筋切断机	台班	2.79	161.47
水	m³	42.90	2.00	钢筋弯曲机	台班	6.67	152.22
电焊条	kg	12.98	6.67	插入式振动器	台班	32.37	11.82
草袋子	m³	24.30	0.94	平板式振动器	台班	4.18	13.57
黏土砖	千块	109.07	150.00	电动打夯机	台班	85.03	23.12
隔离剂	kg	20.22	2.00	综合工日	工日	850.00	50.00
铁钉	kg	61.57	5.70				

3. 答案

(1) 在表 3-1 资源消耗量及预算价格表基础上直接算出人工费、材料费、机械费，填入基础工程人、材、机费用计算表，见表 3-2。

表 3-2　某基础工程人、材、机费用计算表

资源名称	单位	消耗量	单价/元	合价/元	资源名称	单位	消耗量	单价/元	合价/元
32.5 水泥	kg	1740.84	0.46	800.79	钢筋φ10 以上	t	5.526	4700.00	25 972.20
42.5 水泥	kg	18 101.65	0.48	8688.79	材料费合计				97 908.04
52.5 水泥	kg	20 349.76	0.50	10 174.88	砂浆搅拌机	台班	16.24	42.84	695.72
净砂	m³	70.76	30.00	2122.80	5t 载重汽车	台班	14.00	310.59	4348.26
碎石	m³	40.23	41.20	1657.48	木工圆锯	台班	0.36	171.28	61.66

续表

资源名称	单位	消耗量	单价/元	合价/元	资源名称	单位	消耗量	单价/元	合价/元
钢模	kg	152.96	9.95	1521.95	翻斗车	台班	16.26	101.59	1651.85
木门窗料	m³	5.00	2480.00	12 400.00	挖土机	台班	1.00	1060.00	1060.00
木模	m³	1.232	2200.00	2710.40	混凝土搅拌机	台班	4.35	152.15	661.85
镀锌铁丝	kg	146.58	10.48	1536.16	卷扬机	台班	20.59	72.57	1494.22
灰土	m³	54.74	50.48	2763.28	钢筋切断机	台班	2.79	161.47	450.50
水	m³	42.90	2.00	85.80	钢筋弯曲机	台班	6.67	152.22	1015.31
电焊条	kg	12.98	6.67	86.58	插入式振动器	台班	32.37	11.82	382.61
草袋子	m³	24.30	0.94	22.84	平板式振动器	台班	4.18	13.57	56.72
黏土砖	千块	109.07	150.00	16 360.50	电动打夯机	台班	85.03	23.12	1965.89
隔离剂	kg	20.22	2.00	40.44	机械费合计				13 844.59
铁钉	kg	61.57	5.70	350.95	综合工日	工日	850.00	50.00	42 500.00
钢筋φ10以内	t	2.307	4600.00	10 612.20	人工费合计				42 500.00

(2) 根据上表求得的人工费、材料费、机械费和背景材料给定的费率，计算该基础工程的施工图预算造价，见表 3-3。

表 3-3　某基础工程施工图预算费用计算表

序号	费用名称	费用计算表达式	金额/元	备注
1	直接工程费	人工费+材料费+机械费	154 252.63	
2	措施费	[1]×8%	12 340.21	
3	直接费	[1]+[2]	166 592.84	
4	间接费	[3]×10%	16 659.28	
5	利润	([3]+[4])×4.5%	8246.35	
6	税金	([3]+[4]+[5])×3.48%	6664.15	
7	基础工程预算造价	[3]+[4]+[5]+[6]	198 162.62	

3.4.3　案例 3——确定概算造价

1. 背景

拟建砖混结构住宅工程 3420 m²，结构形式与已建成的某工程相同，只有外墙保温贴面不同，其他部分均较为接近。类似工程外墙为珍珠岩板保温、水泥砂浆抹面，每平方米建筑面积消耗量分别为：0.044 m³、0.842 m²，珍珠岩板 253.10 元/m³、水泥砂浆 11.95 元/m²；拟建工程外墙为加气混凝土保温、外贴釉面砖，每平方米建筑面积消耗量分别为：0.08 m³、0.95 m²，加气混凝土现行价格 285.48 元/m³，贴釉面砖现行价格为 79.75 元/m²。类似工程单

方造价 889.00 元/m²，其中，人工费、材料费、机械费、措施费和间接费等费用占单方造价
比例，分别为：11%、62%、6%、9%、12%，拟建工程与类似工程预算造价在这几方面的
差异系数分别为：2.50、1.25、2.10、1.15 和 1.05，拟建工程除直接工程费以外的综合取费
为 20%。

2. 问题

(1) 应用类似工程预算法确定拟建工程的土建单位工程概算造价。

(2) 若类似工程预算中，每平方米建筑面积主要资源消耗如下。

人工消耗 5.08 工日，钢材 23.8 kg，水泥 205 kg，原木 0.05 m³，铝合金门窗 0.24 m²，
其他材料费为主材费 45%，机械费占直接工程费 8%，拟建工程主要资源的现行市场价分别
为：人工 50 元/工日，钢材 4.7 元/kg，水泥 0.50 元/kg，原木 1800 元/m³，铝合金门窗平均
350 元/m²。试应用概算指标法，确定拟建工程的土建单位工程概算造价。

(3) 若类似工程预算中，其他专业单位工程预算造价占单项工程造价比例，见表 3-4，
试用问题(2)的结果计算该住宅工程的单项工程造价，编制单项工程综合预算书。

表 3-4　各专业单位工程预算造价占单项工程造价比例

专业名称	土建	电气照明	给排水	采暖
占比例/%	85	6	4	5

3. 答案

(1) 首先，根据类似工程背景资料，计算拟建工程的土建单位工程概算指标。

① 综合差异系数 k= 11%×2.50+62%×1.25+6%×2.10+9%×1.15+12%×1.05=1.41

② 拟建工程概算指标=类似工程单方造价×综合差异系数

$$=889 × 1.41=1253.49(元/m²)$$

③ 结构差异额=换入结构额-换出结构额

$$=[0.08 × 285.48+0.95 × 79.75-(0.044 × 253.1+0.842 × 11.95)]$$

$$=98.60-21.20=77.40(元/m²)$$

④ 修正概算指标=1253.49+77.40×(1+20%)=1346.37(元/m²)

⑤ 拟建工程概算造价=1346.37×3420=4 604 585.40(元)=460.46(万元)

(2) ①计算拟建工程一般土建工程单位建筑面积的人工费、材料费、机械费。

人工费=5.08×50=254.00(元)

材料费=(23.8×4.7+205×0.50+0.05×1800+0.24×350)×(1+45%)=563.12(元)

机械费=概算直接工程费×8%

概算直接工程费=254.00+563.12+概算直接工程费×8%

解上式得：

一般土建工程概算直接工程费=(254.00+563.12)/(1-8%)

$$=888.17(元/m²)$$

② 按照所给综合费率计算拟建工程一般土建工程概算指标、修正概算指标和概算造价。

概算指标=888.17×(1+20%)=1065.80(元/m²)

修正概算指标=1065.80+77.40×(1+20%)=1158.68(元/m²)

拟建工程一般土建工程概算造价=3420×1158.68=396 2685.50(元)=396.27(万元)

(3) ①单项工程概算造价=396.27÷85%=466.20(万元)

电气照明单位工程概算造价=466.20×6%=27.97(万元)

给排水单位工程概算造价=466.20×4%=18.65(万元)

暖气单位工程概算造价=466.20×5%=23.31(万元)

② 编制该住宅单项工程综合概算书，见表 3-5。

表 3-5　某住宅综合概算书

序　号	单位工程和费用名称	概算价值/万元				技术经济指标			占总投资比例/%
		建安工程费	设备购置费	工程建设其他费用	合计	单位	数量	单位造价/(元/m²)	
一	建筑工程	466.20			466.20	m²	3420	1363.15	
1	土建工程	396.27			396.27	m²	3420	1158.68	85
2	电气工程	27.97			27.97	m²	3420	81.79	6
3	给排水工程	18.65			18.65	m²	3420	54.53	4
4	暖气工程	23.31			23.31	m²	3420	68.16	5
二	设备及安装								
1	设备购置								
2	设备安装								
	合　计	466.20			466.20	m²	3420	1363.15	
	占比例	100%			100%				

3.4.4　案例 4 ——工程量计量、清单编制

1. 背景

某钢筋混凝土框架结构建筑物，共四层，首层层高 4.2 m，第二至四层层高分别为 3.9 m，首层平面图、柱独立基础配筋图、柱网布置及配筋图、一层顶梁结构图、一层顶板结构图如图 3-3、图 3-4、图 3-5、图 3-6、图 3-7 所示。柱顶的结构标高为 15.87 m，外墙为 240 mm 厚加气混凝土砌块填充墙。首层墙体砌筑在顶面标高为-0.20 m 的钢筋混凝土基础梁上，用 M5.0 混合砂浆砌筑。M1 为 1900 mm×3300 mm 的铝合金平开门；C1 为 2100 mm×2400 mm 的铝合金推拉窗；C2 为 1200 mm×2400 mm 的铝合金推拉窗；C3 为 1800 mm×2400 mm 的铝合金推拉窗；窗台高 900 mm。门窗洞口上设钢筋混凝土过梁，截面为 240 mm×180 mm，过梁两端各伸入砌体 250 mm。已知本工程抗震设防烈度为 7 度，抗震等级为四级(框架结构)，梁、板、柱的混凝土均采用 C30 商品混凝土；钢筋的保护层厚度：板为 15 mm，梁柱为 25 mm，基础为 35 mm。楼板厚有 150 mm、100 mm 两种。

　　块料地面的做法为：素水泥浆一遍，25 mm 厚 1∶3 干硬性水泥砂浆结合层，800 mm×
800 mm 全瓷地面砖，白水泥砂浆擦缝。木质踢脚线高 150 mm，基层为 9 mm 厚胶合板，面
层为红榉木装饰板，上口钉木线。柱面的装饰做法为：木龙骨榉木饰面包方柱，木龙骨
为 25 mm×30 mm，中距 300 mm×300 mm，基层为 9 mm 厚胶合板，面层红榉木装饰板。四
周内墙面做法为：20 mm 厚 1∶2.5 水泥砂浆抹面。天棚吊顶为轻钢龙骨矿棉板平顶，U 型
轻钢龙骨中距为 450 mm×450 mm，面层为矿棉吸声板，首层吊顶底标高为 3.4 m。

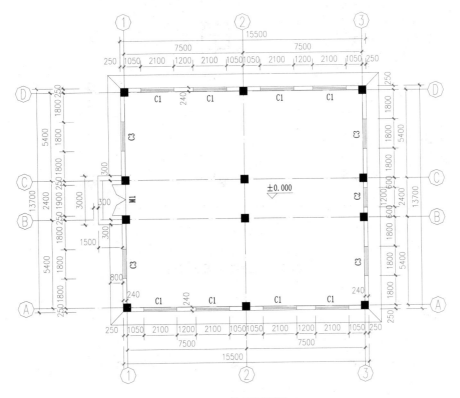

图 3-3　首层平面图

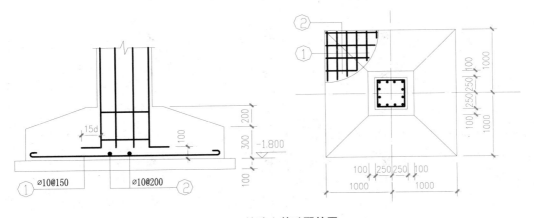

图 3-4　柱独立基础配筋图

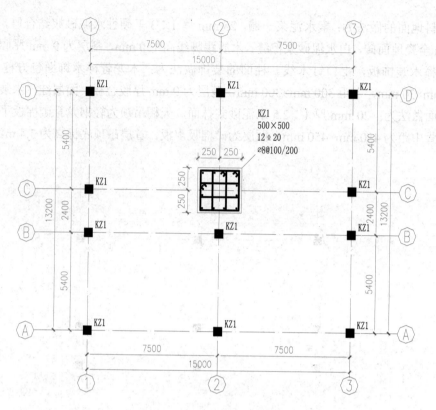

图 3-5　柱网布置及配筋图

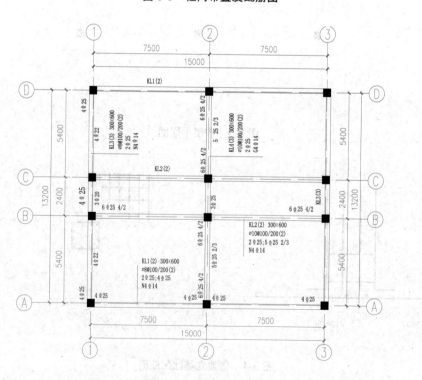

图 3-6　一层顶梁结构图

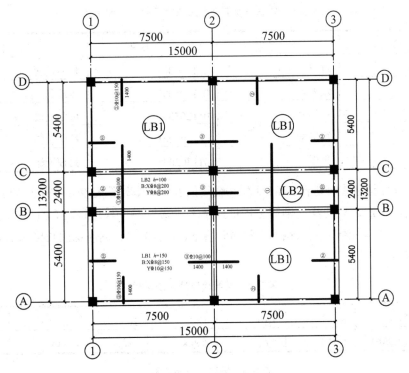

注：未注明的板分布筋为φ8@250

图 3-7　一层顶板结构图

2. 问题

(1) 依据《房屋建筑与装饰工程计量规范》(GB 500854—2013)的要求计算建筑物首层的过梁、填充墙、矩形柱(框架柱)、矩形梁(框架梁)、平板、块料地面、木质踢脚线、墙面抹灰、柱面装饰(包括靠墙柱)、吊顶天棚的工程量。将计算过程及结果填入分部分项工程量计算表(表 3-6)中。

表 3-6　分部分项工程量计算表

序　号	单位名称	单　位	数　量	计算过程

(2) 依据《房屋建筑与装饰工程计量规范》(GB 500854—2013)和《建设工程工程量清单计价规范》(GB 50500—2013)编制建筑物首层的过梁、填充墙、矩形柱(框架柱)、矩形梁(框架梁)、平板、块料地面、木质踢脚线、墙面抹灰、柱面装饰(包括靠墙柱)、吊顶天棚的分部分项工程量清单。分部分项工程的统一编码，见表 3-7。

表 3-7　分部分项工程量清单项目的统一编码表

项目编码	项目名称	项目编码	项目名称
010503005	过梁	011102003	块料地面
010402001	填充墙	011105005	木质踢脚线
010502001	矩形柱	011201001	墙面一般抹灰
010503002	矩形梁	011208001	柱面装饰
010505003	平板	011302001	吊顶天棚

(3) 钢筋的理论重量见表 3-8，计算②轴线的 KL4、Ⓒ轴线相交于②轴线的 KZ1 中除了箍筋、腰筋、拉筋之外的其他钢筋工程量以及①～②与Ⓐ～Ⓑ之间的 LB1 中底部钢筋的工程量。将计算过程及结果填入钢筋工程量计算表(表 3-9)中。钢筋锚固长度为 40d，钢筋接头为对头焊接。

表 3-8　钢筋单位理论质量表

钢筋直径(d)	8	10	12	20	22	25
理论重量/(kg/m)	0.395	0.617	0.888	2.466	2.984	3.850

表 3-9　钢筋工程量计算表

位　置	型号及直径	钢筋图形	计算公式	根　数	总根数	单长/m	总长/m	总重/kg

3. 答案

(1) 依据《计量规范》对工程量计算的规定，掌握分部分项工程清单工程量的计算方法。计算过程见表 3-10。计算时注意以下几点。

① 统计过梁数量时，先计算门窗洞口上皮至上方框架梁的距离，是否需加设过梁，本题中门窗洞口经计算均须加设过梁。

计算过梁的长度时，门洞口两边紧贴框架柱而非墙体，故该处过梁长度即为门洞口宽度，不必再加伸入砌体长度。

② 计算填充墙体积时，高度自基础梁顶算起；除扣除门窗洞口体积外，还要扣除砌体内混凝土构件的体积。

③ 计算框架柱体积时，首层柱高度自基础顶部算起至一层板顶。

④ 框架梁长度为柱间净长。

⑤ 现浇板的长、宽均为梁外皮间净尺寸。

表 3-10　分部分项工程量计算表

序　号	项目名称	单　位	数　量	计算过程
1	过梁	m³	1.45	1.1 截面积：$S=0.24\times0.18=0.043(\mathrm{m}^2)$ 1.2 总长度：$L=(2.1+0.25\times2)\times8+(1.2+0.25\times2)\times1+(1.8+0.25\times2)\times4+1.9\times1=33.60(\mathrm{m})$ 1.3 体积：$V=S\times L=0.043\times33.6=1.445(\mathrm{m}^3)$
2	填充墙	m³	29.41	2.1 长度：$L=(15.0+13.2)\times2-(0.5\times10)(扣柱)=51.40(\mathrm{m})$ 2.2 高度：$H=4.2+0.2-0.6(梁高)=3.80(\mathrm{m})$ 2.3 扣洞口面积：$1.9\times3.3\times1+2.1\times2.4\times8+1.2\times2.4\times1+1.8\times2.4\times4=66.75(\mathrm{m}^2)$ 2.4 扣过梁体积：$1.445\ \mathrm{m}^3$ 2.5 墙体体积：$V=(51.40\times3.8-66.75)\times0.24-1.445=29.412(\mathrm{m}^3)$
3	矩形柱	m³	16.50	3.1 柱高：$H=4.2+(1.8-0.5)=5.5(\mathrm{m})$ 3.2 截面积：$0.5\times0.5=0.25(\mathrm{m}^2)$ 3.3 数量：$n=12$ 3.4 体积：$V=0.25\times5.5\times12=16.50(\mathrm{m}^3)$
4	矩形梁	m³	16.40	4.1 KL1：$0.3\times0.6\times(15-0.5\times2)\times2=5.04(\mathrm{m}^3)$ 4.2 KL2：$0.3\times0.6\times(15-0.5\times2)\times2=5.04(\mathrm{m}^3)$ 4.3 KL3：$0.3\times0.6\times(13.2-0.5\times3)\times2=4.212(\mathrm{m}^3)$ 4.4 KL4：$0.3\times0.6\times(13.2-0.5\times3)=2.106(\mathrm{m}^3)$ 合计：$16.398(\mathrm{m}^3)$
5	平板	m³	25.99	5.1 150 厚板：$(7.5-0.15-0.05)\times(5.4-0.15-0.05)\times0.15\times4=22.776(\mathrm{m}^3)$ 5.2 100 厚板：$(7.5-0.15-0.05)\times(2.4-0.15-0.05)\times0.10\times2=3.212(\mathrm{m}^3)$ 合计：$25.988(\mathrm{m}^3)$
6	块料地面	m²	199.02	6.1 净面积：$(15.5-0.24\times2)\times(13.7-0.24\times2)=198.564(\mathrm{m}^2)$ 6.2 加上门洞开口部分面积：$1.9\times0.24=0.456(\mathrm{m}^2)$ 合计：$199.020(\mathrm{m}^2)$
7	木质踢脚线	m m²	57.68 8.65	7.1 长度 $L=(15.5-0.24\times2+13.7-0.24\times2)\times2-1.9+0.25\times2+(0.5-0.24)\times10=57.68(\mathrm{m})$ 7.2 高度：$H=0.15(\mathrm{m})$ 7.3 踢脚线面积：$S=57.68\times0.15=8.652(\mathrm{m}^2)$
8	墙面一般抹灰	m²	108.01	8.1 长度：$L=(15.0+13.2)\times2-(0.5\times10)(扣柱)=51.40(\mathrm{m})$ 8.2 高度：$H=3.4(\mathrm{m})(不扣踢脚线)$ 8.3 扣洞口面积：$1.9\times3.3\times1+2.1\times2.4\times8+1.2\times2.4\times1+1.8\times2.4\times4=66.75(\mathrm{m}^2)$ 8.4 墙体抹灰面积：$V=51.40\times3.4-66.75=108.01(\mathrm{m}^2)$

续表

序　号	项目名称	单　位	数　量	计算过程
9	柱面装饰	m²	46.38	9.1 独立柱饰面外围周长：(0.5+0.03×2)×4=2.24(m) 9.2 角柱饰面外围周长：(0.5−0.24+0.03)×2=0.58(m) 9.3 墙柱饰面外围周长：(0.5−0.24+0.03)+0.56=1.14(m) 9.4 柱饰面高度：H=3.4m 9.5 柱饰面面积：S=3.4×(2.24×2+0.58×4+1.14×6)=46.38(m²)
10	吊顶天棚	m²	198.56	(15.5−0.24×2)×(13.7−0.24×2)=198.564(m²)

⑥ 计算块料地面面积时，每根独立柱所占面积为 0.5×0.5=0.25m²＜0.3m²，因此不必扣除独立柱所占面积，但要加上门洞口开口部分面积。

⑦ 吊顶面积与块料地面面积相似，只少了门洞口开口部分面积。

(2) 依据《计量规范》及题中已知条件，编制首层指定分项工程的项目编码(项目编码后三位由清单编制者编写)、项目特征，并将问题 1 答案中算得的工程量，填入分部分项工程量清单与计价表中，见表 3-11。

表 3-11　分部分项工程量清单与计价表

序号	项目编码	项目名称	项目特征描述	计量单位	工程量	金额/元		
						综合单价	合价	暂估价
1	010503005001	过梁	1.混凝土种类：商品混凝土 2.混凝土强度等级：C30	m³	1.45			
2	010402001001	填充墙	1.砌块品种、规格：加气混凝土砌块(厚 240mm) 2.墙体类型：砌块外墙 3.砂浆强度等级：M5.0 水泥砂浆	m³	29.41			
3	010502001001	矩形柱	1.混凝土种类：商品混凝土 2. 混凝土强度等级：C30	m³	16.50			
4	010503002001	矩形梁	1.混凝土种类：商品混凝土 2. 混凝土强度等级：C30	m³	16.40			
5	010505003001	平板	1.混凝土种类：商品混凝土 2. 混凝土强度等级：C30	m³	25.99			
6	011102003001	块料地面	1.结合层：素水泥浆一遍，25 mm 厚 1∶3 干硬性水泥砂浆 2.面层：800 mm×800 mm 全瓷地面砖 3.白水泥砂浆擦缝	m²	199.02			
7	011105005001	木质踢脚线	1.踢脚线高度：150 mm 2.基层：9 mm 厚胶合板 3.面层：红榉木装饰板，上口钉木线	m m²	57.68 8.65			

续表

序号	项目编码	项目名称	项目特征描述	计量单位	工程量	金额/元		
						综合单价	合价	暂估价
8	011201001001	墙面一般抹灰	1.墙体类型：砌块内墙 2.1：2.5 水泥砂浆 25 mm 厚	m²	108.01			
9	011208001001	柱面装饰	1.木龙骨：25 mm×30 mm，中距 300 mm×300 mm 2.基层：9 mm 厚胶合板 3.面层：红榉木装饰板	m²	46.38			
10	011302001001	吊顶天棚	1.龙骨：U 型轻钢龙骨中距 450 mm×450 mm 2.面层：矿棉吸音板	m²	198.56			

(3) 依据《混凝土结构施工图平面整体表示方法制图规则和构造详图》(11G101-1)、背景资料中的结构图及已知条件，计算钢筋工程量，将计算结果填入钢筋工程量计算表中，见表 3-12。

① 其中，现浇板 LB1 下部钢筋根数的计算式如下，板端第一根钢筋自梁边 50 子 mm 算起：

Ⓓ~Ⓒ轴方向：(5400-150-50+250-300-50)/150+1=35(根)

①~②轴方向：(7500-150-50+250-300-50)/150+1=49(根)

② 注意柱的钢筋下端要算到基础底部，并加上弯折长度。

表 3-12　钢筋工程量计算表

位　置	型号及直径	钢筋图形	计算公式	根数	总根数	单长/m	总长/m	总重/kg
KL4								
1.上部钢筋								
1.1 上部通长筋	Φ25	375 ⌐13650⌐ 375	500-25+15d+(13 200-500)+500-25+15d	2	2	14.4	28.80	110.88
1.2 左支座(A轴处)第一排钢筋	Φ25	375 ⌐2108	500-25+15d+(5400-500)/3	2	2	2.483	4.966	19.119
1.3 左支座(A轴处)第二排钢筋	Φ25	375 ⌐1700	500-25+15d+(5400-500)/4	2	2	2.075	4.15	15.978
1.4 中间支座(B~C 轴处)第一排钢筋	Φ25	⌐6167⌐	(5400-500)/3+2400+500+(5400-500)/3	2	2	6.167	12.334	47.486

续表

位　置	型号及直径	钢筋图形	计算公式	根　数	总根数	单长(m)	总长(m)	总重(kg)
1.5 中间支座(B～C 轴处)第二排钢筋	$\Phi 25$	5350	(5400−500)/4+2400+500+(5400−500)/4	2	2	5.35	10.70	41.195
1.6 右支座(D 轴处)第一排钢筋	$\Phi 25$	2108 375	500−25+15d+(5400−500)/3	2	2	2.483	4.966	19.119
1.7 右支座(D 轴处)第二排钢筋	$\Phi 25$	1700 375	500−25+15d+(5400−500)/4	2	2	2.075	4.15	15.978
2.下部钢筋								
2.1 左下部(A～B 轴处)钢筋	$\Phi 25$	375 6375	500−25+15d+(5400−500)+40d	5	5	6.75	33.75	129.938
2.2 中间跨下部(B～C 轴处)钢筋	$\Phi 25$	3900	40d+(2400−500)+40d	3	3	3.90	11.70	45.045
2.3 右下部(C～D 轴处)钢筋	$\Phi 25$	6375 375	500−25+15d+(5400−500)+40d	5	5	6.75	33.75	129.938
		KL4 中的$\Phi 25$ 钢筋合计						574.676
KZ1 竖向钢筋	$\Phi 20$	300 17545 240	15d+(1800−100)+(15 870−25)+12d	12	12	18.085	217.02	536.04
LB1 下部钢筋	$\Phi 8$	7600	7500+250−150	35	140	7.6	1064	420.28
LB1 下部钢筋	$\Phi 10$	5500	5400+250−150	49	196	5.5	1078	665.126

3.4.5　案例 5——工程量清单与计价

1. 背景

某工程建筑面积为 1600m²，纵横外墙基均采用同一断面的钢筋混凝土带形基础，无内墙，基础总长度为 80m，基础上部为 370 实心砖墙，带基结构截面尺寸如图 3-8 所示。混凝土现场浇筑，强度等级：基础垫层 C15，带形基础及其他构件均为 C30。项目编码及其他现浇有梁板及直形楼梯等分项工程的工程量见分部分项工程量清单计价表(表 3-13)。招标文件要求：①弃土采用翻斗车运输，运距 200 m，基坑夯实回填，挖、填土方计算均按天然密实土；②土建单位工程投标总报价根据清单计价的金额确定。某承包商拟投标此项工程，并根据本企业的管理水平确定管理费率为 12%(以人材机之和为基数)，利润率和风险系数为4.5%(以工料机与管理费之和为基数计算)。

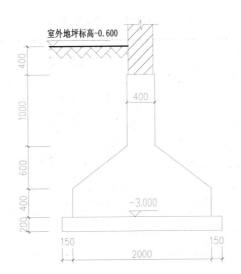

室外地坪标高-0.600

400
1000
600
400
200

400

-3.000

150 2000 150

图 3-8 带形基础截面示意图

2. 问题

(1) 根据图示内容、《房屋建筑与装饰工程计量规范》和《建设工程工程清单计价规范》的规定，计算该工程带形基础、垫层及挖填土方的工程量，计算过程填入表 3-13 中。

(2) 施工方案确定：基础土方为人工放坡开挖，依据企业定额的计算规则规定，工作面每边 300 mm；自垫层上表面开始放坡，坡度系数为 0.33，余土全部外运。计算基础土方工程量。

(3) 根据企业定额消耗量表(表 3-14)、市场资源价格表(表 3-15)和《全国统一建筑工程基础定额》混凝土配合比表(表 3-16)，模板费用放在措施项目费用中，编制该工程分部分项工程量清单综合单价表和分部分项工程量清单与计价表。

(4) 措施项目企业定额费用，见表 3-17；措施项目清单编码，见表 3-18；措施费中安全文明施工费(含环境保护、文明施工、安全施工、临时设施)、夜间施工增加费、二次搬运费、冬雨季施工、已完工程和设备保护设施费的计取费率分别为：3.12%、0.7%、0.6%、0.8%、0.15%，其计取基数均为分部分项工程量清单合计价。基础模板、楼梯模板、有梁板模板、综合脚手架工程量分别为：224 m^2、31.6 m^2、1260 m^2、1600 m^2，垂直运输按建筑面积计算其工程量。

依据上述条件和《房屋建筑与装饰工程计量规范》的规定，计算并编制该工程的措施项目清单计价表(一)、措施项目清单计价表(二)。

(5) 其他项目清单与计价汇总表中明确：暂列金额 300 000 元，业主采购钢材暂估价300 000 元(总包服务费按 1%计取)。专业工程暂估价 500 000 元(总包服务费按 4%计取)，计日工中暂估 60 个工日，单价为 80 元/工日。编制其他项目清单与计价汇总表；若现行规费与税金分别按 5%、3.48%计取，编制单位工程投标报价汇总表。确定该土建单位工程的投标报价。

表 3-13　分部分项工程量清单与计价表

序 号	项目编码	项目名称	项目特征	计量单位	工 程 量	计算过程
1	010101003001	挖沟槽土方	三类土，挖土深度 4 m 以内，弃土运距 200 m	m³		
2	010103001001	基础回填土	夯填	m³		
3	010501001001	带形基础垫层	C15 混凝土厚 200 mm	m³		
4	010501002001	带形基础	C30 混凝土	m³		
5	010505001001	有梁板	C30 混凝土厚 120 mm	m³	189.00	
6	010506001001	直形楼梯	C30 混凝土	m³	31.60	
7		其他分项工程	略	元	1 000 000	

表 3-14　企业定额消耗量(节选)

企业定额编号			8-16	5-394	5-417	5-421	1-9	1-46	1-54
项　目		单位	混凝土垫层	混凝土带形基础	混凝土有梁板	混凝土楼梯/m²	人工挖三类土	回填夯实土	翻斗车运土
人工	综合工日	工日	1.225	0.956	1.307	0.575	0.661	0.294	0.100
材料	现浇混凝土	m³	1.010	1.015	1.015	0.260			
	草袋	m²	0.000	0.252	1.099	0.218			
	水	m³	0.500	0.919	1.204	0.290			
机械	混凝土搅拌机 400L	台班	0.101	0.039	0.063	0.026			
	插入式振捣器		0.000	0.077	0.063	0.052			
	平板式振捣器		0.079	0.000	0.063	0.000			
	机动翻斗车		0.000	0.078	0.000	0.000			0.069
	电动打夯机		0.000	0.000	0.000	0.000		0.008	

表 3-15　市场资源价格表

序 号	资源名称	单 位	价格/元	序 号	资源名称	单 位	价格/元
1	综合工日	工日	50.00	7	草袋	m²	2.20
2	32.5 水泥	t	460.00	8	混凝土搅拌机 400L	台班	96.85
3	粗砂	m³	90.00	9	插入式振捣器	台班	10.74
4	砾石 40	m³	52.00	10	平板式振捣器	台班	12.89
5	砾石 20	m³	52.00	11	机动翻斗车	台班	83.31
6	水	m³	3.90	12	电动打夯机	台班	25.61

表 3-16　《全国统一建筑工程基础定额》混凝土配合比表

项　目		单　位	C15	C30 带形基础	C30 有梁板及楼梯
材料	32.5 水泥	kg	249.00	312.00	359.00
	粗砂	m³	0.510	0.430	0.460
	砾石 40	m³	0.850	0.890	0.000
	砾石 20	m³	0.000	0.000	0.830
	水	m³	0.170	0.170	0.190

表 3-17　措施项目企业定额费用表

定额编号	项目名称	计量单位	人工费/元	材料费/元	机械费/元
10-6	带形基础竹胶板木支撑	m²	10.04	30.86	0.84
10-21	直形楼梯木模板木支撑	m²	39.34	65.12	3.72
10-50	有梁板竹胶板木支撑	m²	11.58	42.24	1.59
11-1	综合脚手架	m²	7.07	15.02	1.58
12-5	垂直运输机械	m²	0	0	25.43

表 3-18　工程量清单措施项目的统一编码

项目编码	项目名称	项目编码	项目名称
011701001001	综合脚手架	011707001	安全文明施工费(含环境保护、文明施工、安全施工、临时设施)
011702001001	基础模板	011707002	夜间施工增加费
011702014001	有梁板模板	011707004	二次搬运费
011702024001	楼梯模板	011707005	冬雨季施工
011703001001	垂直运输机械	011707007	已完工程和设备保护设施费

3. 答案

(1) 由于《房屋建筑与装饰工程计量规范》的工程量计算规则规定：挖基础土方工程量是按基础垫层面积乘以挖土深度，不考虑工作面和放坡的土方，照此填入表 3-19 中。

表 3-19　分部分项工程量计算表

序　号	项目编码	项目名称	项目特征	计量单位	工程量	计算过程
1	010101003001	挖沟槽土方	三类土，挖土深度 4 m 以内，弃土运距 200 m	m³	478.40	2.3×80×(3+0.2-0.6)=478.40
2	010103001001	基础回填土	夯填	m³	276.32	478.40-36.80-153.60-(3-0.6-2)×0.365×80=276.32

续表

序号	项目编码	项目名称	项目特征	计量单位	工程量	计算过程
3	010501001001	带形基础垫层	C15 混凝土厚 200mm	m³	36.80	2.3×0.2×80=36.80
4	010501002001	带形基础	C30 混凝土	m³	153.60	[2.0×0.4+(2+0.4)÷2×0.6+0.4×1]×80=153.60
5	010505001001	有梁板	C30 混凝土厚 120mm	m³	189.00	
6	010506001001	直形楼梯	C30 混凝土	m³	31.60	
7		其他分项工程	略	元	1 000 000	

而实际挖土中，应考虑工作面、放坡、土方外运等内容，可由问题(2)中的条件算出实际土方量，再通过计算折算系数，反映到问题(3)中的综合单价中。

(2) ① 人工挖土方工程量计算。

$V_W = \{(2.3+2×0.3)×0.2+[2.3+2×0.3+0.33×(3-0.6)]×(3-0.6)\}×80 = 755.20(m^3)$

② 基础回填土工程量计算。

$V_T = V_W -$ 室外地坪标高以下埋设物

$= 755.20 - 36.80 - 153.60 - 0.365×(3-0.6-2)×80 = 533.12(m^3)$

③ 余土运输工程量计算。

$V_Y = V_W - V_T = 755.20 - 533.12 = 202.08(m^3)$

(3) 首先，编制综合性分项工程的综合单价分析表，如人工挖基础土方、基础回填土、混凝土带形基础等分部分项工程的综合单价分析表，见表 3-20、表 3-21、表 3-22。

然后，编制该工程分部分项工程量清单综合单价汇总表，见表 3-23。

最后编制该工程分部分项工程量清单与计价表见表 3-24。

① 人工挖基础土方综合单价分析表中"数量"栏的数据计算，即每 1 m³ 人工挖基础土方清单工程量所含施工工程量。

人工挖基础土方：755.20/478.40=1.579(m³)

机械土方运输：202.08/478.40=0.422(m³)

② 同理，基础回填土综合单价分析表中"数量"栏的数据计算，即每 1 m³ 基础回填土清单工程量所含施工工程量：553.12/276.32=2.002(m³)。

③ 根据"企业定额消耗量表"、"市场资源价格表" 和"混凝土配合比表"中相关内容，带形基础定额单价(元/m³)的计算过程如下。

人工费：0.956×50=47.80(元/m³)

材料费：C30 混凝土单价=312×0.460+0.43×90+0.89×52+0.17×3.9=229.163(元/m³)

材料费单价=1.015×229.163+0.252×2.20+0.919×3.90=236.74(元/m³)

机械费=0.039×96.85+0.077×10.74+0.078×83.31=11.10(元/m³)

管理费=(47.80+236.74+11.10)×12%=35.48(元/m³)

利润=(47.80+236.74+11.10+35.48)×4.5%=14.90(元/m³)

④ 带形基础垫层、有梁板和直形楼梯综合单价的组成，采用与带型基础相同的计算方法。

表 3-20　人工挖基础土方综合单价分析表

项目编码	010101003001		项目名称		人工挖基础土方	计量单位	m³		工程量	
清单综合单价组成明细										
定额编号	定额项目名称	定额单位	数量	单价/元				合价/元			
				人工费	材料费	机械费	管理费和利润	人工费	材料费	机械费	管理费和利润
1-9	基础挖土	m³	1.579	33.05			5.63	52.19	0	0	8.89
1-54	土方运输	m³	0.422	5.00		5.75	1.83	2.11	0	2.43	0.77
人工单价	小计							54.30	0	2.43	9.66
50 元/工日	未计价材料费(元)										
清单项目综合单价(元/ m³)								66.39			
材料费明细	主要材料名称、规格、型号				单位		数量	单价/元	合价/元	暂估单价/元	暂估合价/元
	其他材料费							—			—
	材料费小计							—			—

表 3-21　人工回填基础土方综合单价分析表

项目编码	010103001001		项目名称		基础回填土	计量单位	m³		工程量	
清单综合单价组成明细										
定额编号	定额项目名称	定额单位	数量	单价/元				合价/元			
				人工费	材料费	机械费	管理费和利润	人工费	材料费	机械费	管理费和利润
1-46	基础回填土	m³	2.002	14.70		0.205	2.54	29.43		0.41	5.09
人工单价	小计							29.43		0.41	5.09
50 元/工日	未计价材料费/元										
清单项目综合单价/(元/ m³)								34.93			
材料费明细	主要材料名称、规格、型号				单位		数量	单价/元	合价/元	暂估单价/元	暂估合价/元
	其他材料费							—			—
	材料费小计							—			—

表 3-22　混凝土带形基础土方综合单价分析表

| 项目编码 | 010501002001 | | 项目名称 | | 混凝土带形基础 | 计量单位 | | m³ | | 工程量 | |

清单综合单价组成明细

定额编号	定额项目名称	定额单位	数量	单价/元				合价/元			
				人工费	材料费	机械费	管理费和利润	人工费	材料费	机械费	管理费和利润
5-394	带形基础	m³	1.000	47.80	236.74	11.10	50.38	47.80	236.74	11.10	50.38
人工单价		小计						47.80	236.74	11.10	50.38
50 元/工日		未计价材料费/元									
清单项目综合单价/(元/ m³)								346.02			

材料费明细	主要材料名称、规格、型号	单位	数量	单价/元	合价/元	暂估单价/元	暂估合价/元
	32.5 水泥	kg	316.68	0.46	145.67		
	砂	m³	0.44	90.00	39.60		
	石子	m³	0.90	52.00	46.80		
	其他材料费/元			—	4.67	—	
	材料费小计/元			—	236.74	—	

表 3-23　分部分项工程量清单综合单价汇总表　　　　　单位：元/ m³

序号	项目编码	项目名称	工作内容	综合单价组成				综合单价
				人工费	材料费	机械费	管理费和利润	
1	010101003001	挖沟槽土方	三类土，挖土深度 4 m 以内，含运输	54.3		2.43	9.67	66.39
2	010103001001	基础回填土	夯实回填	29.43		0.41	5.09	34.93
3	010501001001	带形基础垫层	C15 混凝土厚 200 mm	61.25	210.69	10.80	48.18	330.91
4	010501002001	带形基础	C30 混凝土	47.80	236.74	11.10	50.38	346.02
5	010505001001	有梁板	C30 混凝土厚 120 mm	65.35	258.45	7.59	56.47	387.85
6	010506001001	直形楼梯	C30 混凝土	28.75	69.52	3.08	16.66	114.40
7	其他分项工程(略)							

注：此表非规范附录内用表。

表 3-24　分部分项工程量清单与计价表

序号	项目编码	项目名称	项目特征描述	计量单位	工程量	金额/元		
						综合单价	合　价	暂估价
1	010101002001	挖沟槽土方	三类土，挖土深度 4 m 以内，含运土 200 m	m³	478.40	66.39	31 760.98	

续表

序号	项目编码	项目名称	项目特征描述	计量单位	工程量	金额/元		
						综合单价	合　价	暂估价
2	010103001001	基础回填土	夯实回填	m³	276.32	34.93	9651.86	
3	010501001001	带型基础垫层	C15 混凝土厚 200mm	m³	36.80	330.91	12 177.49	
4	010501002001	带型基础	C30 混凝土	m³	153.60	346.02	53 148.67	
5	010505001001	有梁板	C30 混凝土厚 120mm	m³	189.00	387.85	73 303.65	
6	010506001001	直形楼梯	C30 混凝土	m³	31.60	114.40	3615.04	
7	—	其他分项工程	含钢筋工程(略)				1 000 000.00	
	合　计						1 183 657.69	

(4) ①措施项目中的通用项目参照《计价规范》选择列项,还可根据工程实际情况补充,见表 3-25 措施项目清单计价表(一);

措施项目中可以计算工程量的项目,宜采用分部分项工程量清单与计价表的方式编制,见表 3-26 措施项目清单计价表(二)。

② 可以计算工程量的项目综合单价计算式如下。

基础模板综合单价:(10.04+30.86+0.84)×(1+12%)×(1+4.5%)=48.85(元)

有梁板模板综合单价:(11.58+42.24+1.59)×(1+12%)×(1+4.5%)=64.85(元)

楼梯模板综合单价:(39.34+65.12+3.72)×(1+12%)×(1+4.5%)=126.61(元)

综合脚手架综合单价:(7.07+15.02+1.58)×(1+12%)×(1+4.5%)=27.70(元)

垂直运输机械综合单价:25.43×(1+12%)×(1+4.5%)=29.76(元)

表 3-25　措施项目清单计价表(一)

序　号	项目编码	项目名称	计算基础	费率/%	金额/元
1	011707001001	安全文明施工费(含环境保护、文明施工、安全施工、临时设施)	1 183 657.69	3.12	36 930.12
2	011707002001	夜间施工增加费	1 183 657.69	0.7	8285.60
3	011707004001	二次搬运费	1 183 657.69	0.6	7101.95
4	011707005001	冬雨季施工	1 183 657.69	0.8	9469.26
5	011707007001	已完工程和设备保护设施费	1 183 657.69	0.15	1775.49
		合　计			63 562.42

表 3-26　措施项目清单计价表(二)

序　号	项目编码	项目名称	项目特征	计量单位	工程量	金额/元	
						综合单价	合　价
1	011701001001	综合脚手架	钢管脚手架	m²	1600.00	27.70	44 320.00
2	011702001001	基础模板	竹胶板木支撑	m²	224.00	48.85	10 942.40
3	011702014001	有梁板模板	竹胶板木支撑,模板支撑高度 3.4m	m²	1260.00	64.85	81 711.00
4	011702024001	楼梯模板	木模板木支撑	m²	31.60	126.61	4000.88
5	011703001001	垂直运输机械	塔吊	m²	1600.00	29.76	47 616.00
		合　计					188 590.28

(5) 编制其他项目清单与计价汇总表，见表 3-27；编制单位工程投标报价汇总表，见表 3-28。

其他项目清单与计价汇总表中"业主采购钢材暂估价"只在表中列出，但不计入总价，该价款已记入分部分项工程量清单与计价表中。

表 3-27　其他项目清单与计价汇总表

序　号	项目名称	计量单位	金　额	备　注
1	暂列金额	元	300 000.00	
2	业主采购钢材暂估价	元	300 000.00	不计入总价
3	专业工程暂估价	元	500 000.00	
4	计日工 60×80=4800 元	元	4800.00	
5	总包服务费 500 000×4%=20 000 元 300 000×1%=3000 元	元	23 000.00	
	合计=1+3+4+5	元	827 800.00	

表 3-28　单位工程投标报价汇总表

序　号	项目名称	金额/元
1	分部分项工程量清单合计	1 183 657.69
1.1	略	
......		
2	措施项目清单合计	252 152.70
2.1	措施项目(一)	63 562.42
2.2	措施项目(二)	188 590.28
3	其他项目清单合计	827 800.00
3.1	暂列金额	300 000.00
3.2	业主采购钢材	—
3.3	专业工程暂估价	500 000.00
3.4	计日工	4800.00
3.5	总包服务费	23 000.00
4	规费[(1)+(2)+(3)]×5%=2263610.39×5%	113 180.52
5	税金[(1)+(2)+(3)+(4)]×3.48%=2376790.91×3.48%	82 712.32
	合计=1+2+3+4+5	2 459 503.23

3.4.6　案例6——工程量清单与计价、招标控制价

1. 背景

某拟建项目机修车间，厂房设计方案采用预制钢筋混凝土排架结构，其上部结构系统

如图 3-9 所示，结构体系中现场预制标准构件和非标准构件的混凝土强度等级、设计控制参考钢筋含量等见表 3-29。

表 3-29　现场预制构件一览表

序　号	构件名称	型　号	强度等级	钢筋含量/(kg/m³)
1	预制混凝土矩形柱	YZ-1	C30	152.00
2	预制混凝土矩形柱	YZ-2	C30	138.00
3	预制混凝土基础梁	JL-1	C25	95.00
4	预制混凝土基础梁	JL-2	C25	95.00
5	预制混凝土柱顶连系梁	LL-1	C25	84.00
6	预制混凝土柱顶连系梁	LL-2	C25	84.00
7	预制混凝土 T 型吊车梁	DL-1	C35	141.00
8	预制混凝土 T 型吊车梁	DL-2	C35	141.00
9	预制混凝土薄腹屋面梁	WL-1	C35	135.00
10	预制混凝土薄腹屋面梁	WL-2	C35	135.00

另经查阅国家标准图集，所选用的薄腹屋面梁混凝土用量为 $3.11m^3$/榀(厂房中间与两端山墙处屋面梁的混凝土用量相等，仅预埋铁件不同)所选用 T 型吊车梁混凝土用量，车间两端都为 $1.13m^3$/根，其余为 $1.08m^3$/根。

2. 问题

(1) 根据上述条件，按《房屋建筑与装饰工程工程量计算规范》(GB 50854—2013)的计算规则，在表 3-30 中，列式计算该机修车间上部结构预制混凝土柱、梁工程量及根据设计提供的控制参考钢筋含量计算相关钢筋工程量。

(2) 利用第(1)题的计算结果和以下相关数据，按《建设工程工程量清单计价规范》(GB 50500—2013)的要求，在表 3-31 中，编制该机修车间上部结构分部分项工程和单价措施项目清单与计价表。已知相关数据为：①预制混凝土矩形柱的清单编码为 010509001，本车间预制混凝土柱单件体积小于 3.5 m³，就近插入基础杯口，人材机合计 513.71 元/m³；②预制混凝土基础梁的清单编码为 010510001，本车间基础梁就近地面安装，单件体积小于 1.2 m³，人材机合计 402.98 元/m³；③预制混凝土柱顶连系梁的清单编码为 010510001，本车间连系梁单件体积小于 0.6 m³，安装高度小于 12 m，人材机合计 423.21 元/m³；④预制混凝土 T 型吊车梁的清单编码为 010510002，本车间 T 型吊车梁单件体积小于 1.2 m³，安装高度小于 9.5 m，人材机合计 530.38 元/m³；⑤预制混凝土薄腹屋面梁的清单编码为 010510003，本车间薄腹屋面梁单件体积小于 3.2 m³，安装高度 13 m，人材机合计 561.35 元/ m³；⑥预制混凝土构件钢筋的清单编码为 010515002，本车间构件钢筋直径为 6～25mm，人材机合计 6018.70 元/t。以上项目管理费均以人材机的基数按 10%计算，利润均以人材机和管理费合计为基数按 5%计算。

(3) 利用以下相关数据，在表 3-32 中，编制该机修车间土建单位工程招标控制价汇总表。已知相关数据为：①一般土建分部分项工程费用 785 000.00 元；②措施项目费用 62 800.00 元，其中安全文明施工费 26 500.00 元；③其他项目费用为屋顶防水专业分包暂估 70 000.00 元；④规费以分部分项工程、措施项目、其他项目之和为基数计取，综合费率为 5.28%；⑤税率为 3.477%。(注：计算结果保留两位小数即可)

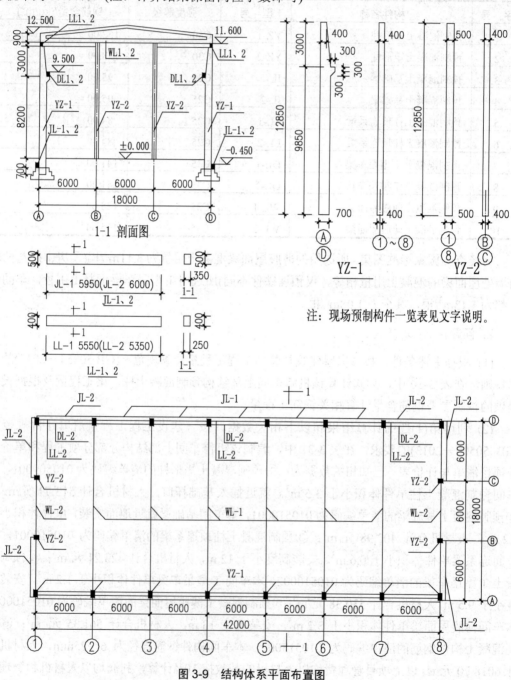

图 3-9 结构体系平面布置图

3. 答案

(1) 分部分项工程量清单计算表见表 3-30。

表 3-30　分部分项工程量清单计算表

序　号	项目名称	单　位	数　量	计算过程
1	矩形柱	m^3	62.95	YZ-1：$[0.7×0.4×9.85+0.4×(0.3+0.6)×0.3/2+0.4×0.4×3]×16$ $=3.30×16=52.672\ m^3$ YZ-2：$0.4×0.5×12.85×4=2.57×4=10.28\ m^3$ 合计：$52.672+10.28=62.952\ m^3$
2	基础梁	m^3	18.81	JL-1：$0.35×0.5×5.95×10=1.04×10=10.41\ m^3$ JL-2：$0.35×0.5×6×8=1.05×8=8.4\ m^3$ 合计：$10.41+8.4=18.81\ m^3$
3	连系梁	m^3	7.69	LL-1：$0.25×0.4×5.55×10=0.56×10=5.55\ m^3$ LL-2：$0.25×0.4×5.35×4=0.54×4=2.14\ m^3$ 合计：$5.55+2.14=7.69\ m^3$
4	T 型吊车梁	m^3	15.32	DL-1：$1.08×10=10.8\ m^3$ DL-2：$1.13×4=4.52\ m^3$ 合计：$10.8+4.52=15.32\ m^3$
5	薄腹屋面梁	m^3	24.88	$3.11×8=24.88\ m^3$
6	钢筋工程	t	17.38	$52.672×152+10.28×138+18.81×95+7.69×84+15.32×141+24.88×$ $135=17376.6\ kg=17.38\ t$

(2) 项目编码前 9 位题目中已给出，后三位由答题者编写。"基础梁"与"连系梁"前 9 位项目编码相同，因此后 3 位分别编为"001"、"002"，以示区别。

按《建设工程工程量清单计价规范》规定，分部分项工程量清单计价表中的综合单价计算公式为：

综合单价＝人工费＋材料费＋施工机具使用费＋管理费＋利润＋由投标人承担的风险费用

综合单价组价过程以下表中"矩形柱"为例：人材机之和已在已知条件中给出，为 513.71 元/m^3；另由已知条件得：管理费＝人材机之和×10%，利润＝(人材机＋管理费)×5%，代入公式得：

综合单价＝$513.71+513.71×10\%+(513.71+513.71×10\%)×5\%$
$\qquad=513.71×(1+10\%)×(1+5\%)=593.34$(元/$m^3$)

其他项目算法类似。

编制分部分项工程量清单与计价表见表 3-31。

表 3-31　分部分项工程量清单与计价表

序号	项目编码	项目名称	项目特征描述	计量单位	工程量	金额/元		
						综合单价	合　价	暂估价
1	010509001001	矩形柱	YZ-1：C30；体积：3.30 m^3； 安装高度：－1.25 m YZ-2：C30；体积：2.57 m^3； 安装高度：±0.00	m^3	62.95	$513.71×(1+10\%)×$ $(1+5\%)=593.34$	37 350.75	

续表

序号	项目编码	项目名称	项目特征描述	计量单位	工程量	金额/元		
						综合单价	合 价	暂估价
2	010510001001	基础梁	JL-1：C25；体积：1.04 m³；安装高度：-0.45m JL-2：C25；体积：1.05 m³；安装高度：-0.45m	m³	18.81	402.98×(1+10%)×(1+5%)=465.44	8754.93	
3	010510001002	连系梁	LL-1：C25；体积：5.56 m³；安装高度：11.6m LL-2：C25；体积：5.54 m³；安装高度：11.6m	m³	7.69	423.21×(1+10%)×(1+5%)=488.81	3758.95	
4	010510002001	T型吊车梁	DL-1：C35；体积：1.08 m³；安装高度：9.5 m DL-2：C35；体积：1.13 m³；安装高度：9.5 m	m³	15.32	530.38×(1+10%)×(1+5%)=612.59	9384.88	
5	010510003001	薄腹屋面梁	C35；体积：3.11 m³/榀；安装高度：12.5 m	m³	24.88	561.35×(1+10%)×(1+5%)=648.36	16 131.20	
6	010515002001	钢筋工程	6～25 mm	t	17.38	6018.70×(1+10%)×(1+5%)=6951.60	120 818.81	
7			合　计				196 199.52	

(3) 按《建设工程工程量清单计价规范》规定，投标总价应当为分部分项工程费、措施项目费、其他项目费和规费、税金的合计金额，前三项金额题中已给出，规费以前三项为基数计取，税金以前四项为基数计取，见表 3-32。

表 3-32　单位工程投标报价汇总表

序 号	项目名称	金 额
1	分部分项工程量清单计价	785 000
2	措施项目费	62 800
2.1	安全文明施工费	26 500
3	其他项目费	70 000
3.1	专业工程暂估价	70 000
4	规费(1+2+3)×5.28%	48 459.84
5	税金(1+2+3+4)×3.477%	33 596.85
6	合计	999 856.69

练　习　题

练习题 1

【背景】

某项毛石护坡砌筑工程，定额测定资料如下。

(1) 完成每立方米毛石砌体的基本工作时间为 7.9 h；

(2) 辅助工作时间、 准备与结束时间、不可避免中断时间和休息时间等，分别占毛石砌体工作延续时间的 3%、2%、2% 和 16%；

(3) 每 $10m^3$ 毛石砌体需要 M5.0 水泥砂浆 $3.93m^3$，毛石 $11.22\ m^3$，水 $0.79\ m^3$；

(4) 每 $10m^3$ 毛石砌体需要 200 L 砂浆搅拌机 0.66 台班；

(5) 该地区有关资源的现行价格如下。

人工工日单价为：50 元/工日；M5.0 水泥砂浆单价为：120 元/ m^3；

毛石单价为：58 元/ m^3；水单价为：4 元/ m^3；

200L 砂浆搅拌机台班单价为：88.50 元/台班。

【问题】

(1) 确定砌筑每立方米毛石护坡的人工时间定额和产量定额。

(2) 若预算定额的其他用工占基本用工 12%，试编制该分项工程的预算工料单价。

(3) 若毛石护坡砌筑砂浆设计变更为 M10 水泥砂浆。该砂浆现行单价 130 元/ m^3，定额消耗量不变，应如何换算毛石护坡的工料单价？换算后的新单价是多少？

练习题 2

【背景】

某施工企业施工时使用自有模板，已知一次使用量为 $1200\ m^2$，模板价格为 30 元/ m^2，若周转次数为 8，补损率为 8%，施工损耗为 10%。

【问题】

不考虑模板支、拆、运输费，则模板费为多少元？

练习题 3

【背景】

已知某挖土机挖土，一次正常循环工作时间是 40 s，每次循环平均挖土量 $0.3m^3$，机械正常利用系数为 0.8，机械幅度差为 25%。

【问题】

求该机械挖土方 $1000\ m^3$ 的预算定额机械耗用台班量。

练习题 4

【背景】

某预算定额基价的编制过程如表 3-33 所示。

表 3-33　某预算定额基价表　　　　　　　　　　　单位：10m³

定额编号				3-1		3-2		3-4	
项　目	单　位	单价/元		砖 基 础		混水砖墙			
						1/2 砖		1 砖	
				数　量	合　价	数　量	合　价	数　量	合　价
基价						1438.86		1323.51	
其中	人工费					518.20		413.74	
	材料费					904.70		891.35	
	机械费					15.96		18.42	
综合工日	工日	25.73		11.790	303.36	20.140	518.20	16.080	413.74
材料	水泥砂浆 M5	m³	93.92			1.950	183.14	2.250	211.32
	水泥砂浆 M10	m³	110.82	2.360	261.53				
	标准砖	百块	12.70	52.36	664.97	56.41	716.41	53.14	674.88
	水	m³	2.06	2.500	5.15	2.500	5.15	2.500	5.15
机械	灰浆搅拌机 200L	台班	49.11	0.393	19.30	0.325	15.96	0.375	18.42

【问题】

列式计算其中定额子目 3-1 的定额基价并填入上表中。

练习题 5

【背景】

某钢筋混凝土框架结构建筑物的某中间层楼面梁结构图局部节选图如图 3-10 所示(采用平法标注)。已知抗震设防烈度为 7 度，抗震等级为三级，柱截面尺寸均为 500 mm×500 mm。梁、板、柱均采用 C30 商品混凝土浇筑。

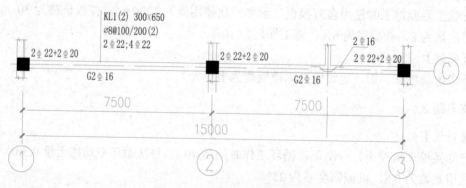

图 3-10　楼面梁结构节选图

【问题】

(1) 列式计算 KL1 梁的混凝土工程量。

(2) 列式计算 KL1 梁的钢筋工程量。将计算过程及结果填入钢筋工程量计算表(表 3-34)中。已知Φ22 钢筋理论质量为 2.984 kg/m，Φ20 钢筋理论质量为 2.47 kg/m，Φ16 钢筋理论质量为 1.58 kg/m，φ8 钢筋理论质量为 0.395 kg/m。拉筋为φ6 钢筋，其理论质量为 0.222 kg/m。纵向受力钢筋端支座的锚固长度按现行规范计算(纵筋伸到支座对边减去保护层弯折 15*d*)，腰筋锚入支座长度为 15*d*，吊筋上部平直长度为 20*d*。箍筋加密区为 1.5 倍梁高，箍筋长度和拉筋长度均按内包尺寸每个弯钩加 10*d* 计算，拉筋间距为箍筋非加密区间距的两倍，混凝土保护层厚度为 25 mm。

表 3-34　KL1 钢筋工程量计算表

筋号	直径	钢筋图形	钢筋长度(根数)计算式	根数	单长/m	总长/m	总重/kg
合计							

(3) 根据表 3-35 现浇混凝土梁定额消耗量、表 3-36 各种资源市场价格和管理费、利润及风险费率标准(管理费费率为人、材、机费用之和的 12%，利润及风险费率为人、材、机、管理费用之和的 4.5%)，编制 KL1 现浇混凝土梁的工程量清单综合单价分析表(清单计价规范的项目编码为 010403002)，见表 3-37。

表 3-35　混凝土梁定额消耗量

定额编号			5-572	5-573
项　目		单　位	混凝土浇筑	混凝土养护
人　工	综合工日	工　日	0.204	0.136
材料	C30 商品混凝土(综合)	m³	1.005	
	塑料薄膜	m²		2.412
	水	m³	0.032	0.108
	其他材料费	元	6.80	
机械	插入式振捣器	台班	0.050	

表 3-36　各种资源市场价格表

序　号	资源名称	单　位	价格/元	备　注
1	综合工日	工日	50.00	包括：技工、力工
2	C30 商品混凝土(综合)	m³	340.00	包括：搅拌、运输、浇灌
3	塑料薄膜	m²	0.40	
4	水	m³	3.90	
5	插入式振捣器	台班	10.74	

表 3-37　工程量清单综合单价分析表

项目编码				项目名称				计量单位			
清单综合单价组成明细											
定额编号	定额项目名称	定额单位	数量	单价/元				合价/元			
				人工费	材料费	机械费	管理费和利润	人工费	材料费	机械费	管理费和利润
人工单价		小计									
元/工日		未计价材料费/元									
清单项目综合单价/(元/ m³)											

材料费明细	主要材料名称、规格、型号	单位	数量	单价/元	合价/元	暂估单价/元	暂估合价/元
	其他材料费						
	材料费小计						

练习题 6

【背景】

某高层建筑地下车库土方工程，包括挖基础土方和基础土方回填。基础土方回填要用打夯机夯实。除基础回填所需土方外，余土全部用自卸汽车外运 800 m 至弃土场。建设单位提供的施工场地，已按设计室外地坪-0.20 m 平整。土质为三类土，地下水位-0.80 m，要求施工前降低地下水位至基坑地面以下并维持干土开挖。根据图 3-11 基础平面图、图 3-12 基础剖面图所示以及现场环境条件和施工经验，确定土方开挖方案为：基坑除 1-1 剖面边坡按 1∶0.3 放坡开挖外，其余边坡均采用坑壁支撑垂直开挖；采用挖掘机开挖基坑；基础垫层底面积 586.21；考虑施工坡道等附加挖土 13.47 m³(不回填、不外运)。

有关施工内容的预算定额直接费单价见表 3-38。

表 3-38　施工内容的预算定额直接费单价表(节选)

序　号	项目名称	单　位	费用组成/元			
			人　工　费	材　料　费	机　械　费	单　价
1	挖掘机挖土	m³	0.28		2.57	2.85
2	土方回填夯实	m³	14.11		2.05	16.16
3	自卸汽车运土(1km 以内)	m³	0.16	0.07	8.60	3.83
4	坑壁支护	m²	0.75	6.28	0.36	7.39
5	降水	项				3700.00

承发包双方在合同中约定：以人工费、材料费、机械费之和为基数，取管理费率5%，利润率4%；施工降水和坑壁支撑清单项目费用之和为基数，计取临时设施费率1.5%，环境保护费率0.8%，安全文明施工费率1.8%；不计其他项目清单费；以分部分项工程量清单计价合计与措施项目清单计价合计之和为基数，取规费费率2%，税金费率为3.44%。

【问题】

(1) 依据《全国统一建筑工程基础定额》相应工程量计算规则和施工方案及图3-11、图 3-12 所示尺寸，计算施工工程量(按天然密实土计算，不考虑可松性影响)，将计算过程及结果填入施工工程量计算表(表3-39)中。

(2) 计算挖基础土方和土方回填清单工程量，将计算过程及结果填入分部分项清单工程量计算表(表3-40)中。

(3) 编制挖基础土方和土方回填的分部分项工程量清单，填入表3-41中(挖基础土方的项目编码为010101003，土方回填的项目编码为010103001)。

(4) 计算每 1 m³ 挖基础土方清单工程量所含施工挖土、施工运土工程量，编制挖基础土方工程量清单综合单价分析表(表3-42)。

(5) 假定分部分项工程量清单计价合计为 31 500.00 元。编制挖基础土方的措施项目清单计价表(一)(表3-43)、措施项目清单计价表(二)(表3-44)。

(6) 编制基础土方工程投标报价汇总表(表3-45)。

(注：除问题(1)外，其余问题均根据《建设工程工程量清单计价规范》(GB 50500—2013)的规定进行计算。计算结果均保留 2 位小数。本题改编自 2010 年全国造价工程师执业资格考试题)

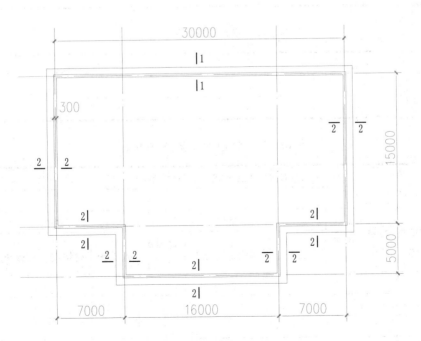

图 3-11　基础平面图

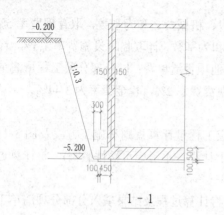
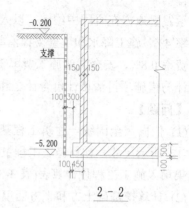

图 3-12 基础剖面图

表 3-39 施工工程量计算表

序 号	工程内容	计量单位	工 程 量	计算过程

表 3-40 分部分项清单工程量计算表

序 号	分部分项工程名称	计量单位	工 程 量	计算过程
1				
2				

表 3-41 分部分项工程量清单

序 号	项目编码	项目名称	项目特征	计量单位	工 程 量

表 3-42 挖基础土方综合单价分析表

项目编码				项目名称	人工挖基础土方	计量单位			工程量		

清单综合单价组成明细

定额编号	定额项目名称	定额单位	数量	单价/元				合价/元			
				人工费	材料费	机械费	管理费和利润	人工费	材料费	机械费	管理费和利润
人工单价		小计									
50 元/工日		未计价材料费(元)									

续表

清单项目综合单价(元/ m³)							
材料费明细	主要材料名称、规格、型号	单位	数量	单价/元	合价/元	暂估单价/元	暂估合价/元
	其他材料费(元)					—	—
	材料费小计(元)					—	—

表 3-43　措施项目清单计价表(一)

序　号	项目编码	项目名称	计算基础	费率/%	金额/元
1	略	临时设施			
2	略	环境保护			
3	略	安全文明施工			
合计					

表 3-44　措施项目清单计价表(二)

序　号	项目编码	项目名称	项目特征	计量单位	工程量	金额/元	
						综合单价	合　价
1	略	坑壁支撑					
2	略	降水					
合计							

表 3-45　单位工程投标报价汇总表

序　号	项目名称	金额/元
1	分部分项工程量清单合计	
2	措施项目清单合计	
2.1	措施项目(一)	
2.2	措施项目(二)	
3	规费	
4	税金	
	投标报价合计	

练习题 7

【背景】

某办公楼的一端上部设有一室外楼梯。楼梯主要结构由现浇钢筋混凝土平台梁、平台板、梯梁和踏步板组成，其他部位不考虑。局部结构布置，如图 3-13 所示，每个楼梯段梯梁侧面的垂直投影面积(包括平台板下部)可按 5.01 m² 计算。现浇混凝土强度等级均为 C30，

采用5~20粒径的碎石、中粗砂和PO42.5的普通硅酸盐水泥拌制。

【问题】

(1) 按图示内容，列式计算楼梯的现浇钢筋混凝土体积工程量，填入表3-46中。

(2) ①按照《房屋建筑与装饰工程计量规范》(GB 500854—2013)的规定，列式计算现浇混凝土直形楼梯的工程量(列出计算过程)。

② 施工企业按企业定额和市场价格计算出每立方米楼梯现浇混凝土的人工费、材料费、机械使用费分别为：165元、356.6元、52.1元，并以人工费、材料费、机械使用费之和为基数计取管理费(费率取9%)和利润(利润率取4%)。完成现浇混凝土直形楼梯的工程量清单综合单价分析表(现浇混凝土直形楼梯的项目编码为010406001)。

(3) 按照《建设工程工程量清单计价规范》(GB 50500—2013)的规定。编制现浇混凝土直形楼梯的工程量清单及计价表，填入表3-47中。

(注：计算结果均保留2位小数。本题改编自2011年全国造价工程师执业资格考试题)

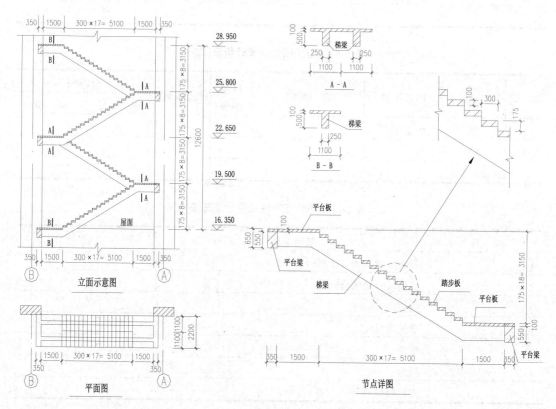

图 3-13 局部结构布置图

表 3-46 工程量计算表

构件名称	数 量	计 算 式

表 3-47　分部分项工程量清单与计价表

序号	项目编码	项目名称	项目特征描述	计量单位	工程量	金额/元		
						综合单价	合　价	暂估价
合　计								

第4章 建设工程施工招标与投标

【学习要点及目标】

◆ 我国建筑工程招标投标原则；强制招标制度；招标方式，评标定标的具体方法。

◆ 建设工程招标投标程序。

◆ 拦标价或标底的编制方法及有关问题。

◆ 投标报价策略、技巧及应用。

◆ 决策树方法及其在投标中的应用。

4.1 工程项目招标投标概述

4.1.1 招标投标

招标投标实质上是一种市场竞争行为，是商品经济发展到一定阶段的产物。在市场经济条件下，它是一种最普遍、最常见的择优方式。招标人通过招标活动来选择条件优越者，使其力争用最优的技术、最佳的质量、最低的价格和最短的周期完成工程项目任务，从而搞好企业管理、提高企业经济效益、扩大项目投资回报率。与此同时，投标人也希望通过这种方式选择项目和招标人，在公平竞争的目标下达到心中满意的承包价位，以使自己获得相应的利润保障。

4.1.2 建筑工程招标投标的基本原则

建筑工程招标投标应遵循以下基本原则。
(1) 合法原则；
(2) 公开、公平、公正原则；
(3) 诚实信用的原则。

4.1.3 招标投标法规立法概况

我国于 1999 年 8 月 30 日，第九次全国人大常委会第十一次会议审核通过了《中华人民共和国招标投标法》(以下简称《招标投标法》)，自 2000 年 1 月 1 日起实施；继《招标投标法》颁布后，中华人民共和国国家发展计划委员会令第 3 号 (2000 年 4 月 4 日国务院批)国家发展计划委员会于 2000 年 5 月 1 日发布了《工程建设项目招标范围和规模标准的规定》，本规定自颁布之日起施行；建设部令第 79 号于 2000 年 6 月 30 日发布了《工程建设项目招标代理机构资格认定办法》，自颁布之日起施行；建设部令第 82 号 2000 年 10 月 18 日发布了《建筑工程设计招标管理办法》；建设部令第 89 号于 2001 年 6 月 1 日发布了《房屋建筑和市政基础设施工程施工招标投标管理办法》，自颁布之日起施行；2003 年国家七部委(国家发展计划委员会、建设部、铁道部、交通部、信息产业部、水利部、中国民用航空总局)30 号令发布了《工程建设项目施工招标投标办法》，自 2003 年 5 月 1 日起实行，适用于工程建设施工招标与投标活动；中华人民共和国国务院 2011 年 12 月 20 日令第 613 号又发布了《中华人民共和国招标投标法实施条例》，自 2012 年 2 月 1 日起施行。

4.2　工程建设招标

4.2.1　招标人应当具备的条件

招标人应当具备以下条件。

(1) 应具备法人资格或依法成立的其他组织；

(2) 有与招标工程相适应的经济技术人员；

(3) 有编制招标文件、审查投标单位资质的能力；

(4) 有组织开标、评标、定标的能力。

招标人如达不到上述规定条件，应委托具有相应资质的专业招标业务代理机构组织招标。

4.2.2　招标应当具备的条件

招标应当具备以下条件。

(1) 招标人已经依法成立；

(2) 初步设计及概算应当履行审批手续的，已经批准；

(3) 招标范围、招标方式和招标组织形式等应当履行核准手续的，已经核准；

(4) 有相应资金或资金来源已经落实；

(5) 有招标所需的设计图纸及技术资料；

(6) 法律法规规定的其他条件。

4.2.3　工程招标方式

《招标投标法》第十条规定，招标分为公开招标和邀请招标。公开招标是指招标人以招标公告的方式邀请不特定的法人或者其他组织投标。邀请招标是指招标人以投标邀请书的方式邀请特定的法人或者其他组织投标。邀请招标也称选择性招标，由招标人根据供应商、承包资信和业绩，选择一定数目的法人或其他组织(一般不能少于 3 家)，向其发出投标邀请书，邀请他们参加投标竞争。

4.2.4　工程招标的范围和规模标准

在我国并不是所有建设工程项目都必须进行招投标的，我国《招标投标法》中明确规定了涉及国家安全、国家秘密、抢险救灾或者属于利用扶贫资金实行以工代赈、需要使用农民工等特殊情况，按照国家有关规定可以不进行招标。《中华人民共和国招投标法》第三条规定，我国建设工程必须招标的范围：大型基础设施、公益事业等关系社会公共利益、公众安全的项目；全部或者部分使用国有资金或者国家融资的项目；使用国际组织或者外国政府贷款、援助资金的项目。

国家发展计划委员会根据《招标投标法》的授权制订了《工程建设项目招标范围和规模标准规定》(以下简称《规定》)。本《规定》所规定范围内的各类工程建设项目，包括项目的勘察、设计、施工、监理以及与工程建设有关的重要设备、材料等的采购，达到下列标准之一的，必须进行招标。

(1) 施工单项合同估算价在 200 万元人民币以上的;

(2) 重要设备、材料等货物的采购,单项合同估算价在 100 万元人民币以上的;

(3) 勘察、设计、监理等服务的采购,单项合同估算价在 50 万元人民币以上的;

(4) 单项合同估算价低于第(1)、(2)、(3)项规定的标准,但项目总投资额在 3000 万元人民币以上的。

建设项目的勘察、设计,采用特定专利或者专有技术的,或者其建筑艺术造型有特殊要求的,经项目主管部门批准,可以不进行招标。

依法必须进行招标的项目,全部使用国有资金投资或者国有资金投资占控股或者主导地位的,应当公开招标。任何单位和个人不得将依法必须进行招标的项目化整为零或者以其他任何方式规避招标。

招标投标活动不受地区、部门的限制,不得对潜在投标人实行歧视待遇。《招标投标法》第六条明确规定:"依法必须进行招标的项目,其招标投标活动不受地区或者部门的限制。任何单位和个人不得以任何方式限制或者排斥本地区、本系统以外的法人或者其他组织参加投标,不得以任何方式非法干涉招标投标活动。"任何以地方保护、部门垄断等方式分割市场的行为,都会缩小市场规模,降低市场效率,阻碍经济的发展,是与我们建立和发展社会主义市场经济的目标背道而驰的。

4.2.5 工程招标程序及工作内容

1. 工程招标的程序图

工程招标的程序图如图 4-1 所示。

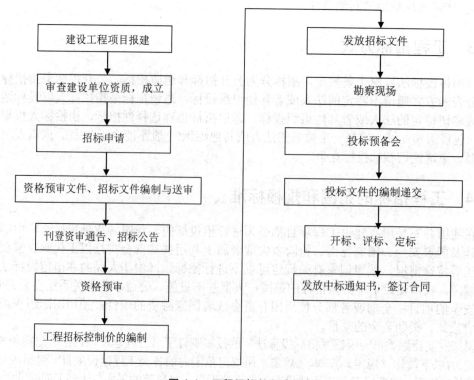

图 4-1 工程招标的程序图

2. 招标阶段工作内容

1) 招标准备阶段的主要工作

招标准备阶段的主要工作如下。

(1) 确定招标方式。

(2) 办理招标备案。

(3) 编制招标有关文件。

① 评标原则和评标办法。

② 价格形式。一般结构不太复杂或工期在 12 个月以内的工程，可以采用固定的价格，考虑一定的风险系数；结构较复杂或大型工程，工期在 12 个月以上的，应采用调整价格。价格的调整方法及调整范围应在招标文件中明确。

③ 投标价格计算依据。

④ 质量标准必须在招标文件中明确。

⑤ 招标文件中的建设工期应参照国家或地方颁发的工期定额来确定，如果要求的工期比工期定额缩短 20%以上(含 20%)的，应计算赶工措施费。赶工措施费如何计取应在招标文件中明确。

⑥ 招标文件中应明确投标准备时间，即从开始发放招标文件之日起，至投标截止时间的期限。招标单位根据工程项目的具体情况，确定投标准备时间，28 日内。

⑦ 投标保证金。在招标文件中应明确投标保证金数额，一般投标保证金额不超过投标总价的 2%且不超过 80 万元。投标保证金可采用现金、支票、银行汇票，也可是银行出具的银行保函。投标保证金的有效期应超过投标有效期的 30 日，投标有效期应在招标文件中明确。

⑧ 履约担保。中标单位应按规定向招标单位提交履约担保，履约担保可采用银行保函或履约担保书等形式。履约担保比率：2001 年 1 月 1 日起实施的《招标投标法》第四十六条规定"招标文件要求中标人提交履约保证金的，中标人应当提交"。该法没有明确交纳标准、方式及退还时间。2003 年 3 月 8 日正式施行的七部委即国家发展计划委员会、建设部、铁道部、交通部、信息产业部、水利部、中国民用航空总局《工程建设项目施工招标投标办法》第六十二条规定："招标人要求中标人提交履约保证金或其他形式的履约担保的，招标人应当同时向中标人提供工程款支付担保。"该文件同样也没有明确履约保证金的测算依据和缴纳办法。同时，该办法第八十五条规定："招标人不履行与中标人订立的合同的，应当双倍返还中标人的履约保证金。"明显与担保法及其司法解释规定冲突。在我国，履约保证金的收取基本上都是甲方要求，按照合同总价的比例或其他方式，没有固定的模式。

⑨ 投标有效期。投标有效期的确定应视工程情况而定，结构不太复杂的中小型工程的投标有效期可定为 28 日以内；结构复杂的大型工程投标有效期可定为 56 日以内。

⑩ 材料或设备采购供应。材料或设备采购、运输、保管的责任应在招标文件中明确，如建设单位提供材料或设备，应列明材料或设备名称、品种或型号、数量，以及提供日期

和交货地点等；还应在招标文件中明确招标单位提供的材料或设备计价和结算退款的方法。

⑪ 工程量清单。招标单位按国家颁布的统一的《建设工程工程量清单计价规范》GB 50500—2013)，根据施工图纸计算工程量，提供给投标单位作为投标报价的基础。清单工程量是估算工程量，结算拨付工程款时以实际工程量为依据。

2) 招标阶段的主要工作

招标阶段的主要工作如下。

(1) 发布招标公告。

(2) 对投标单位进行资格预审。

① 必要合格条件，包括法人资格、资质等级、财务状况、企业信誉和安全情况等具体要求，是潜在投标人应满足的最低标准。

② 附加合格条件，包括是否对潜在投标人的特殊要求(如特殊措施或工艺、专业工程施工资质、同类工程施工经历、项目经理资质及获奖情况等)。

公开招标采用资格预审时，只有资格预审合格的施工单位才可以参加投标；不采用资格预审的公开的招标应时进行资格后审，一般在开标后评标过程中的初步评审开始时进行资格后审，资格后审由评标委员会负责，资格后审不合格的投标做废标处理。

(3) 编制和发售招标文件。

① 招标文件应包括以下内容。

a. 投标须知前附表和投标须知。

b. 合同条件。

c. 合同协议条款。

d. 合同格式。

e. 技术规范。

f. 投标文件参考格式：投标书及投标附录；工程量清单与报价表；辅助资料表等。

g. 图纸。

② 工程招标控制价的编制。在我国《招标投标法》中规定的是标底价格的编制，但是自从 2008 版清单计价规范实施以后标底已经越来越少，大都被招标控制价所取代，他们的编制方法基本是一致的。

a. 标底。标底是指招标人对招标工程项目在方案、质量、期限、价款、方法、措施等方面的综合性理想控制指标或预期要求，简单地说就是"预期工程造价"。

设标底招标是 2000 年 1 月《招标投标法》实施以后开始采用的，但在实践操作中，设标底招标存在以下弊端：第一，设标底时易发生泄露标底及暗箱操作的问题；第二，编制的标底价一般为预算价，科学合理性差，容易与市场造价水平脱节；第三将标底作为衡量投标人报价的基准，导致投标人尽力地去迎合标底，不能反映投标人实力。

2003 年 2 月 17 日，2003 版《建设工程工程量清单计价规范》发布后，取消了中标价不得低于标底多少的规定，出现了"无标底招标"，无标底招标容易出现围标、串标、抬标、高额索赔、偷工减料等现象；给招标人带来投资、质量的风险；同时招标人在评标时，对投标人的报价没有参考依据和评判标准。

所以，2008 年 12 月 1 日起，2008 版工程量清单计价规范正式实施，标底淡出人们的视野，普遍采用招标控制价方式控制工程造价。

b. 招标控制价(最高造价)。也叫"拦标价"，是招标人可以承受的最高工程造价，也是投标人投标报价的上限。

两者不同之处如下。

一是保密要求不同。标底要在开标前保密，在开标时宣布。招标控制价应该在招标文件中公开，提高了透明度。

二是编制作用不同。在评标中，标底可以用来比较分析投标报价，具有参考作用，但不能作为中标或废标的唯一直接依据；招标控制价可以有效防止抬标，超过招标控制价的投标报价即成为废标。

③ 发放招标文件。

a. 招标文件、图纸和有关技术资料发放给通过资格预审获得投标资格的投标单位。不进行资格预审的，发售给愿意参加投标的单位。投标单位收到招标文件、图纸和有关资料后，应认真核对，核对无误后应以书面形式予以确认。

b. 招标单位对招标文件所做的任何修改或补充，须报招标管理机构审查后，在投标截止时间之前，同时发给所有获得招标文件的投标单位，投标单位应以书面形式予以确认。

c. 修改或补充文件作为招标文件的组成部分，对投标单位起约束作用。

d. 投标单位收到招标文件后，若有疑问或不清的问题需澄清，应在收到招标文件后 7 日内以书面形式向招标单位提出，招标单位应以书面形式或投标预备会的形式予以解答。

(4) 组织投标单位进行现场踏勘。

① 招标单位组织投标单位进行勘察现场的目的在于了解工程场地、周围环境情况、风土人情、资源供应情况及政治环境等，以获取投标单位认为有必要的信息。为便于投标单位提出问题并得到解答，勘察现场一般安排在投标预备会的前 1～2 日。

② 投标单位在勘察现场中如有疑问问题，应在投标预备会前以书面形式向招标单位提出，但应给招标单位留有解答时间。

③ 现场踏勘是甲方的责任，费用由乙方各自承担。

(5) 投标预备会。

为了使投标单位在编写投标文件时，充分考虑招标单位对招标文件的修改或补充内容，以及投标预备会会议记录内容，招标单位可根据情况延长投标截止时间。投标预备会结束后，投标单位可进行投标文件的编制与递交。

(6) 投标文件的编制与递交。

(7) 开标、评标、定标，发放招标通知书，签订施工合同。

4.3 工程建设投标

4.3.1 投标人资格

投标人资格应满足以下几个条件。

(1) 具有招标条件要求的资质证书，并为独立的法人实体。

(2) 承担过类似建设项目的相关工作，并有良好的工作业绩和履约记录。

(3) 财产状况良好，没有财产被接管、破产或者其他关、停、并、转状态。

(4) 在最近 3 年没有参与骗取合同以及其他经济方面的严重违法行为。

(5) 近几年有较好的安全记录，投标当年内没有发生重大质量、特大安全事故。

4.3.2 工程建设投标文件

投标文件应当对招标文件提出的实质要求和条件做出响应，对属于建设施工的招标文件项目，投标文件的内容应当包括拟派出的项目负责人与主要技术人员的简历、业绩和拟用于完成招标项目的机械设备等。

投标文件一般应当包括下列内容。

(1) 投标函。

(2) 施工组织设计或者施工方案。

(3) 投标报价。

(4) 招标文件要求提交的其他资料。

根据招标文件载明的项目实际情况，如果准备在中标后将中标项目的部分非主体、非关键工程进行分包，投标人应在投标文件中载明。在招标文件要求提交投标文件的截止时间前，投标人可以补充、修改和撤回已提交的投标文件，并书面通知招标人。补充、修改的内容也是投标文件的组成部分。投标人少于 3 个的，招标人应当依据《招标投标法》重新招标。招标人应当拒绝接收在提交投标文件截止时间后送达的投标文件。

4.3.3 投标的程序

想要获得投标的成功，首先要明白如图 4-2 所示的投标程序流程图及其各个步骤，这样才能在真正的投标过程中针对每一个步骤采取相应的对策。

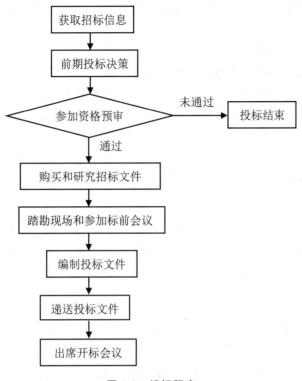

图 4-2　投标程序

4.3.4　投标决策

1. 投标决策的内容

所谓投标决策，包括 3 个方面内容：其一，针对项目招标是投标或是不投标；其二，倘若去投标，是什么性质的标；其三，投标中如何采用以长制短、以优胜劣的策略和技巧。投标决策的正确与否，关系到能否中标和中标后的效益，关系到施工企业的发展前景和职工的经济利益。因此，企业的决策班子必须充分认识到投标决策的重要意义。

2. 常用的投标决策方法

1）采用决策树法选择投标项目

决策树作为一种先进的决策分析方法，是利用概率来研究和预测不确定因素对项目经济评价指标影响的一种定量分析方法，对投标决策的最终确定很有意义。

决策树是以方框和圆圈为节点，并用直线连接而成的一种形状像树枝的结构图，每条树枝代表该方案可能的一种状态及其发生概率的大小。在决策树中，方块节点代表决策点，圆圈点代表机会点，在各树枝末端列出状态的损益值及其概率大小。

决策树的绘制应从左到右，从决策点到机会点，再到各树枝的末端，绘制完成后，在树枝末端标上指标的期望值，在各树枝上标上其相应发生的概率值。

决策树的计算应从右到左，从最后的树枝所连接的机会点，到上一个树枝连接的机会点，最后到最左边的机会点，其计算采用概率和的形式。最左边的机会点中，概率和最大的机会点所代表的方案为最佳方案。

2) 采用多指标评价法选择投标项目

首先结合各指标对企业完成投标项目的重要性确定各指标权重；其次用这些指标对投标项目进行衡量，对每个指标打分，将每项指标权数与得分相乘，求出指标得分；最后将总得分与过去其他投标情况进行比较或与企业事先确定的准备接受的最低分数进行比较，决定是否参加投标。

4.3.5 投标策略

对承包商来说，参与投标就如同参加一场竞赛，这场赛事的胜负与否不仅取决于企业的技术力量、管理水平、社会信誉等要素，更取决于决策者的智慧和经验。下面主要讲述的就是企业在综合实力相当的情况下，应如何使用投标策略，提高中标率。

1. 投标的组织

投标要成功，首要的是要组织一个好的投标班子，能够统筹兼顾并应付投标过程中的各种复杂问题。投标工作是一项技术性很强的工作，有时还是一项非常紧迫的工作，需要有专门的机构和专业人员对投标的全过程加以组织和管理。组建一个强有力的投标班子是投标成功的根本保证。

2. 常用投标策略

投标策略是指投标人在投标竞争中的指导思想与系统工作部署及其参与投标竞争的方式和手段。投标策略作为投标取胜的方式、手段和艺术，贯穿于投标竞争的始终，内容十分丰富。在投标与否、投标项目的选择、投标报价等方面，无不包含投标策略，选择正确的投标策略是投标获胜的关键。我们常用的投标策略如下。

(1) 以信取胜。在招投标过程中，当投标人在经济、技术和管理水平相当的情况下，要依靠企业长期形成的良好社会信誉吸引业主，可通过邀请考察同类竣工工程使用质量及售后服务情况，考察企业的质量安全保证体系、工期合同履约情况等，争得业主的了解信任。

(2) 以快取胜。要积极依靠科技进步，通过采取有效措施缩短施工工期，并保证进度计划的合理性和可行性，确保工程质量，从而使招标工程早投产、早收益，以吸引业主，同时也相应降低了工程成本。

(3) 采用低报价高索赔的策略。在招标文件中不是大包的条件下，可依据招标文件中不明确之处并有可能据此索赔时，可报低价先争取中标，再寻找索赔机会。采用这种策略就要求施工企业相关业务技术人员在索赔事务方面具有相当成熟的经验，而且其报价须在企业合理承受范围内。若报价低于企业成本，又不能合理说明或者不能提供相关证明材料，会被视为废标。

(4) 采用长远发展的策略。在保证施工质量和工期以及工程成本的前提下，从长远考虑可通过降低报价来吸引业主，以扩大工程来源，从而降低固定成本在各个工程上的摊销比例(即降低成本)，这样又为降低新投标工程的承包价格创造了条件。采用此策略其目的不在于当前的招标工程是否获利，而是着眼于发展，争取以后的优势。

在实际投标过程中，投标人可根据具体情况灵活应用以上策略。既要综合考虑本企业的综合能力和预期目标，又要充分了解分析竞争对手的情况，根据实际情况采用适宜的投标策略，从而做出恰当的报价决策，增强投标报价竞争力。

3. 投标报价策略的运用

在满足招标单位对工程质量和工期要求的前提下，投标获胜的关键因素是报价。报价是工程投标的核心，报价一般要占整个投标书分值的 60%～70%，代表着企业的综合竞争力和施工能力。报价过高，可能因为超出最高限价而丢失中标机会；报价过低，则可能因为低于合理低价而废标，即使中标，也可能会给企业带来亏本的风险。因此，投标企业应针对工程的实际情况，凭借自己的实力，通过综合分析形成最终的报价，达到中标和营利的目的。

投标报价技巧是投标策略的一种。在投标活动中，如果采用的投标策略正确，又有适当的投标报价技巧，就可以提出低而适度的报价，并在竞标中取得成功。我们常用的投标报价技巧如下。

1) 不平衡报价法

不平衡报价法，是指在总报价基本确定的前提下，调整内部各个子项的报价，以期既不影响总报价，又在中标后满足资金周转的需要，获得较理想的经济效益。通常采用的不平衡报价法有下列几种情况。

(1) 对能早期结账收回工程款的项目(如土方、基础等)的单价可报以较高价，以利于资金周转；对后期项目(如装饰、电气设备安装等)单价可适当降低。

(2) 估计今后工程量可能增加的项目，其单价可提高，而工程量可能减少的项目，其单价可降低。但上述两点要统筹考虑。对于工程量有错误的早期工程，如不可能完成工程量表中的数量，则不能盲目抬高单价，需要具体分析后再确定。

(3) 图纸内容不明确或有错误，估计修改后工程量要增加的，其单价可提高；而对工程内容不明确的项目，其单价可降低。

(4) 没有工程量只填报单价的项目(如疏浚工程中的开挖淤泥工作等)，其单价宜高。这样，既不影响总的投标报价，又可多获利。

(5) 对于暂定项目，其实施的可能性大的项目，价格可定高价；估计该工程不一定实施的可定低价。

2) 多方案报价法

对同一个招标项目除了按招标文件的要求编制了一个投标报价以外，还编制了一个或几个建议方案。采用此法适用以下两种情况。

(1) 如果发现招标文件中的工程范围很不具体、明确，或条款内容很不清楚、很不公正，或对技术规范的要求过于苛刻，可采用这种策略。

(2) 如发现设计图纸中存在某些不合理并可以改进的地方或可以利用某项新技术、新工

艺、新材料替代的地方，或者发现自己的技术和设备满足不了招标文件中设计图纸的要求，可采用这种策略。

3) 增加建议方案

有时招标文件中规定，可以提一个建议方案，即可以修改原设计方案，提出投标者的方案。投标者这时应抓住机会，组织一批有经验的设计和施工工程师，对原招标文件的设计和施工方案进行仔细研究，提出更为合理的方案以吸引业主，促成自己的方案中标。

4) 突然降价法

突然降价法是指为迷惑竞争对手而采用的一种竞争方法。在准备投标报价的过程中预先考虑好降价的幅度，然后有意散布一些假情报，如打算弃标，按一般情况报价或准备报高价等，等临近投标截止日期前，突然前往投标，并降低报价，以期战胜竞争对手。

5) 低投标价夺标法

此种方法是非常情况下采用的非常手段。比如企业大量窝工，为减少亏损；或为打入某一建筑市场；或为挤走竞争对手保住自己的地盘，于是制定了严重亏损标，以便成功夺标。但若企业无经济实力，信誉不佳，此法也不一定会奏效。

4.3.6 递送投标文件

递送投标文件，也称递标，是指投标人在招标文件要求提交投标文件的截止时间前，将所有准备好的投标文件密封送达投标地点。招标人收到投标文件后，应当签收保存，不得开启。投标人在递交投标文件以后，投标截止时间之前，可以对所递交的投标文件进行补充、修改或撤回，并书面通知招标人，但所递交的补充、修改或撤回通知必须按招标文件的规定编制、密封和标志。补充、修改的内容为投标文件的组成部分。

4.3.7 出席开标会议

投标人在编制、递交了投标文件后，要积极准备出席开标会议。参加开标会议对投标人来说，既是权利也是义务。按照国际惯例，投标人不参加开标会议的，视为弃权，其投标文件将不予启封，不予唱标，不允许参加评标。投标人参加开标会议，要注意其投标文件是否被正确启封、宣读，对于被错误地认定为无效的投标文件或唱标出现的错误，应当场提出异议。

4.3.8 共同投标

共同投标又称联合投标，是指两个以上法人或者其他组织组成一个联合体，以一个投标人的身份共同投标。

联合体投标一般适用于大型建设项目和结构复杂的建设项目。在评标之后，如果联合体未中标，则联合体解散；如果联合体中标，则联合体依照联合体协议确定的各方在招标项目中承担相应的工作和责任，在完成招标项目并经有关方检验后解散。联合体虽然不是一个法人组织，但是对外投标应以所有组成联合体各方的共同名义进行，不能以其中一个主体或者两个主体的名义进行。联合体中标的，联合体各方应当共同与招标人签订合同，就中标项目向招标人承担连带责任。联合体投标，应以联合体各方或者联合体中牵头人的名义提交投标保证金，以联合体中牵头人的名义提交的投标保证金，对联合体各成员均具有约束力。

4.4　开标、评标与定标及合同签订

4.4.1　开标

开标由招标人主持，邀请所有的投标人和评标委员会的全体人员参加，招投标管理机构负责监督，大中型项目也可以请公证机构进行公正。为了体现平等竞争的原则，使开标做到公平、公正、公开的原则，邀请所有投标人或其代表出席开标，可以使投标人得以了解开标是否依法进行。使投标人了解其他投标人的投标情况，做到知己知彼，衡量一下自己中标的可能性，这对招标人起到一定的监督作用。同时投标人可以收集资料，了解竞争对手，为以后的投标工作提供资料，增加企业管理储备。

1. 开标的时间和地点

开标时间应当为招标文件规定的投标截止时间，地点由招标文件规定，建设工程招标的开标地点通常为工程所在的建设工程交易中心。

2. 开标的形式

开标的形式主要有公开开标、有限开标和秘密开标 3 种。

(1) 公开开标。邀请所有投标人参加开标仪式，其他愿意参加者也不受限制，当众公开开标。

(2) 有限开标。只邀请投标人和有关人员参加开标仪式，其他无关人员不得参加，当众公开开标。

(3) 秘密开标。开标只有负责招标的成员参加，不允许投标人参加开标，一般做法是指定时间递交投标文件。递交投标文件后招标人将开标的名次结果通知投标人，不公开标价，其目的是不暴露投标人的准确报价数字。这种方式多用于设备招标。

采用何种方式应由招标机构和评标小组决定。不过目前我国主要采用公开招标。

3. 开标的一般程序

开标一般遵循以下程序。

1) 投标人签到

签到记录是投标人是否出席开标会议的证明。

2) 招标人主持开标会议

主持人介绍参加开标会议的单位、人员及工程项目的有关情况；宣布开标人员名单、招标文件规定的评标定标的办法和标底。宣布开标后的程序安排。

3) 开标

(1) 检验各标书的密封情况。由投标人或其推选的代表检查各标书的密封情况，也可以由公证人员检查并公证。

(2) 唱标。经检验确认各标书密封无异常情况后，按投递标书的先后顺序或逆顺序，当众拆封投标文件，宣读投标人名称、投标价格和标书的其他主要内容。投标截止时间前收到的所有投标文件应当众予以拆封和宣读。

(3) 开标过程记录。开标过程应当做好记录，并存档备案。投标人也应做好记录，以收集竞争对手的信息资料。

(4) 宣布无效的投标文件。开标时，发现有下列情况之一的投标文件时，其为无效投标文件，不得进入评标。如果发现无效标书，必须经有关人员当场确认，当场宣布，所有被宣布为废标的投标文件，招标机构应退回投标人。

① 投标文件未按照招标文件的要求予以密封或逾期送达的。

② 投标函未加盖投标人的公章及法定代表人印章或委托代理人印章的，或者法定代表人的委托代理人没有合法有效的委托书(原件)。

③ 投标文件的关键内容字迹模糊、无法辨认的。

④ 投标人递交两份或多份内容不同的投标文件，或在一份投标文件中同一招标项目有两个或者多个报价，而未声明哪个有效(招标文件规定提交备选方案的除外)。

⑤ 投标人未按照招标文件的要求提供投标保证金或没有参加开标会议的。

⑥ 组成联合体投标，但投标文件未附联合体各方共同投标协议的。

⑦ 投标人名称或组织机构与资格预审时不一致的(无资格预审的除外)。

4.4.2　评标

评标是指依据招标文件和法律、法规的规定和要求，对投标文件所进行的审查、评审和比较的过程。

1. 组建评标委员会

评标工作由招标人依法组建的评标委员会负责。

(1) 评标委员会的组成。评标委员会由招标人代表和有关技术、经济等方面的专家组成。成员数为 5 人以上的单数，其中招标人或招标代理机构以外的技术、经济等方面的专家不得少于成员总数的 2/3。

(2) 组成评标委员会的专家成员，由招标人从建设行政主管部门的专家名册或各省市的招标局的专家库内的相关专家名单中随机抽取确定。技术特别复杂、专业性要求特别高或者国家有特殊要求的招标项目，上述方式确定的专家成员难以胜任的，可以由招标人直接确定。

(3) 与投标人有利害关系的专家不得进入相关工程的评标委员会。

(4) 评标委员会的名单一般在开标前确定，定标前应当保密。

2. 评标的原则

评标应遵循以下几个原则。

(1) 公平原则。评标委员会应当根据招标文件规定的评标标准和评标办法进行评标，对投标文件进行系统的评审和比较。没有在招标文件中规定的评标标准和办法，不得作为评标的依据。

(2) 公正原则。公正就是指评标成员具有公正之心，评价要客观、公正、全面，不倾向或排斥某一投标人。这就要求评标人不为私利，坚持实事求是，不唯上是从。

(3) 评标活动应当遵循科学的原则。"科学"是指评标工作要依据科学的方案，要运用科学的手段，要采取科学的方法。对于每一个项目的评价要有可靠的依据，一切用数据说话，做出科学合理的综合评价。包括：科学的计划、科学的手段、科学的方法。

(4) 评标活动应当遵循择优的原则。择优就是用科学的方法、科学的手段，从众多投标文件中选择最优的方案。

3. 评标的依据、标准

评标就是对投标文件的评审和比较。根据什么样的标准和方法进行评审，是一个关键问题，也是评标的原则性问题。在招标文件中，招标人列明了评标的标准和方法，目的就是让各潜在投标人知道这些标准和方法，以便考虑如何进行投标，才能获得成功。那么，这些事先列明的标准和方法在评标时能否真正得到采用，是衡量评标是否公正、公平的标尺。

为了保证评标的公正和公平性，评标必须按照招标文件规定的评标标准和方法。这一点，也是世界各国的通常做法。所以，作为评标委员在评标时，必须弄清评标的依据和标准，熟悉并掌握评标的方法。

(1) 评标的依据。评标委员会成员评标的依据主要包括：①招标文件；②开标前会议纪要；③评标定标办法及细则；④标底；⑤投标文件；⑥其他有关资料。

(2) 评标的标准。评标的标准，一般包括价格标准和价格标准以外的其他有关标准(又称"非价格标准")。价格标准比较直观具体，都是以货币额表示的报价。非价格标准内容多而复杂，在评标时应尽可能使非价格标准客观和定量化，并用货币额表示，或规定相对的权重，使定性化的标准尽量定量化。这样才能使评标具有可比性。

4. 评标的准备工作

评标的准备工作包括以下几个方面。

(1) 认真研究招标文件。通过认真研究，熟悉招标文件中的以下内容：①招标的目的；②招标项目的范围和性质；③招标文件中规定的主要技术要求、标准和商务条款；④招标文件规定的评标标准、评标方法和评标过程中考虑的相关因素。

(2) 招标人向评标委员会提供评标所需的重要信息和数据。

(3) 评标需要编制的表格有：标价比较表或综合评估比较表。

5. 投标评审

1) 初步评审

初步评审又称为投标文件的复合性鉴定。通过初评，将投标文件分为响应性投标和非响应性投标两大类。响应性投标是指投标文件的内容与招标文件所规定的要求、条件、合同协议条款和规范相符，无显著差别或保留，并且按照招标文件的规定提交了投标担保的投标；非响应性投标是指投标文件的内容与招标文件的规定有重大偏差，或者是未按招标文件的规定提交担保的投标。通过初步评审，响应性投标可以进入详细评标，而非响应性投标则淘汰出局。初步评审的主要内容如下。

(1) 投标文件排序。评标委员会应当按照投标报价的高低或者招标文件规定的其他方法对投标文件进行排序。

(2) 废标。下列情况作废标处理。

① 投标人以他人的名义投标、串通投标、以行贿手段谋取中标或者以其他弄虚作假方式的投标。

② 投标人以低于成本报价竞标的。投标人的报价明显低于其他投标报价或标底，使其报价有可能低于成本，应当要求该投标人做出书面说明并提供相关证明的材料。投标人未能提供相关证明的材料或不能做出合理解释的，按废标处理。

③ 投标人资格条件不符合国家规定或招标文件要求的。

④ 拒不按照要求对投标文件进行澄清、说明或补正的。

⑤ 未在实质上响应招标文件的投标。非响应性投标将被拒绝，并且不允许修改或补充。

评标委员会应当审查每一投标文件，是否对招标文件提出的所有实质性要求做出了响应。并逐项列出投标文件的全部投标偏差。投标偏差分为重大偏差和细微偏差。

下列几种情况属于重大偏差。

a. 没有按照招标文件要求提供投标担保或者所提供的投标担保有瑕疵。

b. 投标文件没有投标人授权代表签字和加盖公章。

c. 投标文件载明的招标项目完成期限超过招标文件规定的期限。

d. 明显不符合技术规格、技术标准的要求。

e. 投标文件载明的货物包装方式、检验标准和方法等不符合招标文件的要求。

f. 投标文件附有招标人不能接受的条件。

g. 不符合招标文件中规定的其他实质性要求。

投标文件有上述情形之一的，为未能对招标文件做出实质性响应，作废标处理。招标文件对重大偏差另有规定的，服从其规定。

细微偏差是指投标文件在实质上响应招标文件要求，但在个别地方存在漏项或者提供了不完整的技术信息和数据等情况，并且补正这些遗漏或者不完整以及会对其他投标人造成不公平的结果。细微偏差不影响投标文件的有效性。评标委员会应当书面要求存在细微偏差的投标人在评标结束前予以补正。拒不补正的，评标委员会在详细评审时可以对细微偏差做不利于该投标人的量化，量化标准应当在招标文件中规定。

(3) 投标的否决。

《招标投标法实施条例》第五十一条规定，有下列情形之一的，评标委员会应当否决其投标。

① 投标文件未经投标单位盖章和单位负责人签字；

② 投标联合体没有提交共同投标协议；

③ 投标人不符合国家或者招标文件规定的资格条件；

④ 同一投标人提交两个以上不同的投标文件或者投标报价，但招标文件要求提交备选投标的除外；

⑤ 投标报价低于成本或者高于招标文件设定的最高投标限价；

⑥ 投标文件没有对招标文件的实质性要求和条件做出响应；

⑦ 投标人有串通投标、弄虚作假、行贿等违法行为。

评标委员会根据规定否决不合格投标或者界定为废标后，因有效投标不足两个，使得投标明显缺乏竞争的，评标委员会可以否决全部投标。投标人少于 3 个或者所有投标被否决的，招标人应当依法重新招标。

2) 详细评审

(1) 经初步评审合格的投标文件，评标委员会应当根据招标文件确定的评标标准和方法，对其技术部分和商务部分做进一步评审、比较。

(2) 评标和定标应当在投标有效期结束日 30 个工作日前完成。不能在投标有效期 30 个工作日完成评标和定标的，招标人应通知所有投标人延长投标有效期。拒绝延长投标有效期的投标人有权收回投标保证金，但不能参加后面的程序，投标到此结束；同意延长投标有效期的投标人应当相应延长其投标有效期，但不得修改投标文件的实质性内容。因投标有效期延长造成投标人损失的，招标人应给予补偿，但因不可抗力需延长投标有效期的除外。

(3) 评标的方法。目前，在我国，经常采用如下两种方法评标，但不局限于下列方法。在法律、行政法规允许的范围内，招标人也可以采用其他评标方法，但必须在招标文件中予以明确。

① 经评审的最低投标价法。是指能够满足招标文件的实质性要求，并且经评审的投标价最低(低于成本价格的除外)。该方法适用于工程技术要求不高、无特殊要求、承包人采用通用技术施工即可达到性能要求标准的工程项目。

一般评标程序如下。

a. 投标文件做出实质性响应，满足招标文件规定的技术要求和质量标准等。

b. 根据招标文件中规定的评标价格调整方法，对所有投标人的投标报价以及投标文件的商务部分做必要的价格调查。

c. 不再对投标文件的技术标部分进行价格折算，仅以商务标的价格折算的调整值作为比较基础。

d. 经评审确定的最低报价的投标人，应当推荐为中标候选人。

② 综合评分法。是指将评审内容分类后分别赋予不同权重，评标委员依据评分标准对各类内容各项进行相应的打分，最后计算加权总分，以最高得分的投标文件为最优。由于需要评分的涉及面广，每一项目都要经过评委打分，这样可以全面地衡量投标人实施招标工程的综合能力。

6. 评标报告

评标委员会完成评标后，应当向招标人提出书面评标报告。

(1) 评标报告的内容。评标报告应如实记载以下内容：评标基本情况和数据表、评标委员会成员名单、开标记录、符合要求的投标一览表、废标情况说明、评标标准、评标方法或者评标因素一览表、经评审的价格或者评分比较一览表、经评审的投标人排序、推荐的中标候选人名单与签订合同前要处理的事宜，以及澄清、说明、补正事项纪要。

(2) 中标候选人人数。评标委员会推荐的中标候选人应当限定在 1～3 个，并标明排列顺序。如果经过招标人授权，可以直接确定中标人。

(3) 评标报告由评标委员会全体成员签字。评标委员会应当对下列情况做出书面说明并记录在案。

① 对评标结论有异议的评标委员会成员，可以以书面方式阐述其不同意见和理由。

② 评标委员会成员拒绝在评标报告上签字且不陈述其不同意见和理由的，视为同意评标结论。向招标人提交书面评标报告后，评标委员会即解散。

4.4.3 定标

定标是指招标人根据评标委员会的评标报告，在推荐的中标候选人(一般为 1～3 个)中，最后确定中标人，在某些情况下，招标人也可以直接授权评标委员会直接确定中标人。

1. 确定中标人或中标候选人

评标委员会按评标办法进行评审后，提出评标报告，从而推荐中标候选人通常为 3 个，并标明排列顺序。招标人应当接受评标委员会推荐的候选人，从中选择中标人，评标委员会提出书面评标报告，招标人一般应当在 15 个工作日内确定中标人。但最迟应在投标均有效的结束日后的 30 个工作日前确定。

2. 招投标结果的备案制度

招投标结果的备案制度，是指依法必须进行招标的项目，招标人应当自确定中标人之日起 15 日内，向有关行政监督部门提交招标投标情况的书面报告。书面报告至少包含以下几项内容。

(1) 招标范围；

(2) 招标方式和发布招标公告；

(3) 招标文件中的投标人须知、技术条款、评标标准和方法、合同主要条款等内容；

(4) 评标委员会的组成和评标报告；

(5) 中标结果。

4.4.4 发出中标通知书及签订合同

1. 中标通知书的性质

中标人确定后，招标人应迅速将中标结果通知中标人及所有未中标的投标人。我国《招标投标法》规定为 7 日内发出中标通知书。中标通知书就是向中标的投标人发出的告知其中标的书面通知文件。

2. 中标通知书的法律效力

中标通知书是作为《招标投标法》规定的承诺行为，即中标通知书发出时生效，对于中标人和招标人都产生约束力。即使中标通知书及时发出，也可能在传递过程中并非因招标人的过错而出现延误、丢失或错投，致使中标人未能在有效期内收到该通知，招标人则丧失了对中标人的约束权，按照"发信主义"的要求招标人的上述权利可以得到保护。《招标投标法》规定，中标通知书发出后，招标人改变中标结果的，或者中标人放弃中标项目的，都应当依法承担法律责任。据《合同法》规定，承诺生效时合同成立。因此，中标通知书发出时即发生承诺生效。

3. 签订合同

中标通知书对招标人和中标人具有法律效力。中标通知书发出后，招标人改变中标结果的，或者中标人放弃中标项目的，应当依法承担法律责任。

(1) 中标人应当在中标书发出之日起 30 日内签订合同。招标人应在签订书面合同之日起 5 个工作日内，向中标人和未中标人退还保证金。另外招标人在 15 日内向招投标机构提交书面报告备案，至此招标即告成功。

订立书面合同后 7 日内，中标人应当将合同送县级以上工程所在地的建设行政主管部门备案。招标人和中标人签订合同后 5 个工作日内，应退还中标人和所有未中标人投标保证金。

(2) 中标人拒绝签订合同。中标人不履行与招标人订立的合同的，履约保证金不予退还，给招标人造成的损失超过履约保证金数额的，还应当对超过部分予以赔偿；没有提交履约保证金的，应当对招标人的损失承担赔偿责任。

(3) 履约保证金及重新招标。《招标投标法》第四十六条规定，招标文件要求中标人提交履约保证金的，中标人应当提交。要求中标人提交一定金额的履约保证金，是招标人的一项权利。该保证金应按照招标人在招标文件中的规定，或者根据招标人在评标后做出的决定，以适当的格式和金额采用现金支票、履约担保书或银行保函的形式提供，其金额应足以督促中标人履行合同。如果中标人拒绝提交履约保证金，可以视为放弃中标项目，应当承担违约责任。在这种情况下，招标人可以从仍然有效的其余投标中选择排序最前的投标为中选的投标，但招标人也有权拒绝其余的所有投标，并重新组织招标。

依法必须招标的项目所有投标被否决的，招标人应当依照《招标投标法》重新招标。重新招标后投标人少于 3 个的，属于必须审批的工程建设项目，报经原审批部门批准后可以不进行招标。

4.5 案 例 分 析

4.5.1 案例 1——工程招标程序

1. 背景

某职业技术学院决定投资 1 亿余元，兴建一幢符合现代科技发展的综合楼。其中土建工程采用公开招标的方式选定施工单位，但招标文件对省内的投标人与省外的投标人提出了不同的要求，也明确了投标保证金的数额。2014 年 9 月 5 日发布招标公告，2014 年 9 月 11 日发售招标文件，共有 A、B、C、D、E、F 等 6 家省内合格承包单位购买了招标文件。招标文件规定 2014 年 9 月 29 日下午 4 时为提交投标文件的截止时间。其中，E 单位在 2014 年 9 月 29 日下午 3 时提交了投标文件，但 2014 年 9 月 30 日才提交投标保证金。开标会由招标人主持。由于一些问题久拖不决，导致中标通知书在开标 1 个月后一直未能发出，为了能早日开工，该学院在获得了省建委的同意后，更改了中标金额和工程结算方式，确定其中某省内建筑公司为中标单位。

2. 问题

上述招标程序中，有哪些不妥之处？请说明理由。

3. 答案

不妥之处如下。

(1) 招标人对省内外的投标人提出不同要求不妥；招标人以不合理的条件限制或者排斥潜在投标人的，是《招标投标法》明令禁止的。

(2) 投标文件规定 2014 年 9 月 29 日下午 4 时为提交投标文件的截止时间不妥；从发售招标文件之日起到提交投标文件截止之日止不应少于 20 天。

(3) E 单位在 2014 年 9 月 29 日下午 3 时提交了投标文件，但 2014 年 9 月 30 日才提交投标保证金不妥。因为投标保证金是投标文件的重要组成部分，一般应在投标截止时间前随投标文件一并提交。

(4) 招标人在省建委同意后更改了中标金额和工程结算方式、确定某省内建筑公司为中标单位不妥。我国《招标投标法》规定，中标金额和工程结算方式等实质性条款以投标文件和招标文件为准，如若更改，视为招标人向中标人发出的新要约；如果招标人可以擅自选择投标人为中标单位，那招投标就失去意义了。

4.5.2　案例 2——工程索赔

1. 背景

某施工单位根据领取的某 2098 m^2 两层工业厂房工程项目招标文件和全套施工图纸，采用低报价策略编制了投标文件，并获得中标。该施工单位(乙方)于某年某月某日与建设单位(甲方)签订了该工程项目的固定价格施工合同。合同工期为 7 个月，甲方在乙方进入施工现场后，因资金紧缺，口头要求乙方暂停施工 1 个月，乙方亦口头答应。工程按合同规定期限验收时，甲方发现工程质量有问题，要求返工。两个月后，返工完毕。结算时甲方认为乙方迟延交付工程，应按合同约定偿付逾期违约金。乙方认为临时停工是甲方要求的，乙方为抢工期，加快施工进度才出现了质量问题，因此迟延交付的责任不在乙方。甲方则认为临时停工和不顺延工期是当时乙方答应的。乙方应履行承诺，承担违约责任。

2. 问题

(1) 该工程采用固定价格合同是否合适？

(2) 该施工合同的变更形式是否妥当？此合同争议依据合同法律规范应如何处理？

3. 答案

(1) 因为固定价格合同适用于工程量不大且能够较准确计算、工期较短、技术不太复杂、风险不大的项目。该工程基本符合这些条件，故采用固定价格合同是合适的。

(2) 该施工合同的变更形式不妥当。根据《中华人民共和国合同法》和《建设工程施工合同(示范文本)》的有关规定，建设工程合同应当采取书面形式，合同变更亦应当采取书面形式。若在应急情况下，可采取口头形式，但事后应予以书面形式确认。否则，在合同双方对合同变更内容有争议时，只能以书面协议的内容为准。本案例中甲方要求临时停工，乙方亦答应，是甲、乙方的口头协议，而事后并未以书面的形式确认，所以该合同变更形式不妥。在竣工结算时双方发生了争议，对此只能以原合同规定为准。

施工期间，甲方因资金紧缺，口头要求乙方暂停施工 1 个月，如果双方能及时就口头协议临时停工予以书面形式确认，则甲方应对停工承担责任，赔偿乙方停工 1 个月的实际经济损失，工期顺延 1 个月。

工程因质量问题返工，造成逾期交付，责任在乙方，如果双方能及时就口头协议临时停工予以书面形式确认，则乙方应当支付逾期交工 1 个月的违约金，因质量问题引起的返工费用由乙方承担；如果双方未能及时就口头协议临时停工予以书面形式确认，则乙方应当支付逾期交工 2 个月的违约金，因质量问题引起的返工费用由乙方承担。

4.5.3 案例3——工程评标

1. 背景

现有 A、B、C、D、E 5 家经资格预审合格的施工企业参加某综合办公楼招标项目的投标。与评标有关的数据见表 4-1。

表 4-1 投标数据表

投标单位	A	B	C	D	E
报价/万元	6300	6120	5940	5850	5880
工期/d	576	540	570	594	588

招标文件中明确的评标指标及评分方法如下。

报价以标底价(6000 万元)的 ±4% 以内为有效标，评分方法是：报价为标底价的 96% 者得 100 分，报价每上升 1% 扣 5 分。

定额工期为 600d，评分方法是：工期提前 10% 为 100 分，在此基础上每拖后 3d 扣 1 分。

企业信誉和施工经验均已在资格审查时评定，企业信誉得分情况为：C 单位为 98 分，A、B、D 单位均为 100 分，E 单位为 95 分；施工经验得分情况为：A、B 单位为 95 分，C、E 单位为 100 分，D 单位为 98 分。

上述 4 项评标指标的总权重分别为：投标报价 50%，投标工期 20%，企业信誉和施工经验均为 15%。

2. 问题

试在表 4-2 中填制每个单位各项指标得分及总得分，并根据总得分列出名次，确定中标单位。

表 4-2 每个单位各项指标得分

投标单位项目	A	B	C	D	E	权重
投标报价/万元	6300	6120	5940	5850	5880	0.50
报价得分						
投标工期/d	576	540	570	594	588	0.20
工期得分						
企业信誉						0.15
施工经验						0.15
总得分						1.0
名次						

3. 答案

报价得分计算：首先，判断各投标单位报价是否为有效标。6000 的±4%为 5760 万~6240 万元，所以，A 单位为废标。

A 单位：相对报价(6300/6000)×100%=105%

B 单位：相对报价(6120/6000)×100%=102%

C 单位：相对报价(5940/6000)×100%=99%

D 单位：相对报价(5850/6000)×100%=97.5%

E 单位：相对报价(5880/6000)×100%=98%

各项指标得分及总得分表如表 4-3 所示。

表 4-3　各项指标得分及总得分表

投标单位项目	A	B	C	D	E	权重
投标报价/万元	6300	6120	5940	5850	5880	0.50
报价得分	废标	70	85	92.5	90	
投标工期/d	—	540	570	594	588	0.20
工期得分	—	100	90	82	84	
企业信誉	—	100	98	100	95	0.15
施工经验	—	95	100	98	100	0.15
总得分	—	84.25	90.20	92.35	91.05	1.0
名次	—	4	3	1	2	—

故中标单位是 D 企业。

4.5.4　案例 4——工程招标、投标、开标、评标、定标及合同签订

1. 背景

某自治区职业技术学院办公楼的招标人于 2014 年 10 月 10 日发布招标公告，其中说明：10 月 17—18 日 9—16 时在该招标人总工程师室领取招标文件，11 月 8 日 14 时为投标截止时间。有 A、B、C、D、E 共 5 家合格承包商在规定时间内提交了投标文件，但承包商 A 在送出投标文件后发现报价有较严重失误，于是赶在投标截止时间前 10 分钟递交了一份书面声明，声明撤回已提交的投标文件。

开标时，由招标人检查投标文件的密封情况，确认无误后，由工作人员当众拆封。由于承包商 A 已撤回投标文件，故招标人宣布有 B、C、D、E 共 4 家承包商参加投标，并宣读该 4 家承包商的投标价格、工期和其他主要内容。

评标委员会由招标人直接确定，共由 8 人组成，其中招标人代表 2 人，技术专家 3 人，经济专家 3 人。

在评标过程中，评标委员会要求 B、D 两投标人对其施工方案做详细说明，并对其技术

要点和难题提出问题，要求其提出具体、可靠的实施措施。作为评标委员会的代表希望承包商 B 适当考虑一下降低报价的可能性。

按照评标委员会确定的评分标准，4 家投标人综合得分从高到低的顺序依次为 B、D、C、E，故评标委员会确定承包商 B 为中标人。由于承包商 B 为外地企业，招标人于 11 月 10 日将中标通知书以挂号信方式寄出，承包商 B 于 11 月 14 日收到中标通知书。

从报价看，4 家投标人的报价从低到高依次为 D、C、B、E，因此，从 11 月 16 日至 12 月 11 日招标人又与承包商 B 就合同价格进行了多次谈判，结果承包商 B 将价格降到略低于承包商 C 的报价水平，最终双方于 12 月 12 日签订了书面合同。

2. 问题

从所介绍的背景资料来看，在该项目的招投标程序中哪些方面不符合《中华人民共和国招标投标法》的有关规定？

3. 答案

在该项目的招投标程序中有以下几个方面不符合《中华人民共和国招标投标法》的有关规定，分别如下。

(1) 由招标人检查投标文件的密封情况不妥，应由投标人(或其代表)或公证人员检查投标文件的密封情况。

(2) 招标人宣布有 B、C、D、E 共 4 家承包商参加投标不正确；我国《招标投标法》规定：招标人在招标文件要求提交投标文件截止时间前收到的所有投标文件，开标时应当宣读，虽然承包商 A 在投标截止时间前已撤回投标文件，但仍应作为投标人宣读其名称，但不宣读其投标文件的其他内容。

(3) 评标委员会由招标人直接确定不妥；按照规定，一般招标项目应采取随机抽取方式，特殊招标项目可由招标人直接确定，而本项目显然是一般招标项目。

(4) 评标委员会共由 8 人组成不妥；应由 5 人以上单数组成，且评标委员会技术、经济方面的专家不得少于 2/3。

(5) 作为评标委员会的代表希望承包商 B 适当考虑一下降低报价的可能性不妥；评标过程中不应该要求承包商考虑降价问题。我国《招标投标法》规定：评标委员会可以要求投标人对投标文件中含义不明确的内容做必要的澄清或说明，但澄清或说明不得超出招标文件的范围或改变投标文件的实质性内容。

(6) 按照评标委员会确定的评分标准不妥；评分标准应在招标文件中明确确定。

(7) 故评标委员会确定承包商 B 为中标人不妥；这种情况要进行分析，如果招标人授权评标委员会直接确定中标人，由评标委员会确定承包商 B 为中标人是正确的；但如果招标人没有授权，评标委员会确定承包商 B 为中标人不正确，只可以按照排名先后推荐中标候选人。

(8) 从 11 月 16 日至 12 月 11 日招标人又与承包商 B 就合同价格进行了多次谈判，结果承包商 B 将价格降低到略低于承包商 C 的报价水平不正确；按照《招标投标法》规定，招标人和中标人应按照招标文件和投标文件订立书面合同，不得再行订立违背合同实质性内容的其他协议。

(9) 最终双方于 12 月 12 日签订了书面合同不妥；我国《招标投标法》规定：招标人和中标人应从中标通知书发出之日起 30 日内订立书面合同，而本案例为 32 日。

4.5.5　案例 5——决策树

1. 背景

某承包企业经研究决定在甲、乙两个项目中选择一个进行投标，根据过去的类似工程的投标经验，项目可分为高投标、低投标和不投标，甲、乙项目投高标中标的概率均为 0.3，投低标中标的概率均为 0.5，投标获得的利润及概率如表 4-4 所示，投标不中时，则对甲项目损失 60 万元，对 B 项目损失 80 万元。

表 4-4　投标获得的利润及概率

项　　目	方　　案	效　　果	概　　率	损益值/万元
A	投高标	优	0.3	6000
		一般	0.5	2000
		赔	0.2	−4000
	投低标	优	0.2	5000
		一般	0.6	1500
		赔	0.2	−5000
不　投　标				0
B	投高标	优	0.3	8000
		一般	0.5	3000
		赔	0.2	−4000
	投低标	优	0.3	7000
		一般	0.6	2000
		赔	0.1	−2000

2. 问题

试用决策树法决定投标方案。

3. 答案

画出决策树如图 4-3 所示，标明各方案的概率及损益值，并计算各点的期望值。

节点⑦的期望值：6000×0.3+2000×0.5−4000×0.2=2000(万元)

节点⑧的期望值：5000×0.2+1500×0.6−5000×0.2=900(万元)

节点⑨的期望值：8000×0.3+3000×0.5−4000×0.2=3100(万元)

节点⑩的期望值：7000×0.3+2000×0.6−2000×0.1=3100(万元)

节点②的期望值：2000×0.3−60×0.7=558(万元)

节点③的期望值：900×0.5−60×0.5=420(万元)

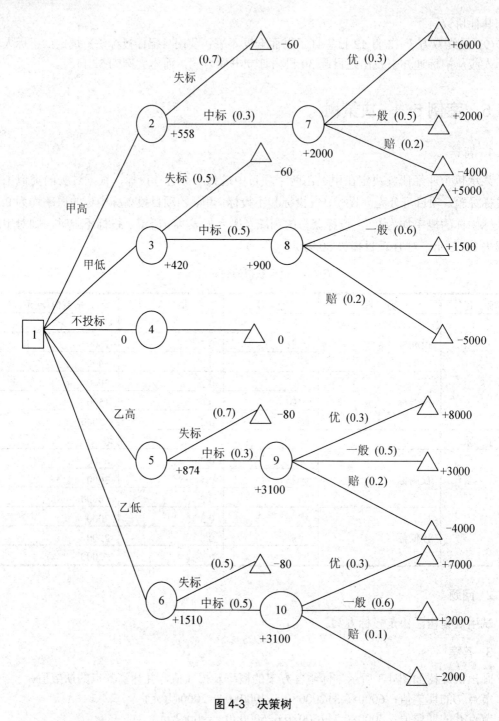

图 4-3 决策树

节点④的期望值：0(万元)
节点⑤的期望值：3100×0.3-80×0.7=874(万元)
节点⑥的期望值：3100×0.5-80×0.5=1510(万元)
决策：因为②③④⑤⑥各节点中点⑥的期望值最大，故应为最佳投标方案，即投乙项目的低标。

4.5.6　案例 6——招标、评标

1. 背景

某自来水厂建设项目使用国债资金，在确定招标方案时，招标人决定采用自行招标，通过公开招标方式选择施工队伍，评标方法采用经评审的最低投标价法，招标人授权评标委员会直接确定中标人。在招标过程中发生了如下事件。

事件一：本次招标 A、B、C、D、E 5 家投标人通过了资格预审，只有 A、B、D、E 4 家投标人在规定的时间内提交了投标文件，C 投标人没有在规定的时间内提交投标文件。

事件二：评标委员会由 5 人组成，其中招标人代表 1 人，招标人上级主管部门代表 1 人，其余 3 人从省政府有关部门提供的专家库中随机抽取产生。

事件三：在评标过程中，发现 A 投标人的投标文件没有按照招标文件规定的格式编制。

事件四：在评标过程中，发现 D 投标人的投标文件商务标中有两处大写表示的金额与小写表示的金额不一致。

2. 问题

(1) 某自来水厂建设项目是否必须进行招标？为什么？

(2) 如何处理事件一至事件四？简单陈述理由。

(3) 评标委员会根据什么条件推荐中标候选人？如何确定中标人？在什么条件下可以依次确定排名第二、三的候选人为中标人？

3. 答案

(1) 某自来水厂建设项目必须进行招标。因为某自来水厂建设项目使用国债资金，属于全部或部分使用国有资金投资或者国家融资的项目，其项目建设必须经过审批部门审批，其施工必须依法进行招标。

(2) 事件一：C 投标人没有在规定时间内提交投标文件，属于放弃投标，不得再参与竞争。

事件二：评标委员会有招标人上级主管部门代表 1 人，违反了"项目主管部门或行政监督部门人员不得担任评标委员会成员"的规定，应被剔除，应再从省政府有关部门提供的专家库中随机抽取 1 人进入评标委员会，以满足"其中技术、经济方面的专家不得少于成员总数的 2/3"的规定。

事件三：投标人应当按照招标文件的要求编制投标文件，即实质性响应招标文件。A 投标人的投标文件没有按照招标文件规定的格式进行编制，视为没有实质上响应招标文件的要求，招标人应对 A 投标文件作废标处理。

事件四：在评标过程中，发现 D 投标人的投标文件商务标中有两处大写表示的金额与小写表示的金额不一致，这属于投标文件的细微偏差，不影响投标文件的有效性，并以大

写金额为准。

(3) 评标委员会应根据招标文件标明的具体方法和标准,对所有投标人的投标文件进行严格评审,特别是对报价明显较低的投标,必须经过质疑、答辩的程序,或要求投标人提交相关书面说明或证明资料,以证明其具有在满足工程质量、工期前提下实现低标价的有力措施,保证其方案合理可行,而不是低于成本报价竞标。能够满足招标文件的实质性要求,并且经评审的最低投标价的投标,应推荐为中标候选人。某自来水厂建设项目招标人授权评标委员会直接确定中标人,评标委员会应将排名第一的中标候选人确定为中标人。当排名第一的中标候选人放弃中标、因不可抗力提出不能履行合同或者招标文件规定应当提交履约保证金而在规定的期限内未能提交的情况下,招标人可以确定排名第二的中标候选人为中标人,排名第二的中标候选人因前款规定的同样原因不能签订合同的,招标人可以确定排名第三的中标候选人为中标人。

4.5.7 案例7——投标报价策略及招标程序

1. 背景

某办公楼施工招标文件的合同条款中规定:预付款数额为合同价的 20%,开工前 7 日内支付,上部结构工程完成一半时一次性全额扣回,工程款按季度支付。某承包商通过资格预审后对该项目投标,经造价工程师估算,总价为 21 000 万元,总工期为 21 个月,其中:基础工程估价为 2700 万元,工期为 5 个月;上部结构工程估价为 12 500 万元,工期为 11 个月;装饰和安装工程估价为 5800 万元,工期为 5 个月。该承包商为了既不影响中标,又能在中标后取得较好的收益,决定采用不平衡报价法对造价工程师的原估价做适当调整,基础工程调整为 1400 万元,结构工程调整为 4950 万元,装饰和安装工程调整为 2650 万元。另外,该承包商还考虑到,该工程虽然有预付款,但平时工程款按季度支付不利于资金周转,决定除按上述调整后的数额报价外,还建议业主将支付条件改为:预付款为合同价的 5%,工程款按月支付,其余条款不变。该承包商将技术标和商务标分别封装,在封口处加盖本单位公章和法定代表人签字后,在投标截止日期前 1 日上午将投标文件报送招标人。次日(即投标截止日当天)下午,在规定的投标截止时间前 1 小时,该承包商又递交了一份补充材料,其中声明将原报价降低 4%。但是,招标单位的有关工作人员认为,一个承包商不得递交两份投标文件,因而拒收承包商的补充材料。

开标会由市招标办的工作人员主持,市公证处有关人员到会,各投标单位代表均到场。开标前,市公证处人员对各投标单位的资质进行审查,并对所有投标文件进行审查,确认所有投标文件均有效后,正式开标。主持人宣读投标单位名称、投标价格、投标工期和有关投标文件的重要说明。

2. 问题

(1) 该承包商所运用的不平衡报价法是否恰当?为什么?

(2) 除了不平衡报价法外，该承包商还运用了哪些报价技巧？运用是否得当？

(3) 从所介绍的背景资料来看，在该项目招标程序中存在哪些问题?请分别做简单说明。

3. 答案

(1) 恰当。因为该承包商是将属于前期工程的基础工程和主体结构工程的报价调高，而将属于后期工程的装饰和安装工程的报价调低，可以在施工的早期阶段收到较多的工程款，从而可以提高承包商所得工程款的现值，便于资金周转；而且，这三类工程单价的调整幅度均在±10%以内，属于合理范围。

(2) 该承包商运用的投标技巧还有多方案报价法和突然降价法。多方案报价法运用恰当，因为承包商的报价既适用于原付款条件也适用于建议的付款条件；突然降价法也运用得当，原投标文件的递交时间比规定的投标截止时间仅提前 1 天多，这既是符合常理的，又为竞争对手调整、确定最终报价留有一定的时间，起到了迷惑竞争对手的作用。若提前时间太多，会引起竞争对手的怀疑，而在开标前 1 小时突然递交一份补充文件，这时竞争对手已不可能再调整报价了。

(3) 该项目招标程序中存在以下问题。

① 招标单位的有关工作人员不应拒收承包商的补充文件，因为承包商在投标截止时间之前所递交的任何正式书面文件都是有效文件，都是投标文件的有效组成部分，也就是说，补充文件与原投标文件共同构成一份投标文件，而不是两份相互独立的投标文件。

② 根据《中华人民共和国招标投标法》，应由招标人主持开标会，并宣读投标单位名称、工期、投标价格等实质内容，而不应由市招投标办工作人员主持和宣读。

③ 资格审查应在投标之前进行(背景资料说明了承包商已通过资格预审)，公证处人员无权对承包商资格进行审查，其到场的作用在于确认开标的公正性和合法性(包括投标文件的合法性)。

4.5.8　案例 8——不平衡报价

1. 背景

某工程招标，允许采用不平衡报价法进行投标报价。A 承包商按正常情况计算出投标估算价后，采用了不平衡报价进行了适当调整，调整结果见表 4-5。

表 4-5　采用不平衡报价法调整的某工程投标报价

内容	基础工程	主体工程	装饰装修工程	总价
调整前投标估算价/万元	340	1866	1551	3757
调整后正式报价/万元	370	2040	1347	3757
工期/月	2	6	3	
贷款月利率/%	1	1	1	

假设基础工程完成后开始主体工程，主体工程完成后开始装饰装修工程，中间无间歇时间，各工程中各月完成的工作量相等且能按时收到工程款。年金及一次支付的现值系数见表 4-6。

表 4-6　现值系数

期数　　现值	2	3	6	8
$(P/A,1\%,n)$	1.970	2.941	5.795	7.651
$(P/F,1\%,n)$	0.980	0.971	0.942	0.923

2. 问题

(1) A 承包商运用的不平衡报价法是否合理？为什么？

(2) 采用不平衡报价法后 A 承包商所得全部工程款的现值比原投标估价的现值增加多少元(以开工日为现值计算点)？

3. 答案

(1) A 承包商将前期基础工程和主体工程投标报价调高，将后期装饰装修工程的报价调低，其提高和降低的幅度在 10%左右，且工程总价不变。因此，A 承包商采用的不平衡报价法较为合理。

(2) 采用不平衡报价法后 A 承包商所得全部工程款的现值比原投标估价的现值增加额计算如下。

① 基础工程每月工程款 $F_1=340/2=170$(万元)

主体工程款每月工程款 $F_2=1866/6=311$(万元)

装饰工程每月工程款 $F_3=1551/3=517$(万元)

报价调整前的工程款现值：

$F_1(P/A,1\%,2)+F_2(P/A,1\%,6)(P/A,1\%,2)+F_3(P/A,1\%,3)(P/F,1\%,8)=3504.52$(万元)

② 基础工程每月工程款 $F_1=370/2=185$(万元)

主体工程款每月工程款 $F_2=2040/6=340$(万元)

装饰工程每月工程款 $F_3=1347/3=449$(万元)

报价调整后的工程款现值：

$F_1(P/A,1\%,2)+F_2(P/A,1\%,6)(P/F,1\%,2)+F_3(P/A,1\%,3)(P/F,1\%,8)=3515.17$(万元)

③ 比较两种报价的差额=3515.17−3504.52=10.65(万元)

即采用不平衡报价法后，A 承包商所得工程款的现值比原估价现值增加 10.65 万元。

练　习　题

练习题 1——工程索赔

【背景】

某工程项目施工采用了包工包料的固定价格合同。工程招标文件中提供的用砂地点距工地 5 千米，但是开工后，检查该砂质量不符合要求，承包商只得从另一距工地 18 千米的供砂地点采购。

【问题】

由于供砂距离的增大，必然引起费用的增加，承包商经过仔细计算后，在业主指令下达的第 3 天，向业主的监理工程师提交了将原用砂单价每吨提高 4.5 元人民币的索赔要求，作为一名监理工程师你批准该索赔要求吗？为什么？

练习题 2——工程评标

【背景】

有一招标工程，通过公开招标有 5 家具备资质的施工企业参加投标，各投标企业按技术标、经济标分别装订报送，招标文件确定的评标原则如下。

(1) 技术标占总分的 30%；

(2) 经济标占总分的 70%(其中报价占 30%，工期占 20%，企业信誉占 10%，施工经验占 10%)；

(3) 各单项评分均为 100 分，计算中小数点后取一位；

(4) 报价评分原则是：以标底的±3%为有效标，超过标底±3%为废标。计分是标底的-3%为 100 分，标价每上升 1%扣 10 分；

(5) 工期评分原则是：以定额工期为准提前 15%为 100 分，每延后 5%扣 10 分，超过定额工期为废标；

(6) 企业信誉评分原则是：以企业近 3 年工程优良率为准，100%为满分，如有国家级获奖工程，每项加 20 分，如有省市级优良工程每项加 10 分；

(7) 项目班子施工经验评分原则：以近 3 年来承建类似工程与承建总工程百分比计算，100%为 100 分。

下面是 5 家投标单位投标情况。

(1) 技术方案标：专家对各家所报方案，针对总平面布置、施工组织、施工技术方法和工期、质量、安全、施工、机具设备配置，新技术、新工艺、新材料推广应用等项综合评定打分为：A 单位 95 分；B 单位 87 分；C 单位 93 分；D 单位 85 分；E 单位 95 分。

(2) 经济标各项指标见表 4-7。

表 4-7　经济标各项指标

投标单位	报价/万元	工期/月	工程优良率/%	获奖情况	施工经验/%
A	5970	36	50	获省优一项	30
B	5880	37	40		30
C	5850	34	55	获鲁班奖一项	40
D	6150	38	40		50
E	6090	35	50		20

标底：60 000 万元；定额工期 40 个月。

【问题】

试对各投标单位按评标原则进行评分，以最高分为中标单位，确定中标单位。

练习题 3——工程招标程序及投标、评标

【背景】

某甲等医院决定投资 1.5 亿余元，兴建一幢现代化的住院大楼。其中土建工程采用公开招标的方式选定施工单位，但招标文件对省内的投标人与省外的投标人提出了不同的要求，也明确了投标保证金的数额。2014 年 9 月 19 日招标公告发出后，共有 A、B、C、D、E、F 等 6 家省内的建筑单位参加了投标。投标文件规定 2014 年 10 月 30 日为提交投标文件的截止时间，2014 年 11 月 13 日开标。其中，E 单位在 2014 年 10 月 30 日提交了投标文件，但 2014 年 11 月 1 日才提交投标保证金。开标会由招标人主持。为了评标时统一意见，评标委员会由 6 人组成，其中 3 人为建设单位的总经理、总工程师、工程部经理，另外 3 人从评标专家库中抽取，经过评标，最后评标委员会直接确定了中标人。

【问题】

上述招标程序和做法中，有哪些不妥之处？请说明理由。

第5章　建设工程合同管理与工程索赔

【学习要点及目标】

◆　了解建设工程施工合同的类型及选择。

◆　了解建设工程施工合同文件的组成与主要条款。

◆　理解工程变更价款的确定。

◆　了解建设工程合同纠纷与分类。

◆　理解工程索赔的内容与分类。

◆　理解工程索赔成立的条件与证据。

◆　掌握工程索赔的程序。

◆　掌握工程索赔的计算。

5.1 合 同 管 理

5.1.1 建设合同的概念

我国《合同法》规定，建设工程合同是承包人进行工程建设、发包人支付价款的合同。建设工程合同双方当事人应当在合同中明确各自的权利和义务，但主要是承包人进行工程建设，发包人支付工程款。建设工程合同是一种诺成合同，也是一种双务、有偿合同，合同订立生效后双方应当严格履行，当事人双方在合同中都有各自的权利和义务，在享有权利的同时必须履行义务。

施工合同即建筑安装工程承包合同，是发包人和承包人为完成商定的建筑安装工程，明确相互权利、义务关系的合同。建设工程施工合同是承包人进行工程建设施工、发包人支付价款的合同，是工程建设的主要合同，同时也是工程建设质量控制、进度控制、投资控制的主要依据。

国家立法机关、国务院、国家建设行政管理部门都十分重视施工合同的规范工作。1999年10月1日实施的《中华人民共和国合同法》对建设工程施工合同做了专章规定，《中华人民共和国建筑法》也有许多涉及建设工程施工合同的规定，建设部1993年发布了《建设工程施工合同管理办法》。这些法律法规、部门规章是我国建设施工合同管理的依据。

施工工程合同范本由协议书、通用条款、专用条款三部分组成，并附有"承包人承揽工程项目一览表"、"发包人供应材料设备一览表"和"房屋建筑工程质量保修书"3个标准化的附件。

施工合同文件主要包括 9 项内容：①施工合同协议书；②中标通知书；③投标书及其附件；④施工合同专用条款；⑤施工合同通用条款；⑥施工标准、施工规范以及与之相关的技术文件；⑦图纸；⑧工程量清单；⑨工程报价单或工程预算书。合同履行中，发包人、承包人有关工程的洽商、变更等书面协议或文件视为合同的组成部分。组成合同的文件是相互补充说明的，当出现不一致时，应按照合同给出的优先顺序进行解释。此优先顺序是参照国际咨询工程师联合会(FIDIC)制定的土木工程施工合同条件确定的，双方可以在专用条款中对组成合同的文件进行补充，也可以对解释的优先顺序进行调整，但不得违反有关法律的规定。

5.1.2 合同类型与合同文件

1. 建设合同的分类

1) 按合同签约的对象划分

(1) 建设工程勘察、设计合同，指业主与勘察人、设计人为完成一定的勘察、设计任务，明确双方权利和义务的协议。

(2) 建设工程施工合同，建设单位(发包人)和施工单位(承包人)，为了完成商定或通过招标投标确定的建筑工程安装任务，明确相互权利和义务关系的书面协议。

(3) 建设工程委托监理合同，简称监理合同，是指建设单位聘请监理单位代其对工程项目进行管理，明确双方权利和义务的协议。

2) 按合同签约各方的承包关系划分

(1) 总包合同。建设单位(发包人)将工程项目建设全过程或其中某个阶段的全部工作发包给一个承包单位总包，发包人与总包方签订的合同称为总包合同。

(2) 分包合同。总承包人与发包人签订了总包合同之后，将若干专业性工作分包给不同专业承包单位去完成，总包方分别与几个分包方签订的合同称为分包合同。

3) 按承包合同的不同计价方法划分

根据《建筑工程施工发包与承包计价管理办法》规定，合同价可采用的计价方式分为单价合同、总价合同、成本加酬金合同。每种合同适用的条件也有所不同，其具体规定如下。

(1) 单价合同适用于招标文件已列出分部分项工程量，但合同整体工程量界定由于建设条件限制尚未最后确定的情况。签订合同采取估算工程量，结算时采用实际工程量结算的方法。单价合同又分为固定单价合同和可调单价合同，单价合同一般主要是指固定单价合同。

① 固定单价合同：单价不变，用工程量结算工程款。

② 可调单价合同：因某些不确定因素存在暂定某些分部分项工程单价，实施中根据合同约定调整单价。

(2) 总价合同是指支付给承包方的工程款是一个"固定"的金额，即总价。它又可分为固定总价合同和可调总价合同。

① 固定总价合同：总价被承包商接受一般不得变动，除非在设计及工程范围变更的情况下才可以变动，否则是不变的金额。主要适用于工期不超过 1 年、最终产品目标明确的工程。

② 可调总价合同：合同价款依然是总价，但如果遇到影响价格的因素，可根据双方的约定进行调整。主要适用于工期较长、工程内容和技术经济指标比较明确的工程。

(3) 成本加酬金合同是指业主向承包商支付工程的实际成本，并按事先约定的方式支付酬金。这种合同类型下，业主承担所有的风险，承包商无任何风险，其酬金也比较低。成本加酬金合同主要适用于工程内容复杂、技术方案与建筑结构难以事前确定、工期比较紧迫的工程，例如，需要立即开展工作的项目，如震后的救灾工作；新型的工程项目，或对项目工程内容及技术经济指标未确定的项目；风险很大的项目。这类合同的缺点是业主对工程总造价不易控制，承包商也往往不注意降低项目成本。

2. 合同类型的选择

确定合同类型时，应结合建设项目的实际情况，考虑以下因素：项目规模和工期长短、项目的复杂程度、项目单项工程的明确程度、项目准备时间的长短、项目的外部因素。在综合考虑上述因素的同时，承包商应考虑自身的适应能力、承包能力和履约能力的可能性。

(1) 项目规模和工期长短：如果工程的规模较小、工期较短，合同的类型选择比较容易，上述 3 种合同方式均可选择。

(2) 项目的复杂程度：项目复杂，对承包商的技术要求比较高，项目风险比较大，则承包商的主动权比较大，总价合同被选择的概率较小。

(3) 项目单项工程的明确程度：如果工程类别和工程量很明确，则单价合同、总价合同、成本加酬金合同均可采用；如果工程类别明确，但估算的工程量和实际工程量会有较大出入，则宜选用单价合同；如果单项工程的类别和工程量均不能明确，宜选用成本加酬金合同。

(4) 项目准备时间的长短：项目准备时间非常短的工程，比如抢险救灾等项目，则宜选用成本加酬金合同；反之，则可选用单价合同或总价合同。

(5) 项目的外部因素：项目的外部因素主要是指当地的政治局势、经济因素、交通因素及劳动力因素等。如果外部因素变动较大，则承包商应选择成本加酬金合同。

3. 工程合同价的确定

《建设工程施工合同(示范文本)》中规定有以下 3 种工程合同价。

1) 固定合同价

固定合同价是指合同中确定的工程合同价在实施期间不因价格变化而调整。固定合同价可分为固定合同总价和固定合同单价两种。

固定合同总价是指承包整个工程的合同价款总额已经确定，在工程实施中不再因物价上涨而变化。因此，固定合同总价应考虑价格风险因素，也须在合同中明确规定合同总价包括的范围。这类合同价可以使建设单位对工程总开支做到大体心中有数，在施工过程中可以更有效地控制资金的使用。但对承包商来说，要承担较大的风险，如物价波动、气候条件恶劣、地质地基条件及其他意外困难等，因此合同价款一般会高些。

固定合同单价是指合同中确定的各项单价在工程实施期间不因价格变化而调整，而在每月(或每阶段)工程结算时，根据实际完成的工程量结算，在工程全部完成时以竣工图的工程量最终结算工程总价款。

2) 可调合同价

可调合同价是指合同中确定的工程合同价在实施期间可随价格变化而调整。建设单位(业主)和承包商在商定合同时，按招标文件的要求及当时的物价计算出合同总价。如果在执行合同期间，由于通货膨胀引起成本增加达到某一限度时，合同总价则做相应调整。可调合同价使建设单位(业主)承担了通货膨胀的风险，承包商则承担其他风险。可调合同价一般适用于工期较长(如 1 年以上)的项目。

3) 成本加酬金确定的合同价

成本加酬金确定的合同价是指，合同中确定的工程合同价的工程成本部分按现行计价依据计算，酬金部分则按工程成本乘以通过竞争确定的费率计算，将两者相加，从而确定合同价。其一般分为以下几种形式。

(1) 成本加固定百分比酬金确定的合同价。这种合同价是发包方对承包方支付的人工、材料和施工机械使用费，其他直接费，施工管理费等按实际直接成本全部据实补偿，同时按照实际直接成本的固定百分比付给承包方一笔酬金，作为承包方的利润。这种合同价使得建设工程总造价及付给承包方的酬金随工程成本而水涨船高，不利于鼓励承包方降低成本，很少被采用。

(2) 成本加固定金额确定的合同价。这种合同价与上述成本加固定百分比酬金确定的合同价相似。其不同之处仅在于发包方付给承包方的酬金是一笔固定金额的酬金。

采用上述两种合同价方式时，为了避免承包方企图获得更多的酬金而对工程成本不加控制，往往在承包合同中规定一些"补充条款"，以鼓励承包方节约资金，降低成本。

(3) 成本加奖罚确定的合同价。采用这种合同价，首先要确定一个目标成本，这个目标成本是根据粗略估算的工程量和单价表编制出来的。在此基础上，根据目标成本来确定酬金的数额，可以是百分数的形式，也可以是一笔固定资金。然后，根据工程实际成本支出情况另外确定一笔奖金。当实际成本低于目标成本时，承包方除从发包方获得实际成本、酬金补偿外，还可根据成本降低额得到一笔奖金。当实际成本高于目标成本时，承包方仅能从发包方得到成本和酬金的补偿。此外，视实际成本高出目标成本的情况，若超过合同价的限额，还要处以一笔罚金。除此之外，还可设工期奖罚。这种合同价形式可以促使承包商降低成本，缩短工期，而且目标成本随着设计的进展而加以调整，承、发包双方都不会承担太大风险，故应用较多。

(4) 最高限额成本加固定最大酬金确定的合同价。在这种合同价中，首先要确定限额成本、报价成本和最低成本。如果实际工程成本没有超过最低成本，承包方花费的成本费用及应得酬金等都可得到发包方的支付，并与发包方分享节约额；如果实际工程成本在最低成本和报价成本之间，承包方只能得到成本和酬金；如果实际工程成本在报价成本与最高限额成本之间，则只能得到全部成本；如果实际工程成本超过最高限额成本，则超过部分发包方不予支付。这种合同价形式有利于控制工程造价，并能鼓励承包方最大限度地降低工程成本。

5.1.3　合同价款的调整范围

对于以可调价格形式订立的合同，其合同价款调整的范围如下。

(1) 国家法律法规和政策变化影响合同价款。

(2) 工程造价管理部门公布的价格调整。

(3) 1 周内非承包人原因停水、停电、停气等造成累计停工超过 8 小时。

5.1.4　工程变更价款确定方法

在施工过程中，由于发包人对原设计进行变更，以及经工程师同意的、承包人要求进行的设计变更，可能会导致合同价款的增减，并可能造成承包人的损失，这些均应由发包

人承担，并应相应地顺延工期。

1. 变更后合同价款的确定程序

示范文本规定工程变更价款的确定与处理的步骤为：在设计变更后，首先由承包人在设计变更确定后的 14 日内，向工程师提出变更工程价款的报告，经工程师确认后调整工程价款。如果 14 日内承包人不向工程师提出变更工程价款报告，视为该项变更不涉及价款的变更。工程师在收到变更工程价款报告之日起 7 日内，予以确认。工程师无正当理由不确认时，自变更工程价款报告送达 14 日后变更工程价款报告自行生效。承包人不得因施工方便而要求对原工程设计进行变更。承包人可在施工中提出合理化建议，若涉及设计图或施工组织设计的更改及对材料、设备的换用，须经工程师同意。合理化建议所发生的费用和获得的收益由发包人、承包人另行约定分担或分享。

2. 确定变更工程价款的原则

确定变更价款时，应维持承包人投标报价单内的竞争性水平。

(1) 合同中已有适用于变更工程的价格，按合同已有价格计算变更合同价款。

(2) 合同中只有类似于变更工程的价格，可以参照此价格确定变更价格。

(3) 合同中没有适用或类似的价格，则可由承包人提出一个适当的价格，经工程师确认后执行。

工程师确认增加的工程变更价款作为追加合同价款，与工程款同时支付；否则，按争议的约定处理。

5.1.5　工程量的确认

(1) 承包人应当按照合同约定的方法和时间，向发包人提交已完工程量的报告。发包人接到报告后 7 日内核实已完工程量，并在核实前 24 小时内通知承包人，承包人应提供条件并派人参加核实；承包人收到通知后不参加核实，以发包人核实的工程量作为工程价款支付的依据。发包人不按约定时间通知承包人，致使承包人未能参加核实，核实结果无效。

(2) 发包人收到承包人报告后 7 日内未核实完工程量，从第 8 日起，承包人报告的工程量即视为被确认，作为工程价款支付的依据；双方合同另有约定的，按合同执行。

(3) 对承包人超出设计图纸(含设计变更)范围和因承包人原因造成返工的工程量，发包人不予计量。

5.1.6　工程款(进度款)的支付和计算

1. 工程款(进度款)支付的程序和责任

发包人应在双方计量确认后 14 日内，向承包人支付工程款(进度款)。同期用于工程上的发包人供应材料设备的价款，以及按约定时间发包人应按比例扣回的预付款，与工程款(进度款)同期结算。合同价款调整、设计变更调整的合同价款及追加的合同价款,应与工程款(进度款)同期调整支付。

发包人超过约定的支付时间不支付工程款(进度款),承包人可向发包人发出要求付款的通知,发包人在收到承包人通知后仍不能按要求支付,可与承包人协商签订延期付款协议,经承包人同意后可以延期支付。协议须明确延期支付时间和从发包人计量签字后第 15 日起计算应付款的贷款利息。发包人不按合同约定支付工程款(进度款),双方又未达成延期付款协议,导致施工无法进行,承包人可停止施工,由发包人承担违约责任。

2. 工程进度款的计算

每期应支付给承包人的工程进度款的款项包括以下内容。

(1) 经过确认核实的完成工程量对应工程量清单或报价单的相应价格计算应支付的工程款。

(2) 设计变更应调整的合同价款。

(3) 本期应扣回的工程预付款。

(4) 根据合同允许调整合同价款原因应补偿承包人的款项和应扣减的款项。

(5) 经过工程师批准的承包人的索赔款等。

5.1.7　合同中不可抗力事件

1. 不可抗力的范围

不可抗力是指合同当事人不能预见、不能避免并不能克服的客观情况。建设工程施工中的不可抗力包括因战争、动乱、空中飞行物坠落或其他非发包人责任造成的爆炸、火灾,以及专用条款约定的风、雨、雪、洪水、地震等自然灾害。

2. 不可抗力事件发生后双方的工作

不可抗力事件发生后,承包人应在力所能及的条件下迅速采取措施,尽量减少损失,并在不可抗力事件结束后 48 小时内向工程师通报受害情况和损失情况,及预计清理和修复的费用。发包人应协助承包人采取措施。不可抗力事件继续发生,承包人应每隔 7 日向工程师报告一次受害情况,并于不可抗力事件结束后 14 日内,向工程师提交清理和修复费用的正式报告及有关资料。

3. 不可抗力的承担

因不可抗力事件导致的费用及延误的工期由双方按以下方法分别承担。

(1) 工程本身的损害、因工程损害导致第三方人员伤亡和财产损失以及运至施工场地用于施工的材料和待安装的设备损害,由发包人承担。

(2) 承、发包双方人员伤亡由其所在单位负责,并承担相应费用。

(3) 承包人机械设备损坏及停工损失,由承包人承担。

(4) 停工期间,承包人应工程师要求留在施工场地的必要管理人员及保卫人员的费用由

发包人承担。

(5) 工程所需清理、修复费用，由发包人承担。

(6) 延误的工期相应顺延。

5.1.8 合同争议的处理方法

《合同法》规定，合同争议的处理方式有和解、调解、仲裁、诉讼 4 种。

双方在履行合同的过程中发生争议时，应先和解或要求有关部门进行调解。若调解不成，可向约定的仲裁委员会申请仲裁，或向有管辖权的人民法院起诉。

如果双方选用仲裁的方式解决争议，则在合同条款内应明确以下内容：第一，请求仲裁的意思表示；第二，仲裁事项；第三，选定的仲裁委员会。其中关键是要指明仲裁委员会。

诉讼是运用司法程序解决争执，由人民法院受理并行使审判权，对合同双方的争执做出强制性判决。当事人未订立仲裁协议或仲裁协议无效的，可以向被告住所地或合同履行地的人民法院起诉。对于建筑工程合同的纠纷，一般由工程所在地的人民法院受理。

发生争议后，在一般情况下，双方都应继续履行合同，保持施工连续，保护好已完工程。只有在出现下列情况时，当事人方可停止履行施工合同。

(1) 单方违约导致合同确已无法履行，双方协议停止施工。

(2) 调解要求停止施工，且为双方所接受。

(3) 仲裁机关要求停止施工。

(4) 法院要求停止施工。

5.2　工　程　索　赔

5.2.1 工程施工索赔概述

1. 施工索赔的概念

索赔是当事人在合同实施过程中，根据法律、合同规定及惯例，对不应由自己承担责任的情况造成的损失，向合同的另一方当事人提出给予赔偿或补偿要求的行为。施工索赔就是在施工阶段发生的索赔。

2. 索赔的基本特征

索赔具有以下几个基本特征。

(1) 索赔是双向的，不仅承包人可以向发包人索赔，发包人同样也可以向承包人索赔。

(2) 只有实际发生了经济损失或权利损害，一方才能向对方索赔。

(3) 索赔是一种未经对方确认的单方行为。它与我们通常所说的工程签证不同。在施工过程中签证是承、发包双方就额外费用补偿或工期延长等达成一致的书面证明材料和补充协议，它可以直接作为工程款结算或最终增减工程造价的依据；而索赔则是单方面行为，对对方尚未形成约束力，这种索赔要求能否得到最终实现，必须要通过双方确认(如双方协商、谈判、调解或仲裁、诉讼)后才能实现。

5.2.2　施工索赔的分类

1. 按索赔的目的划分

(1) 工期索赔。由于非承包商责任的原因而导致施工进程延误，承包商向业主要求延长工期，合理顺延合同工期。合理的工期延长可以使承包商免于承担误期罚款。

(2) 费用索赔。承包商要求取得合理的经济补偿，即要求业主补偿不应该由承包商承担的经济损失或额外费用，或者业主向承包商要求取得因为承包商违约而导致的业主的经济损失补偿。

2. 按索赔的依据划分

(1) 合同中明示的索赔。它是指索赔事项所涉及的内容在合同文件中能够找到明确的依据，业主或承包商可以据此提出索赔要求。

(2) 合同中默示的索赔。它是指索赔事项所涉及的内容已经超过合同文件中规定的范围，在合同文件中没有明确的文字描述，但可以根据合同条件中某些条款的含义，合理推论出存在一定的索赔权。

3. 按索赔的处理方式划分

(1) 单项索赔。单项索赔是针对某一干扰事件提出的。索赔的处理是在合同实施过程中，干扰事件发生时，或发生后立即进行的。它由合同管理人员处理，并在合同规定的索赔有效期内向业主提交索赔意向书和索赔报告。

(2) 总索赔。总索赔又称一揽子多索赔或综合索赔，是在国际工程中经常采用的索赔处理和解决方法。一般在工程竣工前，承包商将工程实施过程中未解决的单项索赔集中起来，提出总索赔报告。合同双方在工程交付前或交付后进行最终谈判，以一揽子方案解决索赔问题。

4. 按索赔事件的性质划分

(1) 工程延误索赔。因发包人未按合同要求提供施工条件，如未及时交付设计图纸、施工现场、道路等，或因发包人指令工程暂停或不可抗力事件等原因造成工期拖延的，承包人对此提出索赔。这是工程中常见的一类索赔。

(2) 工程变更索赔。由于发包人或监理工程师指令增加或减少工程量或增加附加工程、修改设计、变更工程顺序等，造成工期延长和费用增加，承包人对此提出索赔。

(3) 合同被迫终止的索赔。由于发包人或承包人违约以及不可抗力事件等原因造成合同非正常终止，无责任的受害方因其蒙受经济损失而向对方提出索赔。

(4) 工程加速索赔。由于发包人或工程师指令承包人加快施工速度，缩短工期，引起承包人人、财、物的额外开支而提出的索赔。

(5) 意外风险和不可预见因素索赔。在工程实施过程中，因人力不可抗拒的自然灾害、特殊风险以及一个有经验的承包人通常不能合理预见的不利施工条件或外界障碍，如地下水、地质断层、溶洞、地下障碍物等引起的索赔。

(6) 其他索赔。如因货币贬值、汇率变化、物价、工资上涨、政策法令变化等原因引起的索赔。

5.2.3 索赔的起因

在工程建设中索赔是经常发生的，一般来说，索赔的起因主要有以下几个方面。

1. 合同标的物的特殊性

作为施工合同的标的物建设工程项目具有建设工期长、规模大、技术性强等特点，使得工程项目在实施过程中存在许多不确定变化因素，而合同是在工程开始前签订，它不可能对工程项目的所有问题都做出合理的预见和规定，这一切使得合同变更极为频繁，而合同变更必然会导致项目工期和成本的变化。

2. 项目实施过程中受内外部环境影响大

工程项目本身的特点决定了合同实施过程中将受到诸如经济环境、社会环境、法律环境等变化的影响，也会受到地质条件变化、材料价格上涨、货币贬值的影响。

3. 参与工程建设主体的多元性

由于工程参与单位多，一个工程项目往往会有发包人、总包人、工程师、分包人、指定分包人、材料设备供应商等众多参加单位。各方面的技术、经济关系错综复杂，相互联系又相互影响，只要一方失误，不仅会造成自己的损失，而且会影响其他合作者，造成他人损失，从而导致索赔。

4. 工程合同的复杂性及易出错性

建设工程合同文件多且复杂，经常会出现措辞不当、缺陷、图纸错误，以及合同文件前后自相矛盾或者可做不同解释等问题，容易造成合同双方对合同文件理解不一致，从而出现索赔。

5.2.4 施工索赔的程序

1. 提出索赔要求

当出现索赔事项后，承包人以书面的索赔通知书形式，在索赔事项发生后 28 日内，向工程师正式提出索赔意向通知。

2. 报送索赔资料和索赔报告

承包商在索赔通知书发出之后 28 日内，向工程师提出延长工期和(或)补偿经济损失的索赔报告及有关资料。当索赔事件持续进行时，承包商应当阶段性地向工程师发出索赔意向，在索赔事件终了后 28 日内，向工程师递交索赔的有关资料和最终索赔报告。

3. 工程师答复

工程师在收到承包商递交的索赔报告和有关资料后，必须在 28 日内给予答复或对承包商做进一步补充索赔理由和证据的要求。

4. 发包人审查索赔处理

当工程师确定的索赔额超过其权限范围时，必须报请发包人批准。索赔报告经发包人同意后，工程师即可签发有关证书。

5. 承包人是否接受最终索赔处理

承包人接受最终的索赔处理决定，索赔事件的处理即告结束。如果承包人不同意，就会导致合同争议。通过协商双方达到互谅互让的解决方案，是处理争议的最理想方式。如达不成谅解，承包人有权提交仲裁或诉讼解决。

5.2.5　施工索赔的计算

1. 工期索赔的计算

在工程施工中，常常会发生一些未能预见的干扰事件，使得施工不能顺利进行。工期延长意味着工程成本的增加，对合同双方都会造成损失。业主会因工程不能及时投入使用、投入生产而不能实现预计的投资目的，减少盈利的机会，同时会增加各种管理费的开支；承包商则会因为工期延长而增加支付工人工资、施工机械使用费、工地管理费以及其他费用。

工期索赔的计算方法主要有两种：网络分析法和比例计算法。

1) 网络分析法

网络分析法是进行工期分析的首选方法，它适用于各种干扰事件的工期索赔，并可以利用计算机软件进行网络分析和计算。网络分析法就是通过分析干扰事件发生前后的网络计划，对比两种情况下工期计算的结果来确定工期索赔值，是一种科学合理的分析方法。

2) 比例计算法

采用比例计算法计算工期索赔的计算公式如下：

工期索赔值=新增加的工程量的价格/原合同总价×原合同总工期

比例计算法简单方便，无须复杂分析，也易于被人其接受。但其有时不能考虑到关键线路的影响，所以不太科学。

2. 费用索赔的计算

一般费用索赔主要包括以下几个方面的内容：人工费、材料费、社保费、管理费、利润、利息、保函手续费和保险费。

提交索赔通知书以后，承包商要定期报送索赔资料，并在索赔影响事件结束后 28 日之内提交最终的索赔报告。在索赔报告中承包商对自己的费用索赔部分要进行详细计算，以供工程师审查。索赔款的计算方法主要有以下两种。

1) 总费用法

总费用法基本上是在总索赔的情况下才采用的计算索赔款的方法。也就是说当发生多次索赔事项以后，这些索赔事项的影响相互纠缠，无法区分，则重新计算出该工程项目的实际总费用，再从这个实际的总费用中减去中标合同中的估算总费用，即得到了要求补偿的索赔款总额。即索赔款总额=实际总费用-合同价中估算的总费用。

2) 分项法

分项法是以每个索赔事件为对象，按照承包商为某项索赔工作所支付的实际开支为根据，向业主提出经济补偿。而每一项索赔费用应计算由于该事项的影响，导致承包商发生的超过原计划的费用，也就是该项工程施工中所发生的额外人工费、材料费、机械费，以及相应的管理费，有些索赔事项还可以列入应得的利润。

分项法可以分为以下 3 个步骤。

第一步：分析每个或每类索赔事件所影响的费用项目。这些费用项目一般与合同价中的费用项目一致，如直接费、管理费、利润等。

第二步：用适当方法确定各项费用，计算每个费用项目受索赔事件影响后的实际成本或费用，与合同价中的费用项对比，求出各项费用超出原计划的部分。

第三步：将各项费用汇总，即得到总费用索赔值。

也就是说在直接费(人工费、材料费和施工机械使用费之和)超出合同中原有部分的额外费用部分的基础上，再加上应得的管理费(工地管理费和总部管理费)和利润，即是承包商应得的索赔款额。这部分实际发生的额外费用客观地反映了承包商的额外开支或者实际损失，是承包商经济索赔的证据资料。

5.2.6 施工中涉及的其他费用

1. 安全施工方面的费用

安全施工方面的费用是指承包人按工程质量、安全及消防管理有关规定组织施工，采取严格的安全防护措施，承担的由于自身的安全措施不力造成事故的责任和因此发生的费用。非承包人责任造成安全事故，由责任方承担责任和发生的费用。

发生重大伤亡及其他安全事故，承包人应按有关规定立即上报有关部门并通知工程师，同时按政府有关部门要求处理，发生的费用由事故责任方承担。发包人、承包人对事故责任有争议时，应按政府有关部门的认定处理。承包人在动力设备、输电线路、地下管道、密封防震车间、易燃易爆地段以及临街交通要道附近施工时，施工开始前应向工程师提出安全保护措施，经工程师认可后实施，防护措施费用由发包人承担。

实施爆破作业，在放射、毒害性环境中施工(含存储、运输、使用)，及使用毒害性、腐蚀性物品施工时，承包人应在施工前 14 日内以书面形式通知工程师，并提出相应的安全保护措施，经工程师认可后实施。安全保护措施费用由发包人承担。

2. 专利技术及特殊工艺涉及的费用

发包人要求使用专利技术或特殊工艺，须负责办理相应的申报手续，承担申报、试验、使用等费用。承包人按发包人要求使用，并负责试验等有关工作。承包人提出使用专利技术或特殊工艺，报工程师认可后实施，承包人负责办理申报手续并承担有关费用。

擅自使用专利技术侵犯他人专利权的，责任者承担全部后果及所发生的费用。

3. 文物和地下障碍物涉及的费用

在施工中发现古墓、古建筑遗址等文物及化石或其他有考古、地质研究等价值的物品时，承包人应立即保护好现场并于 4 小时内以书面形式通知工程师，工程师应于收到书面通知后 24 小时内报告当地文物管理部门，承发包双方按文物管理部门的要求采取妥善保护措施。发包人承担由此发生的费用，延误的工期相应顺延。

如施工中发现古墓、古建筑遗址等文物及化石或其他有考古、地质研究等价值的物品，隐瞒不报，致使文物遭受破坏的，责任方、责任人依法承担相应责任。

施工中发现影响施工的地下障碍物时，承包人应于 8 小时内以书面形式通知工程师，同时提出处置方案。工程师收到处置方案后 8 小时内予以认可或提出修正方案。发包人承担由此发生的费用，延误的工期相应顺延。所发现的地下障碍物有归属单位时，发包人报请有关部门协同处置。

5.3　案　例　分　析

5.3.1　案例 1——合同类型

1. 背景

某施工单位根据领取的某住宅楼工程项目招标文件和全套施工图纸，采用低报价策略编制了投标文件，并获得中标。该施工单位(乙方)与建设单位(甲方)签订了该工程项目的固定价格施工合同。合同工期为 7 个月。甲方在乙方进入施工现场后，由于甲方原因，口头要求乙方暂停施工 15 日。乙方亦口头答应。工程按合同规定期限验收时，甲方发现工程质量有问题，要求返工。1 个月后，返工完毕。结算时甲方认为乙方迟延交付工程，应按合同约定偿付逾期违约金。乙方认为临时停工是甲方要求的。乙方为抢工期，加快施工进度才出现了质量问题，因此迟延交付的责任不在乙方。甲方则认为临时停工和不顺延工期是当时乙方答应的。乙方应履行承诺，承担违约责任。

2. 问题

(1) 该工程采用固定总价合同是否合适？

(2) 该施工合同的变更形式是否妥当？

(3) 此合同争议依据合同法律规范应如何处理？

3. 答案

(1) 合适。因为该工程项目有全套施工图纸，工程量能够较准确计算，规模不大，工期较短，技术不太复杂、风险不大，故采用固定总价合同是合适的。

(2) 该施工合同的变更形式不妥当。根据《中华人民共和国合同法》和《建设工程施工合同(示范文本)》的有关规定，建设工程合同应当采取书面形式，合同变更亦应当采取书面形式。若在应急情况下，可采取口头形式，但必须事后予以书面确认。否则，在合同双方对合同变更内容有争议时，只能以书面协议的内容为准。本案例中甲方要求临时停工，乙方亦答应，是甲、乙方的口头协议，且事后并未以书面的形式确认，所以该合同变更形式不妥，在竣工结算时双方发生了争议，对此只能以原合同规定为准。

(3) 施工期间，由于甲方原因停工，甲方应对停工承担责任，故应当赔偿乙方停工 15 日的实际经济损失，工期顺延 15 日。工程因质量问题返工，造成逾期交付，责任在乙方，故乙方应当支付逾期交工 15 日的违约金，因质量问题引起的返工费用由乙方承担。

5.3.2 案例 2——索赔

1. 背景

某工厂施工土方工程中，发包方在合同中没有标明有坚硬岩石，但在实际开挖过程中有很多地方遇到坚硬岩石，使得开挖工作变得困难，由此影响工期 3 个月。为此承包商提出索赔。

2. 问题

(1) 该项施工索赔能否成立？为什么？

(2) 在该索赔事件中，应提出的索赔内容包括哪两方面？

(3) 承包商应提供的索赔文件有哪些？

3. 答案

(1) 该项施工索赔成立。施工中在合同未标明有坚硬岩石的地方遇到坚硬岩石，导致施工现场的施工条件与原来的勘察有很大差异，属于甲方的责任范围。

(2) 本事件使承包商由于意外地质条件造成施工困难，导致工期延长，产生额外工程费用，应包括费用索赔和工期索赔。

(3) 承包商应提供的索赔文件如下。

① 索赔信；

② 索赔报告;

③ 索赔证据与详细计算书等附件。

5.3.3 案例 3——索赔依据

1. 背景

某工程采用了固定单价施工合同。在施工中,由于承包商的施工设备出现故障,延误工期 5 日;甲方拖延交图延误工期 4 日;施工现场下特大暴雨延误工期 3 日。承包商按规定的索赔程序,向甲方提出索赔。

2. 问题

(1) 在工程施工中,通常可以提供的索赔证据有哪些?

(2) 承包商提出工期索赔,工期索赔多少日?

(3) 计算承包商应得到的费用索赔是多少? (如果索赔成立,甲方按 1 万元人民币/日补偿承包商)

3. 答案

(1) ①招标文件、工程合同及附件、业主认可的施工组织设计、工程图纸、地质勘探报告、技术规范等;

② 工程各项有关设计交底记录、变更图纸、变更施工指令等;

③ 工程经业主或监理工程师签认的签证;

④ 工程各项往来信件、指令、信函、通知、答复等;

⑤ 工程各项会议纪要;

⑥ 施工计划及现场实施情况记录;

⑦ 施工日报及工程工作日志、备忘录;

⑧ 工程送电、送水,道路开通、封闭的日期及数量记录;

⑨ 工程停水、停电和干扰事件影响的日期及恢复施工的日期;

⑩ 工程预付款、进度款拨付的数额及日期记录;

⑪ 工程有关施工部位的照片及录像等;

⑫ 工程图纸、图纸变更、交底记录的送达份数及日期记录;

⑬ 工程现场气候记录,有关天气的温度、风力、降雨雪量等;

⑭ 工程验收报告及各项技术鉴定报告等;

⑮ 工程材料采购、订货、运输、进场、验收、使用等方面的凭据;

⑯ 工程会计核算资料;

⑰ 国家、省、市有关影响工程造价、工期的文件、规定等。

(2) 工期索赔 7 日。原因如下:承包商的施工设备出现故障,延误工期 5 日,属于承包商应承担的风险,工期和费用索赔不成立。甲方拖延交图延误工期 4 日,属于甲方应承担的风险,工期和费用索赔成立。施工现场下特大暴雨延误工期 3 日,双方共同承担风险,

工期索赔成立，费用索赔不成立。

(3) 费用索赔 4 万元。4 日×1 万元/日=4 万元。

5.3.4 案例 4——工期索赔

1. 背景

某学校工程，施工合同《专用条件》规定：钢材、水泥由甲方供货到现场仓库，其他材料由承包商自行采购。

当工程施工至 3 层框架梁、板钢筋绑扎时，因甲方提供的钢筋未到，使该项作业停工 10 日(该项作业的总时差为 0)。

7 月 5 日至 7 月 7 日又因停电、停水使得 4 层的框架柱混凝土浇筑停工(该项作业的总时差为 4 日)。为此，承包商向甲方进行工期索赔。

2. 问题

(1) 承包商应提供的索赔文件有哪些？

(2) 工期索赔多少日？

3. 答案

(1) 承包商应提供的索赔文件有：索赔信、索赔报告、索赔证据与详细计算书等附件。

(2) 工期索赔 10 日。框架梁及板钢筋绑扎停工 10 日，这是由甲方原因造成的，且该项工作位于关键路线上，应予以工期补偿。框架柱混凝土浇筑停工，虽是甲方原因造成，但该项工作不在关键路线上，且未超过工作总时差，不予工期补偿。

5.3.5 案例 5——费用索赔

1. 背景

某建设单位(甲方)与某施工单位(乙方)订立了某住宅楼项目的土方施工合同。合同工期为 24 日，其经批准的施工网络图如图 5-1 所示。工期每提前 1 日奖励 3000 元，每拖后一日罚款 5000 元。

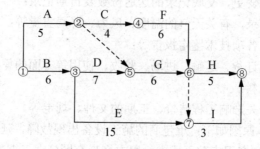

图 5-1 施工网络图

工程施工中发生如下几个事件。

事件 1：由于甲方原因，施工现场停水、停电，使工作 A 和工作 B 的工效降低，作业时间分别拖延 3 日和 2 日。

事件 2：为保证施工质量，乙方在施工中将工作 C 原设计尺寸扩大，作业时间增加 2 日。

事件 3：该工程工期较紧，经甲方代表同意，乙方在工作 H 和工作 G 作业过程中，采取了加快进度措施，使得这两项作业节省工期 4 日。

2. 问题

(1) 上述哪些事件乙方可以提出工期和费用补偿要求？

(2) 每项事件的工期补偿是多少日？总工期补偿多少天？

(3) 该工程实际工期为多少日？工期奖罚多少元？

3. 答案

(1) 事件 1：可以提出工期和费用补偿要求，因为停水、停电是甲方原因造成的。

事件 2：不可以提出工期和费用补偿要求，因为保证工程质量是乙方的责任，其措施费由乙方自行承担。

(2) 事件 1：工期补偿为 2 日，因为工作 B 在关键线路上，其作业时间拖延的 2 日影响了工期。但工作 A 不在关键线路上，其作业时间拖延的 3 日不影响工期。

事件 2：工期补偿为 0 日。因为是承包方为保证施工质量而采取的措施，承包商承担责任，工期索赔不成立。

总计工期补偿：2 日。

(3) 该工程实际工期：22 日。

工期提前奖励款=(24+2-22)×3000=120 000(元)。

5.3.6　案例 6——工程变更

1. 背景

某施工单位(乙方)与某建设单位(甲方)签订了某建筑的地基处理与基础工程施工合同。由于工程量无法准确确定，根据施工合同专用条款的规定，按施工图预算方式计价，乙方必须严格按照施工图及施工合同规定的内容及技术要求施工。乙方的分项工程首先向监理工程师申请质量验收，取得质量验收合格文件后，向造价工程师提出计量申请和支付工程款。工程开工前，乙方提交了施工组织设计并得到批准。

2. 问题

(1) 在工程施工过程中，当进行到施工图所规定的处理范围边缘时，乙方在取得在场的监理工程师认可的情况下，为了使夯击质量得到保证，将夯击范围适当扩大。施工完成后，乙方将扩大范围内的施工工程量向造价工程师提出计量付款的要求，但遭到拒绝。试问造

价工程师拒绝承包商的要求是否合理？为什么？

(2) 在工程施工过程中，乙方根据监理工程师指示就部分工程进行了变更施工。试问工程变更部分的合同价款应根据什么原则确定？

3. 答案

(1) 造价工程师的拒绝合理。原因如下：该部分的工程量超出了施工图的要求，一般来讲，也就超出了工程合同约定的工程范围。对该部分的工程量，监理工程师可以认为是承包商的保证施工质量的技术措施，一般在业主没有批准追加相应费用的情况下，技术措施费用应由乙方自己承担。

(2) 工程变更价款的确定原则。

① 合同中已有适用于变更工程的价格，按合同已有的价格计算、变更合同价款；

② 合同中只有类似于变更工程的价格，可以参照类似价格变更合同价款；

③ 合同中没有适用或类似于变更工程的价格，由承包商提出适当的变更价格，工程师批准执行。这一批准的变更价格，应与承包商达成一致，否则按合同争议的处理方法解决。

5.3.7 案例 7——不可抗力

1. 背景

某施工公司于 2000 年 10 月 8 日与某厂签订了一份土方工程施工合同。该工程的基坑开挖量为 12 000m³，计算单价为 3.8 元/m³，甲、乙双方合同约定 10 月 15 日开工，10 月 29 日完工。监理工程师批准了乙方编制的施工方案，该施工方案规定：采用 2 台反铲挖掘机施工，其中一台为自有反铲挖掘机，自有反铲挖掘机的台班单价为 600 元/台班、折旧费为 80 元/台班；另一台为租赁反铲挖掘机，租赁费为 800 元/台班。施工过程中发生如下事件。

事件 1：因遇季节性大雨，晚开工 3 日，造成人员窝工 30 个工日。

事件 2：施工过程中，因遇地下墓穴，接到监理工程师 10 月 20 日停工的指令，造成人员窝工 20 个工日。

事件 3：10 月 22 日接到监理工程师于 10 月 23 日复工的指令，同时提出部分基坑开挖深 2.5m 的设计变更通知单，因此增加的土方开挖工程量为 2400 m³。

事件 4：10 月 28 日至 5 月 29 日施工现场下了该季节罕见的特大暴雨，造成人员窝工 20 个工日。

2. 问题

(1) 施工公司可提出哪些事件的索赔？说明原因。

(2) 施工公司可索赔的工期是多少日？

(3) 假设人工工资单价为 20 元/工日，窝工工资单价为 20 元/工日，该施工公司可索赔的总费用是多少？

3. 答案

(1) ① 事件 1：索赔不成立，属于承包商应承担的风险。

② 事件 2：可提出费用和工期索赔，属于有经验的承包商无法预见的特殊情况。

③ 事件 3：可提出费用和工期索赔，因为是由于设计变更造成的。

④ 事件 4：可提出工期索赔，属于有经验的承包商无法预见的不可抗力事件。

(2) ① 事件 2：可索赔工期 3 日。

② 事件 3：可索赔工期 3 日，2400/12 000×15 日=3 日

③ 事件 4：可索赔工期 2 日。

施工单位可索赔的总工期=(3+3+2)日=8 日

(3) ① 事件 2：人工费=20 元/工日×20 工日=400 元

机械费=(80+800)元/台班×3 台班=2640 元

② 事件 3：总费用=2400 m^3×3.8 元/m^3=9120 元

施工单位可索赔的总费用=(400+2640+9120)元=12 160 元

练　习　题

练习题 1

【背景】

某建设单位(甲方)拟建造一栋 4000 m^2 的办公楼，采用工程量清单招标方式由某施工单位(乙方)承建。甲乙双方签订的施工合同摘要如下。

1. 协议书中的部分条款

(1) 本协议书与下列文件一起构成合同文件。

① 中标通知书；②投标函及投标函附录；③专用合同条款；④通用合同条款；⑤技术标准和要求；⑥图纸；⑦已标价工程量清单；⑧其他合同文件。

(2) 上述文件互相补充和解释，如有不明确或不一致之处，以合同约定在先者为准。

(3) 签约合同价：人民币(大写)柒佰捌拾玖万元。

(4) 工程质量：甲方规定的质量标准。

2. 专用条款中有关合同价款的条款

本合同价款采用总价合同方式确定，除如下约定外，合同价款不得调整。

(1) 当工程量清单项目工程量的变化幅度在 10%以内时，其综合单价不作调整，执行原有综合单价。

(2) 当工程量清单项目工程量的变化幅度在 10%以上时，且其影响分部分项工程费超过20%时，其综合单价以及对应的措施项目费可做调整。调整方法为：由上述监理人对增加的工程量或减少后剩余的工程量测算出新的综合单价和措施项目费，经发包人确认后调整。

(3) 当材料价格上涨超过 5%、机械使用费上涨超过 10%时，可以调整。调整方法为：按实际市场价格调整。

3. 补充协议条款

在上述施工合同协议条款签订后，甲乙双方又接着签订了补充施工合同协议条款。摘要如下：补 1.铝合金窗 90 系列改用 42 型系列某铝合金厂产品。

【问题】

(1) 按计价方式不同，建设工程施工合同分为哪些类型？

(2) 对实行工程量清单计价的工程适宜采用何种类型？本案例采用总价合同方式是否违法？

练习题 2

【背景】

某工程在按合同施工过程中，遇到特大风暴不可抗拒的袭击，造成了相应的损失。风暴结束后 48 小时内，施工单位向项目监理机构通报了风暴损失情况并提出了索赔要求，并附索赔有关材料和证据。索赔报告中的基本要求如下。

(1) 遭受风暴袭击造成的损失，应由建设单位承担赔偿责任。

(2) 已建部分工程造成破坏，损失 50 万元，应由建设单位承担赔偿责任。

(3) 因灾害使施工单位 2 人受伤，处理伤病医疗费用和补偿金额总计 5 万元，建设单位应给予赔偿。

(4) 风暴过程中施工单位停工 8 日，要求合同工期顺延。

(5) 由于工程破坏，清理现场费 2 万元，应由建设单位支付。

【问题】

(1) 以上索赔是否合理？为什么？

(2) 不可抗力发生风险承担的原则是什么？

(3) 总工期索赔是多少天？

(4) 总费用索赔是多少？

练习题 3

【背景】

某建设单位(甲方)与某施工单位(乙方)签订了某办公楼的施工合同。合同规定：采用单价合同，每一分项工程的工程量增减超过 10%时，需调整工程单价。合同工期为 25 日。乙方在开工前及时提交了施工网络进度计划(见图 5-2)，并得到甲方代表的批准。

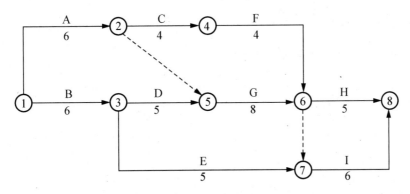

图 5-2　某工程施工网络进度计划(单位：日)

工程施工中发生如下几项事件。

事件 1：因甲方提供的电源出故障造成施工现场停电，使工作 A 和工作 B 的工效降低，作业时间分别拖延 2 日和 1 日；多用人工 10 个工日和 8 个工日；工作 A 租赁的施工机械每天租赁费为 500 元，工作 B 的自有机械每天折旧费 250 元。

事件 2：为保证施工质量，乙方在施工中将工作 C 原设计尺寸扩大，增加工程量 20m³，该工作综合单价为 87 元/m³，作业时间增加 3 日。

事件 3：因设计变更，工作 E 的工程量由 300m³ 增至 350m³，该工作原综合单价为 60 元/m³，经协商调整单价为 55 元/m³。

【问题】

(1) 上述哪些事件乙方可以提出工期和费用补偿要求？

(2) 每项事件的工期补偿是多少日？总工期补偿多少日？

(3) 假设人工工日单价为 20 元/工日，应由甲方补偿的人工窝工和降效费 12 元/工日，管理费、利润等不予补偿。问甲方应给予乙方的追加工程款为多少？

第 6 章　工程价款结算与竣工决算

【学习要点及目标】

◆ 了解建筑安装工程价款结算的方法。

◆ 掌握工程备料款的确定、扣还及工程进度款的收取。

◆ 掌握工程竣工结算的审查。

◆ 掌握工程价款的动态结算。

6.1 工程价款结算

6.1.1 工程价款结算概述

工程价款结算是指承包商在工程实施过程中，依据承包合同中关于付款条款的规定和已完成的工程量，并按照规定程序向建设单位(业主)收取工程价款的一项经济活动。以施工企业提出的统计进度月报表，并报监理工程师确认，经业主主管部门认可，作为工程进度款支付的依据。

6.1.2 工程价款结算的依据

编制工程结算是一项严肃而细致的工作，既要正确地执行国家或地方的有关规定，又要实事求是地核算施工企业完成的工程价值。编制的依据如下。

(1) 国家有关法律、法规、规章制度和相关的司法解释。

(2) 国务院建设行政主管部门以及各省、自治区、直辖市和有关部门发布的工程造价计价标准、计价办法、有关规定及相关解释。

(3) 《建设工程工程量清单计价规范》(GB 50500—2013)或工程预算定额、费用定额及价格信息、调价规定等。

(4) 施工承发包合同、专业分包合同及补充合同，有关材料、设备采购合同。

(5) 招投标文件，包括招标答疑文件、投标承诺、中标报价书及其组成内容。

(6) 施工图会审记录，经批准的施工组织设计，以及设计变更、工程洽商和相关会议纪要。

(7) 经批准的开工报告或停、复工报告。

(8) 发、承包双方实施过程中确认的工程量及其结算的合同价款。

(9) 发、承包双方实施过程中确认调整后追加(减)的合同价款。

(10) 其他依据。

6.1.3 工程价款结算的方式

工程结算总体上可以划分为中间结算和竣工结算两种情况。具体分为按月结算、分段结算、目标价款结算、竣工结算、双方约定的其他结算方式。

1. 按月结算

按月结算实行旬末或月中预支、月终结算、竣工后清算的办法。跨年度的工程，在年终进行工程盘点，办理年度结算。我国现行建筑安装工程价款结算中，相当一部分是实行这种按月结算。

年终结算是指单位或单项工程不能在本年度竣工，而要转入下年继续施工，为了正确统计施工企业本年度的经营成果和建设投资完成情况，由施工企业、建设单位和建设银行对正在施工的工程进行已完成和未完成工程量盘点，结算本年度的工程价款。

2. 分段结算

分段结算是指当年开工、当年不能竣工的单项(或单位)工程，按其施工形象进度划分为若干施工阶段，按阶段进行工程价款结算。分段的划分标准由各部门、各地市规定。

3. 目标价款结算

目标价款结算是指在工程合同中，将承包工程的内容分解成不同的控制界面，以建设单位验收控制界面作为支付工程价款的前提条件。也就是说，将合同中的工程内容分解成不同的验收单元，当承包商完成单元工程内容并经建设单位验收后，业主支付构成单元工程内容的工程价款。

4. 竣工结算

工程的竣工结算是指建设项目或单项工程建设期在 12 个月以内，或者工程承包合同价值在 100 万元以下的，可以实行工程价款每月月中预支，竣工后一次结算，完工并经建设单位及有关部门验收点交后，办理的工程结算。

竣工结算一般按建设项目工期长短不同可分为以下两类。

(1) 建设项目竣工结算。它是指建设工期在一年内的工程，一般以整个建设项目为结算对象，实行竣工后一次结算。

(2) 单项工程竣工结算。它是指当年不能竣工的建设项目，其单项工程在当年开工当年竣工的，实行单项工程竣工后一次结算。

5. 双方约定的其他结算方法

除了前面介绍的几种结算方法外，双方也可以通过约定确立适宜的结算方法。

6.1.4　工程价款结算的计算规则

进行工程结算时，要根据现行的工程量计算规则、现行的计价程序、合同约定及确认的工程变更和索赔进行结算。采用工程量清单计价的方式下，工程竣工结算的计价原则如下。

(1) 分部分项工程和措施项目中的单价项目应依据双方确认的工程量与已标价的工程量清单的综合单价计算；如发生调整的，以发承包双方确认调整的综合单价计算。

(2) 措施项目中的总价项目应依据合同约定的项目和金额计算；如发生调整的，以发、承包双方确认调整的金额计算，其中安全文明施工费必须按照国家或省级、行业建设主管部门的规定计算。

(3) 其他项目应按下列规定计算。

① 计日工应按发包人实际签证确认的事项计算；

② 暂估价应由发、承包双方按照《建设工程工程量清单计价规范》(GB 50500—2013)的相关规定计算；

③ 总承包服务费应依据合同约定金额计算，如发生调整的，以发、承包双方确认调整的金额计算；

④ 施工索赔费用应依据发、承包双方确认的索赔事项和金额计算；

⑤ 现场签证费用应依据发、承包双方签证资料确认的金额计算；

⑥ 暂列金额应减去工程价款调整(包括索赔、现场签证)金额计算，如有余额归发包人。

(4) 规费和税金应按照国家或省级、行业建设主管部门的规定计算。规费中的工程排污费应按工程所在地环境保护部门规定标准缴纳后按实列入。

此外，发、承包双方在合同工程实施过程中已经确认的工程量结果和合同价款，在竣工结算办理中应直接进入决算。

6.1.5 工程预付款

1. 工程预付款的支付

工程预付款又称预付备料款，是根据工程承发包合同规定，由发包人按照合同约定，在正式开工前预先支付给承包人的工程款。作为承包工程项目储备的主要材料、构配件所需的流动资金。

1) 预付款的支付时间

按照《建设工程工程结算暂行办法》的有关规定，实行工程预付款的双方应当在专用条款内约定发包方向承包方预付工程款的时间和数额，发包人应在双方签订合同后 1 个月内或不迟于约定开工日期的前 7 日内预付工程款。发包方不按约定预付，承包方在约定预付时间 10 日内向发包人发出要求预付的通知，发包人收到通知后仍不能按要求预付，承包人可在发出通知 14 日后停止施工，发包人应从约定应付之日起向承包人支付应付款的贷款利息，并承担违约责任。

(1) 承包人应在签订合同或向发包人提供与预付款等额的预付款保函后向发包人提交预付款支付申请。

(2) 发包人应在收到支付申请的 7 日内进行核实后向承包人发出预付支付证书，并在签发支付证书后的 7 天内向承包人支付预付款。

建设部颁布的《招标文件范本》中规定，工程预付款仅用于承包方支付施工开始时与本工程有关的备料费用。如承包方滥用此款，发包方有权立即收回。在承包方向发包方提交金额等于预付款数额(发包方认可的银行开出)的银行保函后，发包方按规定的金额和规定的时间向承包方支付预付款，在发包方全部扣回预付款之前，该银行保函将一直有效。当预付款被发包方扣回时，银行保函金额相应递减。

2) 预付款的额度

预付款的数额取决于主要材料(包括构配件)占建筑安装工作量的比重、材料储备期和施工期等因素。预收备料款的数额可按式(6.1.1)计算。

$$预收备料款的数额=年度建安工作量×主要材料占建安工程量的比重/年度施工日历天数×材料储备天数 \qquad (6.1.1)$$

式中，材料储备的天数可近似按式(6.1.2)计算。

$$某材料储备天数=(经常储备量+安全储备量)/平均日需要量 \qquad (6.1.2)$$

计算出各种材料的储备天数后，取其中最大值作为预收备料款数额公式中的材料储备天数。在实际工作中为简化计算，预收备料款数额也可按式(6.1.3)计算。

$$预收备料款的数额=工程总造价×工程预付款额度 \qquad (6.1.3)$$

式中，工程预付款额度是根据各地区工程类别、施工工期以及供应条件来确定的，一般建筑工程不应超过当年建筑工作量(包括水、暖、电)的 30%，安装工程按年工作量的 10%，材料比重大的按计划产值的 15%(各地可根据具体情况自行规定工程预付款额度)。

2. 工程预付款的扣还

按照《建设工程施工合同(示范文本)》的规定，甲乙双方应当在专用条款中约定甲方向乙方预付工程款的时间和数额，在开工后按约定的时间和比例逐次扣回。

确定预付款开始抵扣时间，应该以未施工工程所需主要材料及构配件的耗用额刚好同预拨备料款相等为原则。起扣点可按式(6.1.4)计算。

$$T=P-M/N \qquad (6.1.4)$$

式中：T——起扣点(即工程预付款开始扣回时)的累计完成工程金额；

　　　M——工程预付款总额；

　　　N——主要材料及构件所占比重；

　　　P——承包工程合同总额。

6.1.6　期中支付

合同价款的期中支付又称工程进度款的支付，是指发包人在合同工程施工过程中，按照合同约定对付款周期内承包人完成的合同价款给予支付的款项，也就是工程进度款的结算支付。

1. 期中支付价款的计算

(1) 已完工程的结算价款。已标价工程量清单中的单价项目，承包人应按工程计量确认的工程量与综合单价计算。如综合单价发生调整的，以发承包双方确认调整的综合单价计算进度款。

已标价工程量清单中的总价项目，承包人应按合同中约定的进度款支付分解，分别列入进度款支付申请中的安全文明施工费和本周期应支付的总价项目的金额中。

(2) 结算价款的调整。承包人现场签证和得到发包人确认的索赔金额列入本周期应增加

的金额中。由发包人提供的材料、工程设备金额，应按照发包人签约提供的单价和数量从进度款支付中扣出，列入本周期应扣减的金额中。

2. 期中支付价款的程序

1) 承包人提交的已完工程进度款支付申请

承包人应在每个计量周期到期后的 7 日内向发包人提交已完工程进度支付申请一式四份，详细说明此周期认为有权得到的款额，支付申请的内容如下。

(1) 累计已完成的合同价款；

(2) 累计已实际支付的合同价款；

(3) 本周期合计完成的合同价款，其中包括：① 本周期已完成单价项目的金额； ②本周期应支付的总价项目的金额； ③本周期已完成的计日工价款； ④本周期应支付的安全文明施工费； ⑤本周期应增加的金额。

(4) 本周期合计应扣减的金额，其中包括：① 本周期应扣回的预付款；②本周期应扣减的金额。

(5) 本周期实际应支付的合同价款。

2) 发包人签发进度款支付证书

发包人应在收到承包人进度款支付申请后的 14 日内，根据计量结果和合同约定对申请内容予以核实，确认后向承包人出具进度款支付证书。若发、承包双方对有的清单项目的计量结果出现争议，发包人应对无争议部分的工程计量结果向承包人出具进度款支付证书。

3) 发包人支付进度款

发包人应在签发进度款支付证书后的 14 日内，按照支付证书列明的金额向承包人支付进度款。若发包人逾期未签发进度款支付证书，则视这承包人提交的进度款支付申请已被发包人认可，承包人可向发包人发出催告付款通知。发包人应在收到通知后的 14 日内，按照承包人支付申请的金额向承包人支付进度款。

发包方超过约定的支付时间不支付工程款(进度款)，承包方可向发包方发出要求付款通知，发包方收到承包方通知后仍不能按要求付款，可与承包方协商签订延期付款协议，经承包方同意后可延期支付。协议须明确延期支付时间和从发包方计量结果确认后第15日起计算应付款的贷款利息。

发包方不按合同约定支付工程款(进度款)，双方又未达成延期付款协议，导致施工无法进行，承包方可停止施工，由发包方承担违约责任。

3. 进度款的支付比例

进度款的支付比例按照合同约定，按期中结算价款总额计，不低于 60%，不高于 90%。发现已签发的任何支付证书有错、漏或重复的数额，发包人有权予以修正，承包人也有权提出修正申请。经发、承包双方复核同意修正的，应在本次到期的进度款中支付或扣除。

6.1.7 竣工结算

工程竣工结算是指工程项目完工并经竣工验收合格后，发承包双方按照施工合同的约定对所完成的工程项目进行的工程价款的计算、调整和确认。工程竣工结算分为单位工程竣工决算、单项工程竣工结算和建设项目竣工总结算，其中，单位工程竣工结算和单项工程竣工结算也可看作是分阶段结算。

单位工程竣工结算由承包人编制，发包人审核；实行总承包的工程，由具体承包人编制，在总包人审查的基础上，发包人审查。单项工程竣工结算或建设项目竣工总结算由总(承)包人编制，发包人可直接进行审查，也可以委托具有相应资质的工程造价咨询机构进行审查，政府投资项目，由同级财政部门审查。单项工程竣工结算或建设项目竣工总结算经发包人签字盖章后生效。承包人在合同约定期限内完成项目竣工结算编制工作，未在规定期内完成的并且提不出正当理由延期的，责任自负。

1. 办理竣工结算应具备的依据

在办理竣工结算时，应具备下列依据。

(1) 国家有关法律、法规、规章制度和相关的司法解释。

(2) 国务院建设行政主管部门以及各省、自治区、直辖市和有关部门发布的工程造价计价标准、计价办法、有关规定及相关解释。

(3) 《建设工程工程量清单计价规范》(GB 50500—2013)或工程预算定额、费用定额及价格信息、调价规定等。

(4) 施工承发包合同、专业分包合同及补充合同，有关材料、设备采购合同。

(5) 招投标文件，包括招标答疑文件、投标承诺、中标报价书及其组成内容。

(6) 工程竣工图或施工图、施工图会审记录，经批准的施工组织设计，以及设计变更、工程洽商和相关会议纪要。

(7) 经批准的开、竣工报告或停、复工报告。

(8) 发、承包双方实施过程中确认的工程量及其结算的合同价款。

(9) 发、承包双方实施过程中确认调整后追加(减)的合同价款。

(10) 其他依据。

2. 竣工结算的程序

1) 承包方递交竣工结算文件

合同工程完工后，承包人应在经发承包双方确认的合同工程期中价款结算的基础上汇总编制完成竣工结算文件，并在提交竣工验收申请的同时向发包人提交竣工结算文件。

承包方未在合同约定的时间内提交竣工结算文件，经发包人催告后仍未提交或没有明确答复，发包人有权根据已有资料编制竣工结算文件，作为办理竣工结算和支付组织结算款的依据，承包人应予以认可。

2) 发包人核对竣工结算

发包方自收到竣工结算报告及结算资料后 28 日内进行核实。发包人经核实认为承包人还应进一步补充资料和修改结算文件，应在 28 日内向承包人提出核实意见，承包人在收到核实意见后的 28 日内按照发包人提出的合理要求补充资料，修改竣工结算文件，并再次提交给发包人复核后批准。

发包人应在收到承包人再次提交的竣工结算文件后的 28 日内予以复核，并将复核结果通知承包人。如果发包人、承包人对复核结果无异议，应在 7 日内在竣工结算文件上签字确认，竣工结算完毕；如果发包人或承包人对复核结果认为有误的，无异议部分办理不完全竣工结算；有异议部分由发承包双方协商解决，协商不成的，按照合同约定的争议解决方式处理。

发包人在收到承包人竣工结算文件后的 28 日内，不核对竣工结算或未提出核对意见的，视为承包人提交的竣工结算文件被发包人认可，竣工结算办理完毕。

承包人在收到发包人提出的核实意见后的 28 日内，不确认也未提出异议的，视为发包人提出的核实意见已被承包人认可，竣工结算办理完毕。

3) 发包人委托工程造价咨询机构核对竣工结算文件

发包人委托工程造价咨询机构核对竣工结算的，工程造价咨询机构应在 28 日内核对完毕，核对结论与承包人竣工结算文件不一致的，应提交给承包人复核，承包人应在 14 日内将同意核对结论或不同意见的说明提交工程造价咨询机构。承包人逾期未提出书面异议的，视为工程造价咨询机构核对的竣工结算文件已经承包人认可。

4) 竣工结算文件的签认

发承包人都应在竣工结算文件上签名确认，如其中一方拒不签认的，按以下规定办理。

(1) 若发包人拒不签认的，承包人可不提供竣工验收备案资料，并有权拒绝与发包人或其上级部门委托的工程造价咨询机构重新核对竣工结算文件。

(2) 若承包人拒不签认的，发包人要求办理竣工验收备案的，承包人不得拒绝提供竣工验收资料；否则，由此造成的损失，承包人承担连带责任。

5) 质量争议工程的竣工结算

发包人对工程质量有异议，拒绝办理工程竣工结算的情况如下。

(1) 已经竣工验收或已竣工未验收但实际投入使用的工程，其质量争议按该工程保修合同执行，竣工结算按合同约定办理。

(2) 已竣工未验收且未实际投入使用的工程以及停工、停建工程的质量争议，双方应就有争议的部分委托有资质的检测鉴定机构进行检测，根据检测结果确定解决方案，或按工程质量监督机构的处理决定执行后办理竣工结算，无争议部分的竣工结算按合同约定办理。

3. 竣工结算价款的支付

1) 承包人提交竣工结算款支付申请

承包人应根据提交的竣工结算文件，向发包人提交竣工结算款支付申请。该申请应包括下列内容。

(1) 竣工结算合同价款总额

(2) 累计已实际支付的合同价款。

(3) 应扣留的质量保证金。

(4) 实际应支付的竣工结算款金额。

2) 发包人签发竣工结算支付证书

发包人应在收到承包人提交竣工结算款支付申请后 7 日内予以核实，向承包人签发竣工结算支付证书。

3) 支付竣工结算款

发包人签发竣工结算支付证书后的 14 日内，按照竣工结算支付证书列明的金额向承包人支付结算款。

发包人未按照规定的程序支付竣工结算款的，承包人可催告发包人支付，并有权获得延迟支付的利息。发包人在结算支付证书签发后或者在收到承包人提交的竣工结算支付申请 7 日后的 56 日内仍未支付的，除法律另有规定外，承包人就该工程折价或拍卖的价款优先受偿。

6.1.8 合同价款调整

在工程施工阶段，由于项目实际情况的变化，发承包双方在施工合同中约定的合同价款可能会出现变动。为合理分配双方的合同价款变动风险，有效地控制工程造价，发承包双方应当在施工合同中明确约定合同价款的调整事件、调整方法及调整程序。

一般来说，合同价款调整事件主要包括：法律法规政策变化；工程变更及现场签证；物价波动；工程索赔。此外，其他一些事件，如：项目特征描述不符，工程量清单缺项漏项，工程量偏差，暂估价，提前竣工，误期补偿，以及不可抗力等事件也会使工程合同的价款产生变动。发、承包双方在订立施工合同时，可以根据工程计价方式和项目特征，选择适当的合同价款调整事件进行约定。

1. 法律法规政策变化

因国家法律、法规、规章和政策发生变化影响合同价款的风险，发、承包双方可以在合同中约定由发包人承担。

1) 基准日的确定

为了合理划分发、承包双方的合同风险，施工合同中应当约定一个基准日，对于基准日之后发生的，作为一个有经验的承包人在招投标阶段不可能合理预见的风险，应当由发包人承担。对于实行招标的建设工程，一般以施工招标文件中规定的提交投标文件的截止时间前的第 28 日作为基准日；对于不实行招标的建设工程，一般以建设工程施工合同签订的第 28 日作为基准日。

施工合同履行期间，国家法律、法规、规章和政策在合同工程基准日之后发生变化，且因执行相应的国家法律、法规、规章和政策引起工程造价发生增减变化的，合同双方当事人应当依据国家法律、法规、规章和政策的规定调整合同价款。但是，如果有关价格的变化已经包含在物价波动事件的调价公式中，则不再予以考虑。

2) 工期延误期间的特殊处理

如果由于承包人的原因导致的工期延误，在工程延误期间国家法律、法规、规章和政策发生变化引起工程造价变化的，造成合同价款增加的，合同价款不予调整。造成合同价款减少的，合同价款予以调整。

2．工程变更及现场签证

所谓工程变更，是指针对已经正式投入生产的产品所构成的零件进行的变更。在工程项目实施过程中，按照合同约定的程序对部分或全部工程在材料、工艺、功能、构造、尺寸、技术指标、工程数量及施工方法等方面做出的改变。变更是指承包人根据监理签发设计文件及监理变更指令进行的、在合同工作范围内各种类型的变更。

1) 工程变更的范围

根据《标准施工招标文件》(2007 年)中的通用合同条款，工程变更的范围和内容包括以下方面。

(1) 更改工程有关部分的标高、基线、位置和尺寸。

(2) 增减合同中约定的工程量。

(3) 改变有关工程的施工时间和顺序。

(4) 其他有关工程变更需要的附加工作。

(5) 改变合同中任何一项工作的质量或其他特性。

2) 工程变更的程序

施工中发包方需对原工程设计进行变更，必须提前 14 日以书面形式向承包方发出变更通知。变更超过原设计标准或原批准的建设规模时，须经原规划管理部门和其他有关部门重新审查批准，并由原设计单位提供变更的相应图纸和说明。发包方办妥上述事项后，承包方根据发包方变更通知并按工程师要求进行变更。因变更导致合同价款的增减及造成的承包方损失，由发包方承担，延误的工期相应顺延。合同履行中发包方要求变更工程质量标准及发生其他实质性变更，由双方协商解决。

施工中承包商要求对原工程进行变更，具体规定如下。

(1) 施工中承包方不得对原工程设计进行变更。

(2) 承包方在施工中提出的合理化建议涉及对设计图纸或施工组织设计的更改及对原材料、设备的换用须经工程师同意。

(3) 工程师同意采用承包方合理化建议所发生的费用和获得的收益，双方另行约定分担或分享。

3) 工程变更价款的调整方法

(1) 分部分项工程费的调整。

承包人按照工程师的变更指示实施变更工作后，往往会涉及对变更工程的估价问题。计算变更工程应采用的费率或价格，可分为以下 3 种情况。

① 变更工作在工程量表中有同种工作内容的单价或价格，且工程变更导致该清单项目中的数量变化不足 15%时，应以该单价计算变更工程费用。实施变更工作未引起工程施工组织和施工方法发生实质性变动，不应调整该项目的单价。

② 工程量表中虽然列有同种工作内容的单价或价格，但对具体变更工作而言已不适用，则应在原单价或价格的基础上制定合理的新单价或价格。

③ 变更工作的内容在工程量表中没有同类工作的单价或价格，应按照与合同单价水平相一致的原则，确定新的单价或价格。任何一方不能以工程量表中没有此项价格为借口，将变更工作的单价定得过高或过低。

(2) 措施项目费的调整。

① 安全文明施工费，按照实际发生的措施项目调整，不得浮动。

② 采用单价计算的措施项目费，按照实际发生变化的措施项目按分部分项工程费的调整方法确定单价。

③ 按总价计算的措施项目费，除安全文明施工费外，按照实际发生变化的措施项目调整。

4) 现场签证

现场签证是在施工过程中遇到问题时，由于报批需要时间，所以在施工现场由现场负责人当场审批的一个过程。是指发包人现场代表(或其授权的监理人、工程造价咨询人)与承包人现场代表就施工过程中涉及的责任事件所做的签认证明。

(1) 现场签证的提出。承包人应发包人的要求完成合同以外的零星项目，非承包人责任事件等工作的，发包人应及时以书面形式向承包人发出指令，提供所需的相关资料；承包人在收到指令后，应及时向发包人提出现场签证要求。

承包人在施工过程中，若发现合同工程内容因场地条件、地质水文、发包人要求等不一致时，应提供所需的相关资料，提交发包人签证认可，作为合同价款调整的依据。

(2) 现场签证的确认。承包人应在收到发包人指令后的 7 日内，向发包人提交现场签证报告，发包人应在收到现场签证报告后 48 小时内对报告内容进行核实，予以确认或提出修改意见。

(3) 现场签证的限制。合同工程发生现场签证事项，未经发包人签证确认，承包人便擅自实施相关工作的，除非征得发包人书面同意，否则发生的费用由承包人承担。

3．物价波动

因物价波动引起合同价款调整方法有两种：一种是采用价格指数调整价格差额；另一种是采用造价信息调整价格差额。

1) 采用价格指数调整价格差额

根据国际惯例，对建设项目工程价款的动态结算，一般采用调值公式法。事实上，在绝大多数国际工程项目中，甲、乙双方在签订合同时就明确列出这一调值公式，并以此作为价差调整的计算依据。

(1) 价格调整公式。利用调值公式法计算工程价款时，主要调整工程造价中有变化的部分。其计算公式为

$$\Delta P = P_0 \left[A + \left(B_1 \times \frac{F_{t1}}{F_{01}} + B_2 \times \frac{F_{t2}}{F_{02}} + B_3 \times \frac{F_{t3}}{F_{03}} + \mathrm{L} + B_n \times \frac{F_{tn}}{F_{0n}} \right) - 1 \right] \tag{6.1.5}$$

式中：ΔP ——需调整的价格差额；

P_0——根据进度付款、竣工付款和最终结清等付款证书中，承包人应得到的已完成工程量的金额；此项金额应不包括价格调整、不计质量保证金的扣留和支付、预付款的支付和扣回；变更及其他金额已按现行价格计价的，也不计在内；

A——定值权重(即不调部分的权重)；

$B_1, B_2, B_3 \cdots, B_n$——各可调因子的变值权重(即可调部分的权重)为各可调因子在投标函投标总报价中所占的比例；

$F_{t1}, F_{t2}, F_{t3}, \cdots, F_{tn}$——各可调因子的现行价格指数，根据进度付款、竣工付款和最终结清等约定的付款证书相关周期最后一日的前 42 日的各可调因子的价格指数；

$F_{01}, F_{02}, F_{03}, \cdots F_{0n}$——各可调因子的基本价格指数，指基准日的各可调因子的价格指数。

当确定定值部分和可调部分因子权重时，应注意由于以下原因引起的合同价款调整，其风险应由发包人承担。

① 省级或行业主管部门发布的人工费调整，但承包人对人工费或人工单价的报价高于发布的除外。

② 由政府定价或政府指导价管理的原材料待价格进行了调整的。

以上价格调整公式化中的各可调因子、定值和变值权重，以及基本价格指数及其来源在投标函附录价格指数和权重表中约定。价格指数应首先采用工程造价管理机构提供的价格指数，缺乏上述价格指数时，可采用工程造价管理机构提供的价格代替。

要计算调整差额时得不到现行价格指数的，可暂用上一次价格指数计算，并在以后的付款中再按实际价格指数进行调整。

(2) 权重的调整。按变动范围和内容所约定的变更，导致原定合同中的不合理时，由承包工程人和发包人协商后进行调整。

(3) 工期延误后的价格调整。由于发包人原因导致工期延误的，则对于计划进度日期(或竣工日期)后续施工的工程，在使用价格调整公式时，应采用计划进度日期(或竣工日期)与实际进度日期(或竣工日期)的两人价格指数中较高者作为现行价格指数。

由于承包人原因导致工期延误的，则对于计划进度日期(或竣工日期)后续施工的工程，在使用价格调整公式时，应采用计划进度日期(或竣工日期)与实际进度日期(或竣工日期)的两人价格指数中较低者作为现行价格指数。

2) 采用造价信息调整价格差额

采用造价信息调整价格差额的方法，主要适用于使用的材料品种较多，相对而言每种材料使用量较小的房屋建筑与装饰工程。

(1) 人工单价的调整。人工单价发生变化时，发、承包双方应按省级或行业建设主管部门或其授权的工程造价管理机构发布的人工成本文件调整合同价款。

(2) 材料和设备价格的调整。材料、工程设备价格变化的价款调整，按照承包人提供主要材料和工程设备一览表，根据发、承包双方约定的风险范围，按以下规定进行调整。

如果承包人投标报价中材料单价低于基准单价，工程施工期间材料单价涨幅以基准单价为基础超过合同约定的风险幅度值时，或材料单价跌幅以投标报价为基础超过合同约定的风险幅度值时，其超过部分按实调整。

如果承包人投标报价中材料单价高于基准单价，工程施工期间材料单价跌幅以基准单价为基础超过合同约定的风险幅度值时，或材料单价涨幅以投标报价为基础超过合同约定的风险幅度值时，其超过部分按实调整。

如果承包人投标报价中材料单价等于基准单价，工程施工期间材料单价涨、跌幅以基准单价为基础超过合同约定的风险幅度值时，其超过部分按实调整。

承包人应当在采购材料前将采购数量和新的材料单价报发包人核对，确认用于本合同工程时，发包人应当确认采购材料的数量和单价。发包人在收到承包人报送的确认资料后 3 个工作日不予答复的，视为已经认可，作为调整合同价款的依据。如果承包人未报经发包人核对即自行采购材料，再报发包人确认调整合同价款的，如发包人不同意，则不做调整。

(3) 施工机械台班单价的调整。施工机械台班单价或施工机械使用费发生变化超过省级或行业建设主管部门或其授权的工程造价管理机构规定的范围时，按照其规定调整合同价款。

4．工程索赔

1) 工程索赔的概念

工程索赔是在工程承包合同履行中，当事人一方由于另一方未履行合同所规定的义务或者出现了应当由对方承担的风险而遭受损失时，向另一方提出赔偿要求的行为。通常情况下，索赔是指承包人(施工单位)在合同实施过程中，对非自身原因造成的工程延期、费用增加而要求发包人给予补偿损失的一种权利要求。

索赔可以概括为如下 3 个方面。

(1) 一方违约使另一方蒙受损失，受损方向对方提出赔偿损失的要求。

(2) 发生应由业主承担责任的特殊风险或遇到不利自然条件等情况，使承包商蒙受较大损失而向业主提出补偿损失要求。

(3) 承包商本人应当获得的正当利益，由于没能及时得到监理工程师的确认和业主应给予的支付，而以正式函件向业主索赔。

2) 工程索赔产生的原因

(1) 当事人违约。当事人违约常常表现为没有按照合同约定履行自己的义务。发包人违约常常表现为没有为承包人提供合同约定的施工条件、未按照合同约定的期限和数额付款等。工程师未能按照合同约定完成工作，如未能及时发出图纸、指令等也视为发包人违约。承包人违约的情况则主要是没有按照合同约定的质量、期限完成施工，或者由于不当行为给发包人造成其他损害。

(2) 不可抗力事件。不可抗力又可以分为自然事件和社会事件。自然事件主要是不利的自然条件和客观障碍，如在施工过程中遇到了经现场调查无法发现、业主提供的资料中也未提到的、无法预料的情况。社会事件则包括国家政策、法律、法令的变更，战争、罢工等。

(3) 合同缺陷。合同缺陷表现为合同文件规定不严谨甚至矛盾，合同中的遗漏或错误，在这种情况下，工程师应当给予解释，如果这种解释将导致成本增加或工期延长，发包人应当给予补偿。

(4) 合同变更。合同变更表现为设计变更、施工方法变更、追加或者取消某些工作、合同其他规定的变更等。

(5) 工程师指令。工程师指令有时也会产生索赔，如工程师指令承包人加速施工、进行某项工作、更换某些材料、采取某些措施等。

(6) 其他第三方原因。其他第三方原因常常表现为与工程有关的第三方的问题而引起的对本工程的不利影响。

3) 工程索赔的分类

(1) 按索赔的合同依据划分。

① 合同中明示的索赔。明示的索赔是指承包人所提出的索赔要求，在该工程项目的合同文件中有文字依据，承包人可以据此提出索赔要求，并取得经济补偿。这些在合同文件中有文字规定的合同条款，称为明示条款。

② 合同中默示的索赔。默示的索赔，即承包人的该项索赔要求，虽然在工程项目的合同条款中没有专门的文字叙述，但可以根据该合同的某些条款的含义，推论出承包人有索赔权。这种索赔要求，同样有法律效力，有权得到相应的经济补偿。这种有经济补偿含义的条款，在合同管理工作中被称为"默示条款"或称为"隐含条款"。

(2) 按索赔目的划分。

① 工期索赔。由于非承包人责任的原因而导致施工进程延误，要求批准顺延合同工期的索赔，称为工期索赔。工期索赔形式上是对权利的要求，以避免在原定合同竣工日不能完工时，被发包人追究拖期违约责任。一旦获得批准合同工期顺延后，承包人不仅免除了承担拖期违约赔偿费的严重风险，而且可能提前工期得到奖励，最终仍反映在经济收益上。

② 费用索赔。费用索赔的目的是要求经济补偿。当施工的客观条件改变导致承包人增加开支，要求对超出计划成本的附加开支给予补偿，以挽回不应由他承担的经济损失。

(3) 按索赔事件的性质划分。

① 工程延误索赔。

② 工程变更索赔。

③ 合同被迫终止的索赔。

④ 工程加速索赔。

⑤ 意外风险和不可预见因素索赔。

⑥ 其他索赔。

4) 索赔费用的组成

(1) 人工费。对于索赔费用中的人工费部分包括：人工费是指完成合同之外的额外工作所花费的人工费用；由于非施工单位责任导致的工效降低所增加的人工费用；法定的人工费增长以及非施工单位责任工程延误导致的人员窝工费和工资上涨费等。在计算停工损失中人工费时，通常采用人工单价乘以折算系数计算。

(2) 材料费。对于索赔费用中的材料费部分包括：由于索赔事项的材料实际用量超过计划用量而增加的材料费；由于客观原因材料价格大幅度上涨；由于非施工单位责任工程延误导致的材料价格上涨和材料超期储存费用。材料费中应包括运输费、仓储费以及合理的损耗费用。

(3) 施工机械使用费。对于索赔费用中的施工机械使用费部分包括：由于完成额外工作增加的机械使用费；非施工单位责任的工效降低增加的机械使用费；由于建设单位或监理工程师原因导致机械停工的窝工费。在计算机械设备台班窝工费时，不能按机械台班费计算，因为台班费中包括机械使用费。如果设备是承包人自有设备，一般按台班折旧费计算；如果是承包人租赁的设备，一般按台班租金加上每台班分摊的施工机械进退场费计算。

(4) 分包费用。分包费用索赔是指分包人的索赔费。分包人的索赔应如数列入总承包人的索赔款总额以内。

(5) 现场管理费。现场管理费是指放工单位完成额外工程、索赔事项工作以及工期延长期间的现场管理费，包括管理人员工资、办公费、通信费、交通费等。

现场管理费索赔金额的计算公式为

$$现场管理费索赔金额=索赔的直接成本费用\times现场管理费率 \tag{6.1.6}$$

其中，现场管理费的费率的确定可以选用的方法包括：①合同百分比法，即管理费比率在合同中规定；②行业平均水平法；③原始估价法，即采用投标报价时确定的费率；④历史数据法，即采用以往相似工程的管理费率。

(6) 利息。对于索赔费用中的利息部分包括：拖期付款利息；由于工程变更的工程延误增加投资的利息；索赔款的利息；错误扣款的利息。这些利息的具体利率，有这样几种规定：按当时的银行贷款利率；按当时的银行透支利率；按合同双方协议和利率。

(7) 总部管理费。主要指工程延误期间所增加的承包人向公司总部提交的管理费。 包括总部职工工资、办公大楼折旧、办公用品、财务管理、通信设施以及总部领导人员赴工地指导工作等开支。

(8) 保险费。由于发包人原因导致工程延期时，承包人必须办理工程保险、施工人员意外伤害险等各项保险的延期手续，对于由此增加的费用承包人可以提出索赔。

(9) 保函手续费。由于发包人原因导致工程延期时，承包人必须办理相关履约保函的延期手续。对于由此增加的费用承包人可以提出索赔。

(10) 利润。一般来说由于工程范围的变更和施工条件变化引起的索赔，施工单位可列入利润。索赔利润的款额计算通常是与原报价单中的利润百分率保持一致，即在直接费用的基础上增加原报价元中的利润率，作为该项索赔的利润。

5) 索赔费用的计算方法

索赔费用的计算方法有：实际费用法、总费用法和修正的总费用法。

(1) 实际费用法。实际费用法是计算工程索赔时最常用的一种方法。这种方法的计算原则是以承包商为某项索赔工作所支付的实际开支为根据，向业主要求费用补偿。

用实际费用法计算时，在直接费的额外费用部分的基础上，再加上应得的间接费和利润即是承包商应得的索赔金额。

由于实际费用法所依据的是实际发生的成本记录或单据，所以，在施工过程中系统而准确地积累记录资料是非常重要的。

(2) 总费用法。总费用法就是当发生多次索赔事件以后，重新计算该工程的实际总费用，实际总费用减去投标报价时的估算总费用，即为索赔金额，即

$$索赔金额=实际总费用-投标报价估算总费用$$

不少人对采用该方法计算索赔费用持批评态度，因为实际发生的总费用中可能包括了承包商的原因，如施工组织不善而增加的费用；同时投标报价估算的总费用也可能为了中标而过低。所以这种方法只有在难以采用实际费用法时才应用。

(3) 修正的总费用法。修正的总费用法是对总费用法的改进，即在总费用计算的原则上，去掉一些不合理的因素，使其更合理。修正的内容如下。

① 将计算索赔款的时段局限于受到外界影响的时间，而不是整个施工期。

② 只计算受影响时段内的某项工作所受影响的损失，而不是计算该时段内所有施工工作所受的损失。

③ 与该项工作无关的费用不列入总费用中。

对投标报价费用重新进行核算：按受影响时段内该项工作的实际单价进行核算，乘以实际完成的该项工作的工程量，得出调整后的报价费用。

按修正后的总费用计算索赔金额的公式如下：

$$索赔金额=某项工作调整后的实际总费用-该项工作的报价费用$$

修正的总费用法与总费用法相比，有了实质性的改进，它的准确程度已接近于实际费用法。

5．引起合同价款调整的其他事件

1) 项目特征描述不符

发包人在招标工程量清单中对项目特征的描述，应被认为是准确的和全面的，并且与实际施工要求相符合。承包人应按照发包人提供的招标工程量清单，根据其项目特征描述的内容及有关要求实施合同工程，直到其被改变为止。

设计图纸(含设计变更)与招标工程量清单任一项目的特征描述不符，且该变化引起该项目的工程造价增减变化的，发、承包双方应当按照实际施工的项目特征，重新确定相应工程量清单项目的综合单价，调整合同价款。

2) 招标工程量清单漏项

由于招标工程量清单中分部分项工程出现缺项漏项，引起措施项目发生变化的，应当按照工程变更事件中关于措施项目费的调整方法，在承包人提交的实施方案被发包人批准后，调整合同价款；由于招标工程量清单中措施项目漏项，承包人应将新增措施项目实施方案提交发包人批准后，按照工程变更事件中的有关规定调整合同价款。

3) 工程量偏差

工程量偏差是指承包人根据发包人提供的图纸(包括由承包人提供经发包人批准的图纸)进行施工，按照现行国家计量规范规定的工程量计算规则，计算得到的完成合同工程项目

应予计量的工程量与相应的招标工程量清单项目列出的工程量之间出现的量差。

(1) 综合单价的调整原则。当应予计算的实际工程量与招标工程量清单出现偏差(包括由于工程变更等原因导致的工程量偏差)超过15%时，对综合单价的调整原则为：当工程量增加15%以上时，其增加部分的工程量的综合单价应予调低；当工程量减少15%以上时，减少后剩余部分的工程量的综合单价应予调高。

(2) 措施项目费的调整。当应予计算的实际工程量与招标工程量清单出现偏差(包括由于工程变更等原因导致的工程量偏差)超过15%，且该变化引起措施项目相应发生变化，如该措施项目是按系数或单一总价方式计价的，对措施项目费的调整原则为：工程量增加的，措施项目费调增；工程量减少的，措施项目费调减。

4) 暂估价

(1) 给定暂估价的材料、工程设备。发包人在招标工程量清单中给定暂估价的材料和工程设备不属于依法必须招标的，由承包人按照合同约定采购，经发包人确认后以此为依据取代暂估价，调整合同价款；发包人在招标工程量清单中给定暂估价的材料和工程设备属于依法必须招标的，由发、承包双方以招标的方式选择供应商。依法确定中标价格后，以此为依据取代暂估价，调整合同价款。

(2) 给定暂估价的专业工程。

发包人在工程量清单中给定暂估价的专业工程不属于依法必须招标的，应按照工程变更事件的合同价款调整方法，确定专业工程价款。并以此为依据取代专业工程暂估价，调整合同价款。

属于依法必须招标的项目。发包人在招标工程量清单中给定暂估价的专业工程，依法必须招标的，应当由发、承包双方依法组织招标选择专业分包人，并接受有建设工程招标投标管理机构的监督。

① 若承包人不参加投标的专业工程，应由承包人作为招标人，但拟定的招标文件、评标方法、评标结果应报送发包人批准。与组织招标工作有关的费用应当被认为已经包括在承包人的签约合同价(投标总报价)中。

② 若承包人参加投标的专业工程，应由发包人作为招标人，与组织招标工作有关的费用由发包人承担。同等条件下，应优先选择承包人中标。

专业工程依法进行招标后，以中标价为依据取代专业工程暂估价，调整合同价款。

5) 提前竣工(赶工补偿)与误期赔偿

(1) 提前竣工(赶工赔偿)。发包人应当依据相关工程的工期定额合理计算工期，压缩的工期天数不得超过定额工期的20%，超过的，应在招标文件中明示增加赶工费用。如果承包人的实际竣工日期早于计划竣工日期，承包人有权向发包人提出并得到提前竣工天数和合同约定的每日应奖励额度的乘积计算的提前竣工奖励。

(2) 误期赔偿。合同工程发生误期的，承包人应当按照合同的约定向发包人支付误期赔偿费，如果约定的误期赔偿费低于发包人由此造成的损失的，承包人还应继续赔偿。即使承包人支付误期赔偿费，也不能免除承包人按照合同约定应承担的任何责任和义务。

6) 不可抗力

不可抗力是指合同双方在合同履行中出现的不能预见、不能避免并不能克服的客观情况。不可抗力造成的损失应按照以下原则承担。

(1) 合同工程本身的损害、因工程损害导致第三方人员伤亡和财产损失以及运至施工场地用于施工的材料和待安装的设备的损害，由发包人承担。

(2) 发包人、承包人人员伤亡由其所在单位负责，并承担相应费用。

(3) 承包人的施工机械设备损坏及停工损失，由承包人承担。

(4) 停工期间，承包人应发包人要求留在施工场地的必要的管理人员及保卫人员的费用由发包人承担。

(5) 工程所需清理、修复费用，由发包人承担。

(6) 因发生不可抗力事件导致工期延误的，工期相应顺延。发包人要求赶工的，承包人应采取赶工措施，赶工费用由发包人承担。

6.1.9　质量保修金

1. 质量保修金的支付

质量保修金由承包方向发包方支付，也可由发包方从应付承包方工程款内预留。质量保修金的比例及金额由双方约定，但不应超过施工合同价款的 3%。

2. 质量保修金的结算与返还

工程的质量保证期满后，发包方应当及时结算和返还(如有剩余)质量保修金。发包方应当在质量保证期满后 14 日内，将剩余保修金和按约定利率计算的利息返还承包方。

6.1.10　工程竣工结算的审查

工程竣工结算审查是竣工结算阶段的一项重要工作。经审查核定的工程竣工结算是核定建设工程造价的依据，也是建设项目验收后编制竣工决算和核定新增固定资产价值的依据。一般从以下几个方面入手。

1. 核对合同条款

首先，应该对竣工工程内容是否符合合同条件要求，工程是否竣工验收合格进行审查，只有按合同要求完成全部工程并验收合格才能列入竣工结算。其次，应按合同约定的结算方法、计价定额、取费标准、主材价格和优惠条款等，对工程竣工结算进行审核，若发现合同开口或有漏洞，应请建设单位与施工单位认真研究，明确结算要求。

2. 检查隐蔽验收记录

审核竣工结算时应该核对隐蔽工程施工记录和验收签证，手续完整、工程量与竣工图一致方可列入结算。

3. 落实设计变更签证

设计修改变更应由原设计单位出具设计变更通知单和修改图纸，设计、校审人员签字并加盖公章，经建设单位和监理工程师审查同意后签证；重大设计变更应经原审批部门审批，否则不应列入结算。

4. 按图核实工程数量

竣工结算的工程量应依据竣工图、设计变更单和现场签证等进行核算，并按国家统一规定的计算规则计算工程量。

5. 严格执行合同约定单价

结算单价应按合同约定或招投标规定的计价定额与计价原则执行。

6. 注意各项费用的计取

建安工程的取费标准应按合同要求或项目建设核实各项费率、价格指数或换算系数是否正确，价差调整计算是否符合要求，再核实特殊费用和计算程序。要注意各项费用的计取基数，如安装工程间接费等是以人工费为基数，这个人工费是定额人工费与人工费调整部分之和。

7. 防止各种计算误差

工程竣工结算子目多、篇幅大，往往有计算误差、应认真核算，防止因计算误差多计或少算。

6.2　竣　工　决　算

工程竣工决算是在整个建设项目或单项工程竣工验收点交后，以竣工结算资料为基础编制的，是反映整个建设项目或工程项目从筹建到工程全部竣工的建设费用文件。按照财政部、国家计委和建设部的有关文件，规定竣工决算由竣工财务决算说明书、竣工财务决算表、工程竣工图和工程竣工造价对比分析 4 个部分组成。前两部分又称为建设项目竣工财务决算，是竣工决算的核心内容。

6.2.1　建设单位项目竣工决算的编制依据

编制建设单位项目竣工决算主要应依据如下内容。

(1) 建设工程计划任务书。

(2) 建设工程总概算书和单项工程综合概预算书。

(3) 建设工程项目竣工图及说明。

(4) 单项(单位)工程竣工结算文件。

(5) 设备购置费用结算文件。

(6) 工器具及生产用具购置费用结算文件。

(7) 工程建设其他费用的结算文件。

(8) 国家和地方主管部门颁发的有关建设工程竣工决算的文件。

(9) 招标、投标文件与相应的合同。

6.2.2　建设单位项目竣工决算的主要内容

建设单位项目竣工决算文件主要由文字说明和一系列报表组成。

1. 文字说明

文字说明的内容主要包括：建设工程概况，建设工程概算和计划的执行情况，各项技术经济指标完成情况和各项拨款的使用情况，建设成本和投资效果分析以及建设中的主要经验，存在的问题和解决的建议。

2. 建设单位项目竣工决算的主要表格

根据建设项目的规模和竣工决算内容繁简的不同，表格的数量和形式也不相同。一般包括建设项目概况表、竣工工程财务决算表、交付使用资产总表、交付使用财产明细表。

1) 建设项目概况表

建设项目概况表主要综合反映大中型项目的基本概况，内容包括该项目总投资、建设起止时间、新增生产能力、主要材料消耗、建设成本、完成的主要工程量和技术经济指标，为全面考核和分析投资效果提供依据。

2) 竣工工程财务决算表

竣工工程财务决算表反映了大中型建设项目从开工到竣工为止的全部资金来源及运用情况。其主要内容如下。

(1) 资金来源包括基建拨款、项目资本金、项目资本公积金、基建借款、上级拨入投资借款、企业债券资金、待冲基建支出、应付款和未交款以及上级拨入资金和企业留成收入等。

(2) 资金支出反映建设项目从开工准备到竣工全过程资金支出的情况，内容包括基建支出、应收生产单位投资借款、库存器材、货币资金、有价证券和预付及应收款，以及拨付所属投资借款和库存固定资产等。资金支出总额应等于资金来源总额。

(3) 基建结余资金可以按下列公式计算。

基建结余资金=基建拨款+项目资本+项目资本公积金+基建投资借款+企业债券基金+待序冲基建支出-基本建设支出-应收生产单位投资借款

在编制竣工财务决算表时，主要应注意下面几个问题。

① 资金来源中的资本金与资本公积金的区别。资本金是项目投资者按照规定，筹集并投入项目的非负债资金，竣工后形成该项目(企业)在工商行政管理部门登记的注册资金；资本公积金是指投资者对该项目实际投入的资金超过其应投入的资本金的差额，项目竣工后

这部分资金形成项目(企业)的资本公积金。

② 项目资本金与借入资金的区别。如前所述,资本金是非负债资金,属于项目的自有资金;而借入资金,无论是基建借款、投资借款,还是发行债券等,都属于项目的负债资金。这是两者的根本性区别。

③ 资金占用中的交付使用资产与库存器材的区别。交付使用资产是指项目竣工后,交付使用的各项新增资产的价值;而库存器材是指没有用在项目建设过程中的、剩余的工器具及材料等,属于项目的节余,没有形成新增资产。

3) 交付使用资产总表

交付使用资产总表反映了建设项目建成后新增固定资产、流动资产、无形资产和其他资产情况。

4) 建设工程竣工图

竣工图的形式和深度,应根据不同情况区别对待,其具体要求如下。

建设工程竣工图是真实记录各种地上、地下建筑物、构筑物等情况的技术文件,是工程验收、维护、改建和扩建的依据,是国家重要的技术档案。

(1) 凡按图竣工没有变动的,由承包人(包括总包和分包承包人,下同)在原施工图上加盖"竣工图"标志后,即作为竣工图。

(2) 凡在施工过程中,虽有一般性设计变更,但能将原施工图加以修改补充作为竣工图的,可不重新绘制,由承包人负责在原施工图(必须是新蓝图)上注明修改的部分,并附以设计变更通知单和施工说明,加盖"竣工图"标志后,作为竣工图。

(3) 凡有重大改变,不宜再在原施工图上修改、补充时,应重新绘制改变后的竣工图。由原设计原因造成的,由设计单位负责重新绘制;由施工原因造成的,由承包人负责重新绘图;由其他原因造成的,由建设单位自行绘制或委托设计单位绘制。承包人负责在新图上加盖"竣工图"标志,并附以有关记录和说明,作为竣工图。

5) 工程造价比较分析

主要分析以下内容:主要实物工程量;主要材料消耗量;考核建设单位管理费、措施费和间接费的取费标准。

6.2.3 竣工决算报告

竣工决算报告情况说明书主要反映了竣工工程建设成果和经验,是对竣工决算报表进行分析和补充说明的文件,是全面考核分析工程投资与造价的书面总结。其主要包括如下内容。

(1) 建设项目概况。

(2) 资金来源及运用等财务分析。

(3) 基本建设收入、投资包干结余、竣工结余资金的上交分配情况。

(4) 各项经济技术指标的分析。

(5) 工程建设的经验及项目管理和财务管理工作,以及竣工财务决算中有待解决的问题。

6.3　案例分析

6.3.1　案例 1——工程预付款

1. 背景

某施工单位承包某工程项目，甲、乙双方签订的关于工程价款的合同内容如下。

(1) 建筑安装工程造价 660 万元，建筑材料及设备费占施工产值的比重为 60%；

(2) 工程预付款为建筑安装工程造价的 20%。工程实施后，工程预付款从未施工工程尚需的建筑材料及设备费相当于工程预付款数额时起扣，从每次结算工程价款中按材料和设备占施工产值的比重扣抵工程预付款，竣工前全部扣清；

(3) 工程进度款逐月计算；

(4) 工程质量保证金为建筑安装工程造价的 3%，竣工结算月一次扣留；

(5) 建筑材料和设备费价差调整按当地工程造价管理部门有关规定执行(按当地工程造价管理部门有关规定上半年材料和设备价差上调 10%，在 6 月份一次调增)(见表 6-1)。

表 6-1　工程各月实际完成产值

月份	2	3	4	5	6
完成产值/万元	55	110	165	220	110

2. 问题

(1) 通常工程竣工结算的前提是什么？

(2) 工程价款结算的方式有哪几种？

(3) 该工程的工程预付款、起扣点为多少？

(4) 该工程 2—5 月每月拨付工程款为多少？

(5) 6 月份办理工程竣工结算，该工程结算造价为多少？甲方应付工程结算款为多少？

(6) 该工程在保修期间发生屋面漏水，甲方多次催促乙方修理，乙方一再拖延，最后甲方另请施工单位修理，修理费 1.5 万元，该项费用如何处理？

3. 答案

(1) 工程竣工结算的前提条件是承包商按照合同规定的内容全部完成所承包的工程，并符合合同要求，经相关部门联合验收质量合格。

(2) 工程价款的结算方式主要分为按月结算、分段结算、竣工后一次结算和双方约定的其他方式。

(3) 工程预付款为：660×20%=132(万元)

起扣点为：660-132/60%=440(万元)

(4) 各月拨付的工程款为：

2 月：55 万元

3 月：110 万元，累计工程款为 165 万元

4 月：工程款为 165 万元，累计工程款为 330 万元

5 月：220-(220+330-440)×60%=154(万元)，累计工程款为 330+154=484(万元)

(5) 工程结算总造价为：660+660×0.6×10%=699.6(万元)

甲方应付工程结算款为：

699.6-484-699.6×3%-132=62.612(万元)

(6) 1.5 万元维修费应从乙方的质量保证金中扣除。

6.3.2 案例 2——调值公式

1. 背景

某直辖市区城区道路扩建项目进行施工招标，投标截止日期为 2011 年 8 月 1 日。通过评标确定中标人后，签订的施工合同总价为 80 000 万元，工程于 2011 年 9 月 20 日开工。施工合同中约定：①预付款为合同总价的 5%，分 10 次按相同比例从每月应支付的工程进度款中扣回。②工程进度款按月支付，进度款金额包括：当月完成清单子目的合同价款；当月确定的变更、索赔金额；当月价格调整金额；扣除合同约定应当抵扣的预付款和扣留的质量保证金。③质量保证金从月进度款中按 5%扣留，最高扣至合同总价的 5%。④工程价款结算时人工单价、钢材、水泥、沥青、砂石料以及机械使用费采用价格指数法给承包商以调价补偿，各项权重系数及价格指数如表 6-2 所示。

表 6-2 工程调价因子权重系数及造价指数

	人 工	钢材	水泥	沥青	砂石料	机械使用费	定值部分
权重系数	0.12	0.1	0.08	0.15	0.12	0.1	0.33
2011 年 7 月指数	91.7 元/日	78.95	106.97	99.92	114.57	115.18	—
2011 年 8 月指数	91.7 元/日	82.44	106.8	99.13	114.26	115.39	—
2011 年 9 月指数	91.7 元/日	86.53	108.11	99.09	114.03	115.41	—
2011 年 10 月指数	95.96 元/日	85.84	106.88	99.38	113.01	114.94	—
2011 年 11 月指数	95.96 元/日	86.75	107.27	99.66	116.08	114.91	—
2011 年 12 月指数	101.47 元/日	87.8	128.37	99.85	126.26	116.41	—

2. 问题

(1) 根据表 6-3 所列工程前 4 个月的完成情况，计算 11 月份完成的清单子目的合同价款。

(2) 计算 11 月份的价格调整金额。

(3) 计算 11 月份应当实际支付的金额。

表 6-3　2011 年 9—12 月工程完成情况　　　　　　　　　　单位：万元

月份 支付项目	9 月	10 月	11 月	12 月
截至当月完成的清单子目价款	1200	3510	6950	9840
当月确认的变更金额(调价前)	0	60	-110	100
当月确认的索赔金额(调价前)	0	10	30	50

3. 答案

(1) 11 月份完成的清单子目的合同价款：6950-3510=3440(万元)

(2) 11 月份的价格调整金额：

$$\Delta P = (3440 - 110 + 30) \times \left[\left(0.33 + 0.12 \times \frac{95.96}{91.7} + 0.1 \times \frac{86.75}{78.95} + 0.08 \times \frac{107.27}{106.97} \right. \right.$$

$$\left. \left. +0.15 \times \frac{99.66}{99.92} + 0.12 \times \frac{116.08}{114.57} + 0.1 \times \frac{114.91}{115.18} \right) - 1 \right] = 3360 \times [(0.33 + 0.1256 + 0.1099 +$$

$$0.0802 + 0.1496 + 0.1216 + 0.0988) - 1] = 56.11(万元)$$

(3) 11 月份实际应当支付的金额：

① 11 月份的应扣预付款：8000×5%=170.81(万元)

② 11 月份的应扣质量保证金：(3340-110+56.11)×5%=170.81(万元)

③ 11 月份实际支付的进度款金额：334-110+30+56.11-400-170.81=2845.30(万元)

6.3.3　案例 3——工程款结算

1. 背景

某企业承包的建筑工程合同造价为 780 万元。双方签订的合同规定工程工期为 5 个月；工程预付备料款额度为工程合同造价的 20%；工程进度款逐月结算；经测算其主要材料费所占比重为 60%；工程保留金为工程合同造价的 5%；各月实际完成的产值如表 6-4 所示。

表 6-4　各月实际完成的产值　　　　　　　　　　单位：万元

月份	3	4	5	6	7	合计
完成产值/万元	95	130	175	210	170	780

2. 问题

(1) 求工程预付款的起扣点。

(2) 求该工程如何按月结算工程款。

3. 答案

(1) 该工程的预付备料款=780×20%=156(万元)

由起扣点公式知：

$$起扣点 = 780 - \frac{156}{60\%} = 520(万元)$$

(2) 该工程按月结算工程款年折如下。

① 经计算开工前期每个月完成的工程款结算如表 6-5 所示。

表 6-5　工程结算款　　　　　　　　　　单位：万元

月　份	3	4	5	6
完成产值	95	130	175	210
当月应付工程款	95	130	175	210
累计完成的产值	95	225	400	610

② 由表 6-5 可以看出 3、4、5 月份累计完成的产值均未超过起扣点(520 万元)，故无须抵扣工程预付备料款。从第 6 个月累计完成产值 610 万元，大于起扣点(520 万元)。

故从 6 月开始应从工程进度款中抵扣工程预付的备料款。

6 月应抵扣的预付备料款=(610-520)×60%=54(万元)

6 月应结算的工程款=210-54=156(万元)

③ 工程尾期进度款结算如下。

应扣保留金=780×5%=39(万元)

7 月办理竣工结算时，应结算的工程尾款如下。

工程尾款=170×(1-60%)-39=29(万元)

④ 由上述计算结果可知：

3 月应结工程款为 95 万元。

4 月应结工程款为 130 万元。

5 月应结工程款为 175 万元。

6 月应结工程款为 156 万元。

7 月应结工程款为 29 万元。

6.3.4　案例 4——清单结算

1. 背景

某工程项目，建设单位通过公开招标方式确定某施工单位为中标人，双方签订了工程承包合同，合同工期为 3 个月。

合同中有关工程价款及其支付的条款如下。

(1) 分项工程清单中含有两个分项工程，工程量分别为甲项 4500 m³，乙项 31 000 m³。清单报价中，甲项综合单价为 200 元/m³，乙项综合单价为 12.93 元/m³。乙项综合单价的单价分析表如表 6-6 所示。当某一分项工程实际工程量比清单工程量增加超出 10%时，应调整单价，超出部分的单价调整系数为 0.9；当某一分项工程实际工程量比清单工程量减少 10%

以上时，对该分项工程的全部工程量调整单价，单价调整系数为 1.1。

表 6-6　(乙项工程)工程量清单综合单价分析表(部分)　　　　单位：元/m³

直接费	人工费	0.54		10.89
	材料费	0		
	机械费	反铲挖掘机	1.83	
		履带式推土机	1.39	
		轮式装载机	1.50	
		自卸卡车	5.63	
管理费	费率(%)	12		
	金额	1.31		
利润	利润率(%)	6		
	金额	0.73		
综合单价	12.93			

(2) 措施项目清单共有 7 个项目，其中环境保护等 3 项措施费用为 4.5 万元，这 3 项措施费用以分部分项工程量清单计价合计为基数进行结算。剩余的 4 项措施费用共计 16 万元，一次性包死，不得调价。全部措施项目费在开工后的第一个月末和第二个月末按措施项目清单中的数额分两次平均支付，环境保护措施等 3 项费用调整部分在最后一个月结清，多退少补。

(3) 其他项目清单中只包括招标人预留金 5 万元，实际施工中用于处理变更洽商，最后一个月结算。

(4) 规费综合费率为 4.89%，其取费基数为分部分项工程量清单计价合计、措施项目清单计价合计、其他项目清单计价合计之和；税金的税率为 3.47%。

(5) 工程预付款为签约合同价款的 10%，在开工前支付，开工后的前两个月平均扣除。

(6) 该项工程的质量保证金为签约合同价款的 3%，自第一个月起，从承包商的进度款中，按 3%的比例扣留。

合同工期内，承包商每月实际完成并经工程师签证确认的工程量如表 6-7 所示。

表 6-7　各月实际完成的工程量　　　　单位：m³

分项工程 \ 月份	1	2	3
甲项工程量	1600	1600	1000
乙项工程量	8000	9000	8000

2. 问题

(1) 该工程签约时的合同价款是多少万元？

(2) 该工程的预付款是多少万元？

(3) 该工程质量保证金是多少万元？

(4) 各月的分部分项工程量清单计价合计是多少万元？并对计算过程做必要的说明。

(5) 各月需支付的措施项目费是多少万元？

(6) 承包商第一个月应得的进度款是多少万元？

(计算结果均保留两位小数)

3. 答案(按照工程量清单计价)

(1) 合同价款的确定，包括分项工程费用、措施项目费用、其他项目费用、规费、税金。

合同价款= (4500×200+31 000×12.93+45 000+160 000+50 000)×(1+4.89%)×(1+3.47%)

= 168.85(万元)

(2) 该工程的预付款为

预付款=168.85×10%=16.89(万元)

(3) 该工程的质量保证金为

质量保证金=168.85×3%=5.07(万元)

(4) 各月分项工程费用如下。

1 月：1600×200+8000×12.93=42.34(万元)

2 月：1600×200+9000×12.93=43.64(万元)

3 月：甲项累计 4200>4500×(1-10%)=4050，所以甲项按原单价结算；

乙项累计 25 000<31 000×(1-10%)=27 900，所以乙项应调整单价。则该月分项工程费用为

1000×200+[8000×12.93×1.1+(8000+9000)×12.93×0.1] =33.58(万元)

(5) 措施项目费的结算如下。

1 月：全部措施项目费的一半=[(4.5+16) /2]×(1+4.89%)×(1+3.47)=11.12(万元)

2 月：全部措施项目费的一半=11.12(万元)

3 月：环境保护等 3 项措施项目费的调整部分如下。

环境保护等 3 项措施费费率=45 000/(4500×200+31 000×12.93)=3.46%

环境保护等 3 项措施费调整数额=(42.34+43.64+33.58)×3.46%-4.5=0.36(万元)

环境保护等 3 项措施费调整数额的结算=0.36×(1+4.89%)×(1+3.47%)=0.39(万元)

(6) 1 月的进度款=[42.34×(1+4.89%)×(1+3.47%)+11.12]×(1-3%)-16.89/2=46.92(万元)

6.3.5　案例 5——关于索赔的结算

1. 背景

某建安工程施工合同总价为 6000 万元，合同工期为 6 个月，合同签订日期为 1 月初，从当年 2 月份开始施工。

(1) 合同规定了如下内容。

① 预付款按合同价的 20%，累计支付工程进度款达施工合同总价的 40%后的下月起至竣工各月平均扣回。

② 从每次工程款中扣留 10%作为预扣质量保证金，竣工结算时将其一半退还给承包商。

③ 工期每提前 1 天，奖励 1 万元；推迟 1 天，罚款 2 万元。

④ 合同规定，当人工或材料价格比签订合同时上涨 5%及以上时，按如下公式调整合同价格。

$$P=P_0\times(0.15A/A_0+0.6B/B_0+0.25)$$

其中，0.15 为人工费在合同总价中的比重，0.60 为材料费在合同总价中的比重。

人工或材料上涨幅度小于 5%者，不予调整，其他情况均不予调整。

⑤ 合同中规定：非承包商责任的人工窝工补偿费为 800 元/天，机械闲置补偿费为 600 元/天。

(2) 工程如期开工，该工程每月实际完成合同产值如表 6-8 所示，施工期间实际造价指数如表 6-9 所示。

表 6-8　每月实际完成合同产值　　　　　单位：万元

月　份	2	3	4	5	6	7
完成合同产值	1000	1200	1200	1200	800	600

表 6-9　施工期间实际造价指数

月　份	1	2	3	4	5	6	7
人　工	110	110	110	115	115	120	110
材　料	130	135	135	135	140	130	130

(3) 施工过程中，某一关键工作面上发生了几种原因造成的临时停工。

① 5 月 10 日至 5 月 16 日承包商的施工设备出现了从未出现过的故障。

② 应于 5 月 14 日交给承包商的后续图纸直到 6 月 1 日才交给承包商。

③ 5 月 28 日至 6 月 3 日施工现场下了该季节罕见的特大暴雨，造成了 6 月 1 日至 6 月 5 日该地区的供电全面中断。

④ 为了赶工期，施工单位采取赶工措施，赶工措施费 5 万元。

(4) 实际工期比合同工期提前 10 天完成。

2. 问题

(1) 该工程预付款为多少？预付款起扣点是多少？从哪月开始起扣？

(2) 施工单位的可索赔工期是多少？可索赔费用是多少？

(3) 每月实际应支付工程款为多少？

(4) 工期提前奖为多少？竣工结算时尚应支付承包商多少万元？

3. 答案

(1) 工程预付款起扣点的计算如下。

① 该工程预付款为：6000×20%=1200(万元)

② 起扣点为：6000×40%=2400(万元)

(2) 各事件索赔如下。

① 5月10日至5月16日出现的设备故障，属于承包商应承担的风险，不能索赔。

② 5月17日至5月31日是由于业主迟交图纸引起的，为业主应承担的风险，工期索赔为15天，费用索赔额=15×800+600×15=2.1(万元)。

③ 6月1日—6月3日的特大暴雨属于双方共同风险，工期索赔为3天，但不应考虑费用索赔。

④ 6月4日—6月5日的停电属于有经验的承包商无法预见的自然条件，为业主应承担风险，工期可索赔2天，费用索赔额=(800+600)×2=0.28(万元)。

⑤ 赶工措施费不能索赔。

综上所述，可索赔工期20天，可索赔费用2.38万元。

(3) 2月份：完成合同价1000万元，预扣质量保证金为1000×10%=100(万元)，支付工程款为1000×90%=900(万元)。

累计支付工程款900万元，累计预扣质量保证金100万元。

3月份：完成合同价1200万元。预扣质量保证金为1200×10%=120(万元)，支付工程款为1200×90%=1080(万元)，累计支付工程款为900+1080=1980(万元)，累计预扣质量保证金为100+120=220(万元)。

4月份：完成合同价1200万元。

预扣质量保证金为1200×10%=120(万元)，付工程款为1200×90%=1080(万元)，累计支付工程款为1980+1080=3060(万元)>2400(万元)，下月开始每月扣为1200/3=400(万元)预付款，累计预扣质量保证金为220+120=340(万元)。

5月份：完成合同价1200万元。

材料价格上涨：(140-130)/130×100%=7.69%>5%，应调整价款。

调整后价款：1200×(0.15+0.16×140/130+0.25)=1255(万元)

索赔款2.1万元，预扣质量保证金：(1255+2.1)×10%=125.71(万元)

支付工程款：(1255+2.1)×90%-400=731.39(万元)

累计支付工程款：3060+731.39=3791.39(万元)

累计预扣质量保证金：340+125.71=465.71(万元)

6月份：完成合同价800万元。

人工价格上涨：(120-110)/110×100%=9.09%>5%，应调整价款。

调整后价款：800×(0.15×120/110+0.6+0.25)=810.91(万元)

索赔款0.28万元，预扣质量保证金：(810.91+0.28)×10%=81.119(万元)

支付工程款：(810.91+0.28)×90%-400=690.071(万元)

累计支付工程款：3791.39+690.071=4481.461(万元)

累计预扣质量保证金：465.71+81.119=546.829(万元)

7月份：完成合同价600万元。

预扣质量保证金：600×10%=60(万元)

支付工程款：600×90%-400=140(万元)

累计支付工程款：4481.461+140=4621.461(万元)

累计预扣质量保证金：546.829+60=606.829(万元)

(4) 工期提前奖：(10+20)×10 000=30(万元)

退还预扣质量保证金：606.829÷2=303.415(万元)

竣工结算时尚应支付承包商：30+303.415=333.415(万元)

6.3.6 案例6——双代号网络

1. 背景

东部某市一承包商于某年3月6日与该市一名业主签订了一项施工合同，合同规定如下。

① 业主应于3月14日提交施工场地；②开工日期3月16日，竣工日期4月22日，合同日历工期为38天；③工期每提前一天奖励3000元，每延误一天罚款5000元。承包商按时提交了施工方案和网络进度计划，见图6-1，并得到了业主代表的批准。

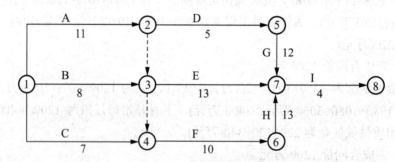

图6-1 施工进度计划网络

施工过程中发生了如下一些事项。

① 因部分原有设施搬迁，致使施工场地的提供时间被延误，业主直至3月17日才提供全部场地，从而影响了A、B两项工作的正常作业，使该两项工作的持续时间均延长了2天，并使这两项工作分别窝工6个和8个工日。工作C没有受到影响。

② 承包商与设备租赁商原约定工作D使用的机械在3月27日进场，但由于运输问题推迟到3月30日才进场，造成工作D持续时间增加了1天，同时多用人工7个工日。

③ E工作施工过程中，因设计变更，造成其施工时间增加了2天，多用人工14个工日，另增加其他费用15 000元。

2. 问题

(1) 在上述事项中，哪些方面承包商可以向业主提出索赔的要求？简述理由。

(2) 该工程实际工期为多少天？可得到的工期补偿为多少天？

(3) 假设双方规定人工费标准为 30 元/天，双方协商的窝工人工费补偿标准为 18 元/天，管理费、利润等不予补偿，则承包商可得到的经济补偿是多少？

3. 答案

(1) 事项①可以提出工期补偿和费用补偿的要求。因为按合同要求提供施工场地是业主的工作内容，因此延误提供施工场地属于业主应承担的责任，并且工作 A 处于关键路线上。

事项②不可以提出索赔要求。因为租赁设备延迟进场属于承包商自身应承担的责任。

事项③索赔成立。因为设计变更的责任在业主。但由于受影响的工作 E 不在关键路线上(不是关键工作)，且工期增加的时间(2 天)没有超过该项工作的总时差(10 天)，故承包商只可以提出费用补偿的要求。

(2) 该网络进度计划原计算工期为 38 天，关键路线为：A—F—H—I 或 1—2—3—4—6—7—8。

发生各项变更后，其实际工期为 40 天，关键路线仍为：A—F—H—I 或 1—2—3—4—6—7—8。

如果只考虑应由业主承担责任的各项变更，将其被延误的工期计算到总工期中，则此时计算工期为 40 天，关键路线仍为：A—F—H—I。

工期补偿：40-38=2(天)。

(3) 承包商可得到的费用补偿为：(6+8)×18+14×30+15 000=15 672(元)。

练 习 题

练习题 1

【背景】

某建筑工程合同价款为 580 万元，其中，分部分项工程量清单费为 490 万元，措施项目清单费为 60 万元，其他项目清单费为 12 万元，规费为 6 万元，税金为 12 万元。查地区工程造价管理部门发布的该工程年度以分部分项工程清单费为基础的竣工调价系数为 1.05。

【问题】

求调价后的竣工工程价款。

练习题 2

【背景】

某厂(甲方)与某建筑公司(乙方)订立了某工程项目施工合同，同时与某降水公司订立了工程降水合同。甲乙双方合同规定：采用单价合同，每一分项工程的实际工程量增加或减少超过招标文件中工程量的10%以上时调整单价；工作B、E、G作业使用的主导施工机械一台(乙方自备)，台班费为400元/台班，其中台班折旧费为240元/台班。施工网络计划图如下所示(单位：天)甲乙双方合同约定8月15日开工。工程施工中发生如下事件。

(1) 降水方案错误，致使工作D推迟2天，乙方人员配合用工5个工日，窝工6个工日。

(2) 8月21日至8月22日，因供电中断停工2天，造成人员窝工16个工日。

(3) 因设计变更，工作E工程量由招标文件中的300 m^3 增至350 m^3，超过了10%；合同中该工作的全费有单价为110元/m^3，经协商调整后全费用单价为100元/m^3；

(4) 为保证施工质量，乙方在施工中将工作B原设计尺寸扩大，增加工程量15m^3，该工作全费用单价为128元/m^3。

(5) 在工作D、E均完成后，甲方指令增加一项临时工作K，经核准，完成该工作需要1天时间，机械1台班，人工10个工日。

【问题】

(1) 上述哪些事件乙方可以提出索赔要求？哪些事件不能提出索赔要求？说明理由。

(2) 每项事件工期索赔各是多少？总工期索赔多少天？

(3) 工作E结算价为多少？

(4) 假设人工工日单价为50元/工日，合同规定窝工人工费补偿标准为25元/工日，因增加用工所需管理费为增加人工费的20%，工作K的综合取费为人工费的80%。试计算除事件(3)外合理的费用和索赔总额。

练习题3

【背景】

某工程项目施工合同价为560万元，合同工期为6个月，施工合同中规定了以下内容。

(1) 开工前业主向施工单位支付合同价20%的预付款。

(2) 业主自第一个月起，从施工单位的应得工程款中按10%的比例扣留保留金，保留金限额暂定为合同价的5%。

(3) 预付款在最后两个月扣除，每月扣50%。

(4) 工程进度款按月结算，不考虑调价。

(5) 业主供料价款在发生当月的工程款中扣留。

(6) 若施工单位每月实际完成产值不足计划产值的90%，业主可按实际完成产值的8%的比例扣留工程进度款，在工程竣工结算时将扣留的工程进度款退还施工单位(见表6-10)。

表6-10　某工程各月计划与实际完成产值　　　　　单位：万元

月 份	1	2	3	4	5	6
计算完成产值	70	90	110	110	100	80
实际完成产值	70	80	120	120	90	80
业主供料价款	8	12	15	10	12	10

【问题】

(1) 该工程的工程预付款是多少万元？应扣留的保留金为多少万元？

(2) 工程师各个月应签证的工程款是多少？实际签发的付款凭证金额是多少？

附录 模拟试卷及答案

模拟试卷(一)

案例 1

【背景】

某企业拟引进一条生产线,其预测数据见表 1。考虑在消化吸收过程中,由于技术上的原因,有可能其达产期的生产负荷达不到设计产量。假设项目的销售收入与产量为线性关系,经营成本不随产量变动。($i_C=10\%$)

表 1 项目预测现金流量表

项目 \ 年份	0	1	2	3—19	20
投资	1000	800			
经营成本			430	500	500
年收益			880	1100	1100
回收残值					90

【问题】

1. 计算项目盈亏平衡时的生产能力利用率,并判定项目的抗风险能力。
2. 计算项目净现值。
3. 计算项目最大可接受的折现率。

案例 2

【背景】

某公司准备对某商厦进行改造,有两个方案,向某咨询公司进行咨询。

甲方案:对原来的商厦改造,建设期 1 年,年初投入 2000 万元,建成即投产,投产期的前三年每年收益 550 万元(期末),后 2 年每年收益 350 万(期末)。每年年末需要大修才可以进行下一年工作,大修费为 50 万(期末)。期末经大修后处理固定资产收益为 80 万元。

乙方案:拆除原商厦另建,建设期 2 年,每年年初投入 2000 万元,建成即投产,投产期前五年每年收益 650 万元(期末),后 2 年每年收益为 350 万元(期末)。后 2 年每年年末需要大修才可以进行下一年工作,大修费 50 万(期末)。期末经大修后处理固定资产收益为 80 万元。(基准收益率为 10%)

【问题】

1. 请考虑项目全寿命周期，画出现金流量图。

2. 用最小研究周期法比较两方案现值(结果取整数)。选择有利方案。

案例 3

【背景】

某沿海城市开发办的综合办公楼进行施工招标，要求投标企业为房屋建筑施工总承包一级及以上资质。资格预审公告后，有 15 家单位报名参加。①资格预审时，有招标人代表提出不能使用民营企业，应选择国有大中型企业。②资格预审文件中规定资格审查采用合格制，评审过程中招标人发现合格的投标申请人达到 12 家之多，因此要求对他们进行综合评价和比较，并采用投票方式优选出 7 家作为最终的资格预审合格投标人。③现场踏勘时，有两家单位因故未能参加，招标人按该两家单位放弃投标考虑。④到投标截止时间时有一家投标人因路上堵车迟到了 5 分钟(已事先电话告知招标人)，招标人拒绝接收其投标文件。⑤开标仪式上，有 1 家投标人未派代表出席，但其投标文件提前寄到了招标人处，招标人因该投标人代表未在场为由，没有开启其投标文件。⑥发出中标通知书之前，招标人书面要求中标人做出了 2%的让利。

【问题】

1. 工程施工招标资格审查方法有哪两种？合格制的资格审查办法的优缺点是什么？

2. 上述程序中，有哪些不妥之处？试说明理由。

案例 4

【背景】

某政府投资建设工程项目，采用《建设工程工程量清单计价规范》(GB 50500—2008)计价方式招标，发包方与承包方签订了施工合同，合同工期为 110 天。

施工合同约定如下。

(1) 工期每提前(或拖延)1 天，奖励(或罚款)3000 元(含税金)。

(2) 各项工作实际工程量在清单工程量变化幅度±10%以外的，双方可协商调整综合单价；变化幅度在±10%以内的，综合单价不予调整。

(3) 发包方原因造成机械闲置，其补偿单价按照机械台班单价的 50%计算；人员窝工补偿单价，按照 50 元/工日计算。

工程项目开工前，承包方按时提交了施工方案及施工进度计划(施工进度计划如图 1 所示)，并获得发包方工程师的批准。

根据施工方案及施工进度计划，工作 B 和工作 I 需要使用同一台机械施工。该机械的台班单价为 1000 元/台班。

该工程项目按合同约定正常开工，施工中依次发生如下事件。

事件 1：C 工作施工中，因设计方案调整，导致 C 工作持续时间延长 10 天，造成承包方人员窝工 50 个工日。

事件2：I工作施工前，承包方为了获得工期提前奖，拟订了I工作缩短2天作业时间的技术组织措施方案，发包方批准了该调整方案。为了保证质量，I工作时间在压缩2天后不能再压缩。该项技术组织措施产生费用3500元。

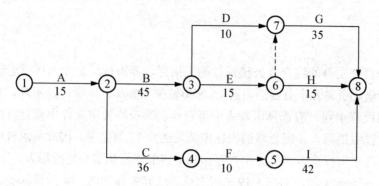

图1　施工进度计划图

事件3：H工作施工过程中，劳动力供应不足，使H工作拖延了5天。承包方强调劳动力供应不足是因为天气过于炎热导致。

上述事件发生后，承包方及时向发包方提出了索赔并得到了相应的处理。

【问题】

1. 承包方是否可以分别就事件1～3提出工期和费用索赔？说明理由。

2. 事件1～3发生后，承包方可得到的合理工期补偿为多少天？该项目的实际工期是多少天？

3. 事件1～3发生后，承包方可得到总的费用追加额是多少？

案例5

【背景】

某工程项目施工承包合同价为3200万元，工期18个月，承包合同规定如下。

(1) 发包人在开工前7天应向承包人支付合同价20%的工程预付款。

(2) 工程预付款自工程开工后的第8个月起分5个月等额抵扣。

(3) 工程进度款按月结算。工程质量保证金为承包合同价的5%，发包人从承包人每月的工程款中按比例扣留。

(4) 当分项工程实际完成工程量比清单工程量增加10%以上时，超出部分的相应综合单价调整系数为0.9。

(5) 规费费率3.5%，以工程量清单中分部分项工程合价为基数计算；税金率3.41%，按规定计算。

在施工过程中，发生以下事件。

(1) 工程开工后，发包人要求变更设计。增加一项花岗石墙面工程，由发包人提供花岗石材料，双方商定该项综合单价中的管理费、利润均以人工费与机械费之和为计算基数，管理费率为40%，利润率为14%。消耗量及价格信息资料见表2。

表 2 消耗量及价格信息资料表

项 目		单 位	消 耗 量	市场价/元
人 工		综合工日	0.56	60
材料	白水泥	kg	0.155	0.8
	花岗石	m²	1.06	530.00
	水泥砂浆	m³	0.0299	240.00
	其他材料			0.40
机械	灰浆搅拌	台班	0.0052	49.18
	切割机	台班	0.0969	52.00

(2) 在工程进度至第 8 个月时，施工单位按计划进度完成了 200 万元建安工作量，同时还完成了发包人要求增加的一项工作内容。经工程师计量后的该工作工程量为 260 m²，经发包人批准的综合单价为 352 元/m²。

(3) 施工至第 14 个月时，承包人向发包人提交了按原综合单价计算的该项目已完工程量结算报告 18 万元。经工程师计量。其中某分项工程因设计变更实际完成工程数量为 580 m³(原清单工程数量为 360 m³，综合单价 1200 元/m³)。

【问题】

1．计算该项目工程预付款。

2．列式计算并编制花岗石墙面工程的工程量清单综合单价分析表。

3．列式计算第 8 个月的应付工程款。

4．列式计算第 14 个月的应付工程款。

(计算结果均保留两位小数，问题 3 和问题 4 的计算结果以万元为单位)

案例 6

【背景】

某工程采用工程量清单招标。按工程所在地的计价依据规定，措施费和规费均以分部分项工程费中的人工费(已包含管理费和利润)为计算基础，经计算，该工程的分部分项工程费总计为 6 300 000 元，其中人工费为 1 260 000 元。其他有关工程造价方面的背景材料如下。

(1) 条形砖基础工程量 160 m³，基础深 3 m，采用 M5 水泥砂浆砌筑，多孔砖的规格为 240 mm×115 mm×90 mm。实心砖内墙工程量 1200 m³，采用 M5 混合砂浆砌筑，蒸压灰砂砖规格 240 mm×115 mm×53 mm；墙厚 240 mm。

现浇钢筋混凝土矩形梁模板及支架工程量 420 m²，支模高度 2.6m。现浇钢筋混凝土有梁板模板及支架工程量 800 m²，梁截面 250 mm×400 mm，梁底支模高度 2.6 m，板底支模高度 3 m。

(2) 安全文明施工费费率为 25%，夜间施工费费率为 2%，二次搬运费费率为 1.5%，冬雨季施工费费率为 1%。

按合理的施工组织设计，该工程需大型机械进出场及安拆费 26 000 元，工程定位复测费 2400 元，已完工程及设备保护费 22 000 元，特殊地区施工增加费 120 000 元，脚手架费 166 000 元。以上各项费用包含管理费和利润。

(3) 招标文件中列明，该工程暂列金额 330 000 元，材料暂估价 100 000 元，计日工费用 20 000 元，总承包服务费 20 000 元。

(4) 社会保障费中的养老保险费费率为 16%，失业保险费费率为 2%，医疗保险费和生育保险费费率为 6%，工伤保险费费率为 0.48%，住房公积金费率为 6%，税率为 3.413%。

【问题】

依据《建设工程工程量清单计价规范》的规定，结合工程背景资料及所在地计价依据的规定，编制招标控制价。

1. 编制砖基础和实心砖内墙的分部分项清单及计价，填入分部分项工程量清单及计价表中。项目编码略。综合单价：砖基础 240.18 元/m³，实心砖内墙 249.11 元/m³。

2. 编制工程措施项目清单及计价，填入措施项目清单与计价表(一)(总价项目)和措施项目清单与计价表(二)(单价项目)。补充的现浇钢筋混凝土模板及支架项目编码：梁模板及支架 AB001，有梁板模板及支架 AB002；综合单价：梁模板及支架 25.60 元/m²，有梁板模板及支架 23.20 元/m²。

3. 编制工程其他项目清单及计价，填入其他项目清单及计价汇总表。

4. 编制工程规费和税金项目清单及计价，填入规费、税金项目清单与计价表。

5. 根据以上计算结果，计算该工程的招标控制价，填入单位工程招标控制价汇总表。

模拟试卷(一)参考答案

案例 1

1. 设 A 为项目达产期盈亏平衡时的年收益，则由已知预测数据及盈亏平衡分析原理，有：

$$1000 + 800 \times (1+10\%)^{-1} - (880-430) \times (1+10\%)^{-2}$$

$$= (A-500) \times \frac{(1+10\%)^{18}-1}{10\% \times (1+10\%)^{18}} \times (1+10\%)^{-2} + 90 \times (1+10\%)^{-20}$$

解得：A=697.99(万元)

则盈亏平衡时的生产能力利用率为：$\frac{697.99}{1100} \times 100\% = 63.45\% < 70\%$，因此，该项目的抗风险能力尚可。

2. $\text{NPV}(i_C = 10\%) = -1000 - 800 \times (1+10\%)^{-1} + (880-430) \times (1+10\%)^{-2} + (1100-500) \times$

$$\frac{(1+10\%)^{18}-1}{10\% \times (1+10\%)^{18}} \times (1+10\%)^{-2} + 90 \times (1+10\%)^{-20} = 2724.82(万元)$$

3. $\text{NPV}(i_c = 27\%) = -1000 - 800 \times (1 + 27\%)^{-1} + (880 - 430) \times (1 + 27\%)^{-2} + (1100 - 500) \times$

$$\frac{(1 + 27\%)^{18} - 1}{27\% \times (1 + 27\%)^{18}} \times (1 + 27\%)^{-2} + 90 \times (1 + 27\%)^{-20} = 8.96(万元)$$

$\text{NPV}(i_c = 28\%) = -1000 - 800 \times (1 + 28\%)^{-1} + (880 - 430) \times (1 + 28\%)^{-2} + (1100 - 500) \times$

$$\times \frac{(1 + 28\%)^{18} - 1}{28\% \times (1 + 28\%)^{18}} \times (1 + 28\%)^{-2} + 90 \times (1 + 28\%)^{-20} = -57.17(万元)$$

使用内插法：$\dfrac{27\% - 28\%}{27\% - i} = \dfrac{8.96 + 57.17}{8.96}$ 解得 $i = 27.14\%$。为该项目最大可接受的折现率。

案例 2

1.

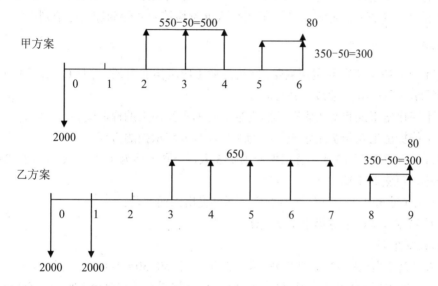

2. 甲方案：NPV=2000+(550−50)(P/A,10%,3)(P/F,10%,1)+(350−50)(P/A,10%,2)(P/F,10%,4)+80(P/F,10%,6)=3531(万元)

乙方案：NPV=[2000+2000(P/F,10%,1)+650(P/A,10%,5)(P/F,10%,2)+(350−50)(P/A,10%,2)(P/F,10%,7)+80(P/F,10%,9)](A/P,10%,9)(P/A,10%,6)=4662(万元)

经比较得知，乙方案净现值大于甲方案净现值，所以选择乙方案。

案例 3

1. 资格审查有资格预审和资格后审两种。

合格制的优点是设置一个门槛，达到要求就通过，投标竞争力强，比较客观公平，有利于获得更多、更好的投标人和投标方案。缺点是条件设置不当容易造成投标人过多，增加评标成本或投标人不足 3 人的情况。

2. (1) 资格预审时，有招标人代表提出不能使用民营企业，应选择国有大中型企业的说法不妥，属歧视性条件。

(2) 资格预审文件中规定资格审查采用合格制，评审过程中招标人发现合格的投标申请人达到 12 家之多，因此要求对他们进行综合评价和比较，并采用投票方式优选出 7 家作为最终的资格预审合格投标人不妥，这样做改变了在资格预审公告中载明的资格预审办法，是错误的和禁止的。

(3) 现场踏勘时，有 2 家单位因故未能参加，招标人按 2 家单位放弃投标考虑的做法不妥，法规未要求投标人必须现场踏勘。

(4) 开标仪式上，有 1 家投标人未派代表出席，但其投标文件提前寄到了招标人处，招标人因该投标人代表未在场为由，没有开启其投标文件的做法错误，法规未规定开标时投标人必须到开标现场，投标文件在规定时间送达到指定地点的都应当接收，密封完好符合要求的投标都应当开启、唱标。

(5) 发出中标通知书之前，招标人书面要求中标人做出了 2% 的让利不妥，违反了有关法规要求的"在中标前同招标人不得同投标人就价格等实质性问题进行谈判"的规定。

案例 4

1. (1) 可以提出工期和费用索赔，因这是业主应承担的责任，并且 C 工作的 TF=15-36-10-42=7(天)，延误 10 天超过了其总时差。

(2) 不能提出工期和费用索赔，因为赶工是为了获得工期提前奖。

(3) 不能提出工期和费用索赔，因为这是承包方应承担的责任。

2. (1) C 工作延误 10 天，总工期变为 113 天，合同工期为 110 天，C 工作的 TF=7(天)，10-7=3(天)，可索赔工期 3 天。

(2) I 工作缩短 2 天，承包方的责任，不可提出工期索赔。

(3) 承包方责任，不可提出工期索赔。

3. (1) 事件 1：

① 人员窝工费=人员窝工补偿费×人工窝工工日=50×50=2500(元)

② 机械闲置费=台班单价×机械闲置补偿费率×闲置天数=1000×50%×10=5000(元)

C 工作延误 10 天增加费用(包括规费和税金)=(2500+5000)×(1+3.55%)×(1+3.41%)=8031(元)

(2) 事件 2：赶工产生的费用不可以提出追加，但是提前完成了工期 2 天，每天可获 3000 元的工期奖，故承包商可追加费用=3000×2=6000(元)。

(3) 事件 3：不能提出费用索赔。

总费用追加额合计=8031+6000=14 031(元)

案例 5

1. 工程预付款：3200×20%=640(万元)

2. 人工费：0.56×60=33.60(元/m²)

材料费：0.155×0.8+0.0299×240+6.4=13.70(元/m²)[或：13.70+1.06×530=575.50(元/m²)]

机械费：0.0052×49.18+0.0969×52=5.29(元/m²)

管理费：(33.60+5.29)×40%=15.56(元/m²)

利润：(33.60+5.29)×14%=5.44(元/m²)

综合单价：33.60+13.70+5.29+15.56+5.44=73.59(元/m²)

[或：33.60+575.50+5.29+15.56+5.44=635.39(元/m²)]

根据上述计算结果编制工程量清单综合单价分析表，如表1所示。

表1 分部分项工程量清单综合单价分析表

单位：元/m²

项目编号	项目名称	工程内容	综合单价组成					综合单价
			人工费	材料费	机械费	管理费	利润	
020108001001	花岗石墙面	进口花岗石板(25mm) 1∶3水泥砂浆结合层	33.6	13.7(或575.50)	5.29	15.56	5.44	73.59(或635.39)

3. 增加工作的工程款：260×352×(1+3.5%)×(1+3.41%)=97 953.26(元)=9.80(万元)

第8个月应付工程款：(200+9.80)×(1-5%)-640÷5=71.31(万元)

4. 该分项工程增加工程量后的差价。

(580-360×1.1)×1200×(1-0.9)×(1+3.5%)(1+3.41%)=23 632.08(元)=2.36(万元)

或：该分项工程的工程款应为：

[360×1.1×1200+(580-360×1.1)×1200×0.9]×(1+3.5%)(1+3.41%)=72.13(万元)

承包商结算报告中该分项工程的工程款为：

580×1200×(1+3.5%)(1+3.41%)=74.49(万元)

承包商多报的该分项工程的工程款为：74.49-72.13=2.36(万元)

第14个月应付工程款为：(180-2.36)×(1-5%)=168.76(万元)

案例6

1. 编制砖基础和实心砖内墙的分部分项清单及计价，填入分部分项工程量清单及计价表中，见表2。

表2 分部分项工程量清单与计价

工程名称：   标段：

序号	项目编码	项目名称	项目特征描述	计量单位	工程量	金额/元		
						综合单价	合价	暂估价
1	略	砖基础	M5水泥砂浆砌筑多孔砖条形基础，砖规格240mm×115mm×90mm，基础深3m	m³	160	240.18	38 428.80	
2	略	实心砖内墙	M5混合砂浆砌筑蒸压灰砂砖内墙，砖规格240mm×115mm×53mm，墙厚240mm	m³	1200	249.11	298 932.00	
	合	计					337 360.80	

2. 编制工程措施项目清单及计价，填入措施项目清单与计价表，见表3、表4。

表3 措施项目清单与计价(一)

工程名称：   标段：

序　号	项目编码	项目名称	计算基础	费率/%	金额/元
1	略	安全文明施工费(含环境保护、文明施工、安全施工、临时设施)	人工费(或1 260 000元)	25	315 000.00
2	略	夜间施工增加费		2	25 200.00
3	略	二次搬运费		1.5	18 900.00
4	略	冬雨季施工费		1	12 600.00
5	略	大型机械进出场及安拆费			26 000.00
6	略	工程定位复测费			2400.00
7	略	已完工程和设备保护设施费			22 000.00
8	略	特殊地区施工增加费			120 000.00
9	略	脚手架费			166 000.00
		合计			708 100.00

表4 措施项目清单计价表(二)

工程名称：   标段：

序号	项目编码	项目名称	项目特征	计量单位	工程量	金额/元 综合单价	金额/元 合　价
1	AB001	现浇钢筋混凝土矩形梁模板及支架	矩形梁，支模高度2.6 m	m²	420	25.6	10 752.00
2	AB002	现浇钢筋混凝土有梁板模板及支架	矩形梁，梁截面250 mm×400 mm，梁底支模高度2.6 m，板底支模高度3m	m²	800	23.2	18 560.00
	合计						29 312.00

3. 编制工程其他项目清单及计价，填入其他项目清单及计价汇总表，见表5。

表5 其他项目清单与计价汇总表

工程名称：   标段：

序　号	项目名称	计量单位	金　额	备　注
1	暂列金额	元	330 000.00	
2	材料暂估价	元	—	
3	计日工	元	20 000.00	
4	总包服务费	元	20 000.00	
	合计	元	370 000.00	

4. 编制工程规费和税金项目清单及计价，填入规费、税金项目清单与计价表，见表6。

表6　规费、税金项目清单与计价表

序　号	项目名称	计算基础	费率/%	金额/元
1	规费			384 048.00
1.1	社会保险费			302 400.00
(1)	养老		16	201 600.00
(2)	失业	人工费(或 1 260 000 元)	2	25 200.00
(3)	医疗		6	75 600.00
(4)	生育			
(5)	工伤		0.48	6048.00
1.2	住房公积金		6	75 600.00
2	税金	分部分项工程费+措施项目费+规费(或 7791460)	3.413	265 922.53
	合计=1+2			649 970.53

5. 计算该工程的招标控制价，填入单位工程招标控制价汇总表，见表7。

表7　单位工程招标控制价汇总表

序　号	项目名称	金额/元
1	分部分项工程量清单合计	6 300 000.00
2	措施项目清单合计	737 412.00
2.1	措施项目(一)	708 100.00
2.2	措施项目(二)	29 312.00
3	其他项目清单合计	370 000.00
4	规费	38 048.00
5	税金	265 922.53
	招标控制价合计=1+2+3+4+5	7 711 382.53

模拟试卷(二)

案例 1

【背景】

某拟建工业生产项目的有关基础数据如下。

(1) 项目建设期 2 年，运营期 6 年，建设投资 2000 万元，预计全部形成固定资产。

(2) 项目资金来源为自有资金和贷款。建设期内，每年均衡投入自有资金和贷款各 500 万元，贷款年利率为 6%。流动资金全部用项目资本金支付，金额为 300 万元，于投产当年

投入。

(3) 固定资产使用年限为 8 年，采用直线法折旧，残值为 100 万元。

(4) 项目贷款在运营期的 6 年间，按照等额还本、利息照付的方法偿还。

(5) 项目投产第 1 年的营业收入和经营成本分别为 700 万元和 250 万元，第 2 年的营业收入和经营成本分别为 900 万元和 300 万元，以后各年的营业收入和经营成本分别为 1000 万元和 320 万元。不考虑项目维持运营投资、补贴收入。

(6) 企业所得税税率为 25%，营业税及附加税率为 6%。

【问题】

1. 列式计算建设期贷款利息、固定资产年折旧费和计算期第 8 年的固定资产余值。

2. 计算各年还本、付息额及总成本费用，并将数据填入表格中。

3. 列式计算计算期第 3 年的所得税。从项目资本金出资者的角度，列式计算计算期第 8 年的净现金流量。

案例 2

【背景】

某智能大厦的一套设备系统有 A、B、C 3 个采购方案，其有关数据见表 1。现值系数见表 2。

表 1　设备系统各采购方案数据

项目 \ 方案	A	B	C
购置费和安装费/万元	520	600	700
年度使用费/(万元/年)	65	60	55
使用年限/年	16	18	20
大修周期/年	8	10	10
大修费/(万元/次)	100	100	110
残值/万元	17	20	25

表 2　现值系数表

n	8	10	16	18	20
$(P/A, 8\%, n)$	5.747	6.710	8.851	9.372	9.818
$(P/F, 8\%, n)$	0.540	0.463	0.292	0.250	0.215

【问题】

1. 拟采用加权评分法选择采购方案，对购置费和安装费、年度使用费、使用年限 3 个指标进行打分评价，打分规则为：购置费和安装费最低的方案得 10 分，每增加 10 万元扣 0.1 分；年度使用费最低的方案得 10 分，每增加 1 万元扣 0.1 分；使用年限最长的方案得 10 分，每减少 1 年扣 0.5 分；以上 3 项指标的权重依次为 0.5、0.4 和 0.1。应选择哪种采购方案较合理？

2. 若各方案年费用仅考虑年度使用费、购置费和安装费，且已知 A 方案和 C 方案相应的年费用分别为 123.75 万元和 126.30 万元，列式计算 B 方案的年费用，并按照年费用法做出采购方案比选。

3. 若各方案年费用需进一步考虑大修费和残值，且已知 A 方案和 C 方案相应的年费用分别为 130.41 万元和 132.03 万元，列式计算 B 方案的年费用，并按照年费用法做出采购方案比选。

4. 若 C 方案每年设备的劣化值均为 6 万元，不考虑大修费，该设备系统的静态经济寿命为多少年？

案例 3

【背景】

某事业单位办公楼施工的招标人于 2014 年 8 月 20 日发布了招标公告，其中说明，8 月 25 日在该招标人总工程师室领取招标文件，9 月 5 日 14 时为投标截止时间。有 3 家承包商响应招标，并按规定时间提交了投标文件。

开标时，由招标人检查投标文件的密封情况，确认无误后，由工作人员当众拆封，并宣读了该 3 家承包商的名称、投标价格、工期和其他主要内容。评标委员会委员由招标人直接确定，共由 4 人组成，其中招标人代表 2 人，经济专家 1 人，技术专家 1 人。

经招标工作小组确定的评标指标及评分方法如下：报价不超过标底(35 500 万元)的±5% 者为有效标，超过者为废标。报价为标底的 98%者得满分，在此基础上，报价比标底每下降 1%，扣 1 分，每上升 1%，扣 2 分(计分按四舍五入取整)。定额工期为 500 天，评分方法是：工期提前 10%为 100 分，在此基础上每拖后 5 天扣 2 分。

企业信誉和施工经验得分在资格审查时已评定。上述四项评标指标的权重分别为：投标报价 45%；投标工期 25%；企业信誉和施工经验均为 15%，各投标单位的有关情况见表 3。

表 3　各单位投标情况统计表

投标单位	报价/万元	总工期/天	企业信誉得分	施工经验得分
甲	35 642	460	95	100
乙	34 364	450	95	100
丙	33 867	460	100	95

【问题】

1. 从所介绍的背景资料来看，该项目的招标投标过程中有哪些方面不符合《招标投标法》的规定？

2. 请按综合得分最高者中标的原则确定中标单位。

案例 4

【背景】

某业主与某施工单位签订了施工总承包合同，该工程采用边设计边施工的方式进行，

合同的部分条款如下。

××工程施工合同书(节选)

一、协议书

(一)工程概况

该工程位于某市的××路段，建筑面积 3000 m²，砖混结构住宅楼(其他概况略)。

(二)承包范围

承包范围为该工程施工图所包括的土建工程。

(三)合同工期

合同工期为 2010 年 11 月 20 日至 2011 年 6 月 30 日，合同工期总日历天数为 223 天。

(四)合同价款

本工程采用总价合同形式，合同总价为：人民币贰佰叁拾肆万元整(¥234.00 万元)。

(五)质量标准

本工程质量标准要求达到承包商最优的工程质量。

(六)质量保修

施工单位在该项目的设计规定的使用年限内承担全部保修责任。

(七)工程款支付

在工程基本竣工时，支付全部合同价款，为确保工程如期竣工，乙方不得因甲方资金的暂时不到位而停工和拖延工期。

二、其他补充协议

(一)乙方在施工前不允许将工程分包，只可以转包。

(二)甲方不负责提供施工场地的工程地质和地下主要管网线路资料。

(三)乙方应按项目经理批准的施工组织设计组织施工。

(四)涉及质量标准的变更由乙方自行解决。

(五)合同变更时，按有关程序确定变更工程价款。

【问题】

1. 该项工程施工合同协议书中有哪些不妥之处？并请指正。

2. 该项工程施工合同的补充协议中有哪些不妥之处？请指出并改正。

3. 该工程按工期定额来计算，其工期为 212 天，那么你认为该工程的合同工期为多少天？

4. 确定变更合同价款的程序是什么？

案例 5

【背景】

某工程项目业主采用《建设工程工程量清单计价规范》规定的计价方法，通过公开招标，确定了中标人。招投标文件中有关资料如下。

(1) 分部分项工程量清单中含有甲、乙两个分项，工程量分别为 4500 m³ 和 3200 m³，清单报价中甲项综合单价为 1240 元/m³，乙项综合单价为 985 元/m³。

(2) 措施项目清单中环境保护、文明施工、安全施工、临时设施等四项费用以分部分项工程量清单计价合计为基数，费率为 3.8%。

(3) 其他项目清单中包含零星工作费一项，暂定费用为 3 万元。

(4) 规费以分部分项工程量清单计价合计、措施项目清单计价合计和其他项目清单计价合计之和为基数，规费费率为 4%，税金率为 3.48%。

在中标通知书发出以后，招投标双方按规定及时签订了合同，有关条款如下。

(1) 施工工期自 2006 年 3 月 1 日开始，工期 4 个月。

(2) 材料预付款按分部分项工程量清单计价合计的 20% 计，于开工前 7 天支付，在最后两个月平均扣回。

(3) 措施费(含规费和税金)在开工前 7 天支付 50%，其余部分在各月工程款支付时平均支付。

(4) 零星工作费于最后一个月按实结算。

(5) 当某一分项工程实际工程量比清单工程量增加 10% 以上时，超出部分的工程量单价调价系数为 0.9；当实际工程量比清单工程量减少 10% 以上时，全部工程量的单价调价系数为 1.08。

(6) 质量保证金从承包商每月的工程款中按 5% 比例扣留。

承包商各月实际完成(经业主确认)的工程量，见表 4。

表 4　各月实际完成工程量表　　　　　　　　单位：m³

分项工程(月份)	3	4	5	6
甲	900	1200	1100	850
乙	700	1000	1100	1000

施工过程中发生了以下事件。

(1) 5 月份由于不可抗力影响，现场材料(乙方供应)损失 1 万元；施工机械被损坏，损失 1.5 万元。

(2) 实际发生零星工作费用 3.5 万元。

【问题】

1．计算材料预付款。

2．计算措施项目清单计价合计和预付措施费金额。

3．列式计算 5 月份应支付承包商的工程款。

4．列式计算 6 月份承包商实际完成工程的工程款。

5．承包商在 6 月份结算前致函发包方，指出施工期间水泥、砂石价格持续上涨，要求调整。经双方协商同意，按调值公式法调整结算价。假定 3、4、5 三个月承包商应得工程款(舍索赔费用)为 750 万元；固定要素为 0.3，水泥、砂石占可调值部分的比重为 10%，调整系数为 1.15，其余不变。则 6 月份工程结算价为多少？

案例6

【背景】

某钢筋混凝土圆形烟囱基础设计尺寸，如图 1 所示。其中基础垫层采用 C15 混凝土，圆形满堂基础采用 C30 混凝土，地基土壤类别为三类土。土方开挖底部施工所需的工作面宽度为 300 mm，放坡系数为 1：0.33，放坡自垫层上表面计算。

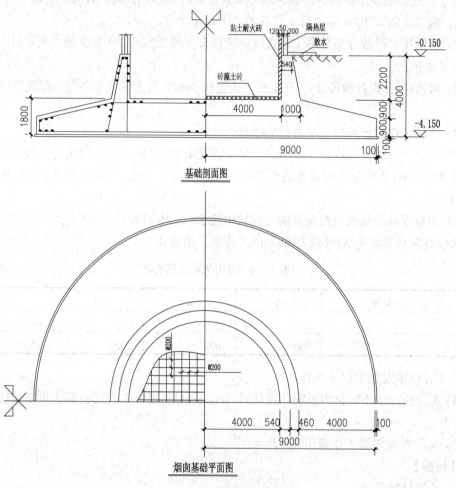

图 1　烟囱基础构造图

【问题】

1. 根据上述条件，按《建设工程工程量清单计价规范》(GB 50500—2013)的计算规则，根据表 3-1 中的数据，在答题纸"工程量计算表"中，列式计算该烟囱基础的平整场地、挖基础土方、垫层和混凝土基础工程量。平整场地工程量按满堂基础底面积乘 2.0 系数计算，圆台体体积计算公式为

$$V = \frac{1}{3} \times h \times \pi \times (r_1^2 + r_2^2 + r_1 \times r_2)$$

2. 根据工程所在地相关部门发布的现行挖、运土方预算单价，见表 5 "挖、运土方预

算单价表"。施工方案规定，土方按 90%机械开挖、10%人工开挖，用于回填的土方在 20m 内就近堆存，余土运往 5000m 范围内指定地点堆放。相关工程的企业管理费按工程直接费的 7%计算，利润按工程直接费的 6%计算。编制挖基础土方(清单编码为 010101003)的清单综合单价，填入答题纸"工程量清单综合单价分析表"。

表5　挖、运土方预算单价表

定额编号	1-7	1-148	1-162
项目名称	人工挖土	机械挖土	机械挖、运土
工作内容	人工挖土、装土，20m 内就近堆放，整理边坡等	机械挖土就近堆放，清理机下余土等	机械挖土装车，外运 5000m 内堆放
人工费/元	12.62	0.27	0.31
材料费/元	0.00	0.00	0.00
机械费/元	0.00	7.31	21.33
基价/元	12.62	7.58	21.64

3. 利用第 1、2 问题的计算结果和以下相关数据，在答题纸"分部分项工程量清单与计价表"中，编制该基础分部分项工程量清单与计价表。已知相关数据为：①平整场地，编码 010101001，综合单价 1.26 元/m²；②挖基础土方，编码 010101003；③土方回填，人工分层夯填，编码 010103001，综合单价 15.00 元/m³；④C15 混凝土垫层，编码 010401006，综合单价 460.00 元/m³；⑤C30 混凝土满堂基础，编码 010401003，综合单价 520.00 元/m³。

模拟试卷(二)参考答案

案例1

1. ①计算建设期借款利息。

第 1 年建设期贷款利息=1/2 ×500×6%=15.00(万元)

第 2 年建设期贷款利息=$\left[(500+15)+\dfrac{1}{2}\times 500\right]\times 6\% = 45.90$(万元)

建设期贷款利息=15+45.90=60.90(万元)

② 固定资产年折旧费=(2000+60.90−100)/8 =245.11(万元)

③ 计算期第 8 年的固定资产余值=固定资产年折旧费×(8−6)+残值= 245.11×2+100= 590.22(万元)

2. ① 等额还本、利息照付方式下，各年还本额=1060.9/6=176.82 (万元)

计算期第 3 年应付利息=第 3 年初借款余额×6%=1060.90×6%=63.65(万元)

计算期第 4 年应付利息=第 4 年初借款余额×6%=(1060.90−176.82)×6%=884.08×6%= 53.04(万元)

计算期第 5 年应付利息=第 5 年初借款余额×6%=(884.08-176.82)×6%=707.26×6%=42.44(万元)

计算期第 6 年应付利息=第 6 年初借款余额×6%=(707.26-176.82)×6%=530.44×6%=31.83(万元)

计算期第 7 年应付利息=第 7 年初借款余额×6%=(530.44-176.82)×6%=353.62×6%=21.22(万元)

计算期第 8 年应付利息=第 8 年初借款余额×6%=(353.62-176.82)×6%=176.80×6%=10.61(万元)

表 1　借款还本付息计划表

单位：万元

项　目	计　算　期							
	1	2	3	4	5	6	7	8
期初借款余额	0	515.00	1060.90	884.08	707.26	530.44	353.62	176.80
当期还本付息			240.47	229.86	219.26	208.65	198.04	187.43
其中：还本			176.82	176.82	176.82	176.82	176.82	176.82
付息			63.65	53.04	42.44	31.83	21.22	10.61
期末借款余额	515.00	1060.90	884.08	707.26	530.44	353.62	176.80	0

② 各年总成本费用=各年经营成本+年折旧费用+各年长期借款利息(数据来自表 1)

表 2　总成本费用估算表

单位：万元

项　目	3	4	5	6	7	8
年经营成本	250.00	300.00	320.00	320.00	320.00	320.00
年折旧费	245.11	245.11	245.11	245.11	245.11	245.11
长期借款利息	63.65	53.04	42.44	31.83	21.22	10.61
总成本费用	558.76	598.15	607.55	596.94	586.33	575.72

3. ① 计算所得税。

第 3 年营业税及附加：700×6%=42(万元)

所得税=(营业收入-营业税金及附加-总成本费用)×25%

第 3 年所得税=(700-42-558.76)×25%=24.81(万元)

② 计算第 8 年现金流入。

第 8 年现金流入=(营业收入+回收固定资产余值+回收流动资金)=1000+590.24+300=1890.24(万元)

计算第 8 年现金流出：

第 8 年所得税=(1000-1000×6%-575.72)×25%=91.07(万元)

第 8 年现金流出=(借款本金偿还+借款利息支付+经营成本+营业税金及附加+所得税)=176.82+10.61+320+60+91.07=658.50(万元)

计算第 8 年的净现金流量：

第 8 年的净现金流量=现金流入-现金流出=1890.24-658.50=1231.74(万元)

案例 2

1. 计算如表 3 所示。

表 3　3 个方案综合得分计算表

项　目	权　重	方案 A	方案 B	方案 C
购置费和安装费	0.5	10×0.5=5.0	[10-(600-520)/10×0.1]×0.5=4.6	[10-(700-520)/10×0.1]×0.5=4.1
年度使用费	0.4	[10-(65-55)×0.1]×0.4=3.6	[10-(60-55)×0.1]×0.4=3.8	10×0.4=4.0
使用年限	0.1	[10-(20-16)×0.5]×0.1=0.8	[10-(20-18)×0.5]×0.1=0.9	10×0.1=1.0
综合得分		9.4	9.3	9.1

由计算结果得知，3 个方案中 A 方案得分最高，应选择 A 采购方案。

2. 计算如下：

B 方案年费用：60+600/(P/A,8%,18)=60+600/9.372=124.02(万元)

3 个方案中 A 方案年费用最低，应选择 A 采购方案。

3. 计算如下：

B 方案年费用：60+[600+100×(P/F,8%,10)-20×(P/F,8%,18)]/(P/A,8%,18)=60+(600+100×0.463-20×0.250)/9.372=128.43(万元)

3 个方案中 B 的方案费用最低，应选择 B 采购方案。

4. 计算如下：

按照 C 方案，该设备系统的静态经济寿命 $= \sqrt{\dfrac{2(P-L_N)}{\lambda}} = \sqrt{\dfrac{2\times(700-25)}{6}} = 15(年)$

案例 3

1. 在该项目招标投标过程中有以下几个方面不符合《招标投标法》有关规定，分述如下。

(1) 从 8 月 25 日发放招标文件到 9 月 5 日提交投标文件截止不妥。根据《招标投标法》第二十四条规定：依法必须进行招标的项目，自发放招标文件之日起至投标人提交投标文件截止之日止，最短不得少于 20 天。

(2) 开标时，不应由招标人检查投标文件的密封情况。根据《招标投标法》第三十六条规定：开标时，由投标人或者其推选的代表检查投标文件的密封情况，也可以由招标人委托的公证机构检查并公证。

(3) 评标委员会委员不应由招标人直接确定，而且评标委员会成员组成也不符合规定。根据《招标投标法》第三十七条规定：评标委员会由招标人的代表和有关技术、经济等方面的专家组成，成员人数为 5 人以上单数，其中技术经济等方面的专家不得少于成员总数

的 2/3，评标委员会中的技术、经济专家，一般招标项目应采取(从专家库中)随机抽取方式，特殊招标项目可以由招标人直接确定，本项目显然属于一般招标项目。

2. 各单位的各项指标得分及总得分见表4～表6。

首先，判断各投标单位报价是否为有效标，经测算，三家承包商报价均为有效报价。

表4　投标报价得分评分表

投标单位	报价/万元	报价与标底的比例/%	扣　　分	得　　分
甲	35 642	35 642/35 500=100.4	(100.4-98)×2=5	100-5=95
乙	34 364	34 364/35 500=96.8	(98-96.8)×1=1	100-1=99
丙	33 867	33 867/35 500=95.4	(98-95.4)×1=3	100-3=97

表5　工期得分评分表

投标单位	工期/天	工期与定额工期的比较	扣　　分	得　　分
甲	460	460-500(1-10%)=10	10/5×2=4	100-4=96
乙	450	450-500(1-10%)=0	0	100-0=100
丙	460	460-500(1-10%)=10	10/5×2=4	100-4=96

表6　各项指标得分及总得分评分表

	甲	乙	丙	权　重
报价得分/分	95	99	97	45%
工期得分/分	96	100	96	25%
企业信誉得分/分	95	95	100	15%
施工经验得分/分	100	100	95	15%
总得分/分	96	98.8	96.9	100%

由上得知，乙单位的综合得分最高，所以应选择乙单位为中标单位。

案例4

1. 协议书的不妥之处及正确做法具体如下。

(1) 不妥之处：承包范围为该工程施工图所包括的土建工程。

正确做法：承包范围为施工图所包括的土建、装饰、水暖电等全部工程。

(2) 不妥之处：本工程采用总价合同形式。

正确做法：应采用单价合同。

(3) 不妥之处：工程质量标准要求达到承包商最优的工程质量。

正确做法：应以《建筑工程施工质量验收统一标准》中规定的质量标准作为该工程的质量标准。

(4) 不妥之处：在项目设计规定的使用年限内承担全部保修责任。

正确做法：建筑工程保修期限应符合住房和城乡建设部(原建设部)《房屋建筑工程质量

保修办法》有关规定：①地基基础工程和主体结构工程，为设计文件规定的该工程的合理使用年限；②房屋防水工程、有防水要求的卫生间、房间和外墙面的防渗漏，为 5 年；③供热与供冷系统，为 2 个采暖期、供冷期；④ 电气管线、给排水管道、设备安装为 2 年；⑤装修工程为 2 年；⑥其他项目的保修期限由建设单位和施工单位约定。

(5) 不妥之处：在工程基本竣工时，支付全部合同价款。

正确做法：建设工程项目竣工结算时，必须从应付工程款中预留部分资金作为工程质量保证金，其比例为工程价款结算总额的 5%左右。

(6) 不妥之处：乙方不得因甲方资金的暂时不到位而停工和拖延工期。

正确做法：应说明甲方资金不到位在什么期限内乙方不得停工和拖延工期。

2．补充协议的不妥之处及正确做法具体如下。

(1) 不妥之处：乙方在施工前不允许将工程分包，只可以转包。

正确做法：乙方在施工前不允许将工程转包，可以分包。

(2) 不妥之处：甲方不负责提供施工场地的工程地质和地下主要管线的资料。

正确做法：甲方应负责提供施工场地的工程地质和地下主要管线的资料。

(3) 不妥之处：乙方应按项目经理批准的施工组织设计组织施工。

正确做法：乙方应按工程师(或业主代表)批准的施工组织设计组织施工，并保证资料(数据)真实、准确。

(4) 不妥之处：涉及质量标准的变更由乙方自行解决。

正确做法：涉及质量标准的变更应由甲方、乙方以及监理工程师共同商定。

3．按照合同文件解释顺序的规定应以施工总承包合同文件条款为准，应认定目标工期为 223 天。

4．确定变更合同价款的程序如下。

(1) 承包人在工程变更确定后 14 天内，可提出变更涉及的追加合同价款要求的报告，经工程师确认后相应调整合同价款。如果承包人在双方确定变更后的 14 天内，未向工程师提出变更工程价款的报告，视为该项变更不涉及合同价款的调整。

(2) 工程师应在收到承包人的变更合同价款报告后 14 天内，对承包人的要求予以确认或做出其他答复。工程师无正当理由不确认或答复时，自承包人的报告送达之日起 14 天后，视为变更价款报告已被确认。

(3) 工程师确认增加的工程变更价款作为追加合同价款，与工程进度款同期支付。不同意承包人提出的变更价款，按合同约定的争议条款处理。

案例 5

1．分部分项清单项目合价：4500×0.124+3200×0.0985=873.20(万元)

材料预付款：873.20×20%=174.64(万元)

2．措施项目清单合价：873.2×3.8%=33.18(万元)

预付措施费：33.18×50%×(1+4%)×(1+3.41%)=17.84(万元)

3．5 月份应付工程款：

(1100×0.124+1100×0.0985+33.18×50%÷4+1.0)×(1+4%)×(1+3.41%)×(1-5%)-174.64÷2
=249.90×1.04×1.0341×0.95-87.32=168.00 (万元)

4. 6月份承包商完成工程的工程款：

甲分项工程(4050-4500)/4500=-10%，故结算价不需要调整。

则甲分项工程6月份清单合价：850×0.124=105.40(万元)

乙分项工程(3800-3200)/3200=18.75%，故结算价需调整。

调价部分清单合价：(3800-3200×1.1)×0.0985×0.9=280×0.08865=24.82(万元)

不调价部分清单合价：(1000-280)×0.0985=70.92(万元)

则乙分项工程6月份清单合价：24.82+70.92=95.74(万元)

6月份承包商完成工程的工程款：

(105.4+95.74+33.18×50%×1/4+3.5)×1.04×1.0341=224.55(万元)

5. 原合同总价：(873.2+33.18+3.0)×1.04×1.0341=978.01(万元)

调值公式动态结算：

(750+224.55)×(0.3+0.7×10%×1.15+0.7×90%×1.0)=974.55×1.0105=984.78 (万元)

6月份工程结算价：

(224.55+984.78-978.01)×0.95-174.64×0.5=231.32×0.95-87.32=132.43(万元)

案例6

1. 计算烟囱基础的平整场地、挖基础土方、垫层和混凝土基础工程量，填入表7。

表7 工程量计算表

序 号	项目名称	计量单位	工程量	计算过程
1	平整场地	m²	508.68	3.14×9×9×2=508.68
2	清单挖土方	m³	1066.10	3.14×9.1×9.1×4.1=1066.10
3	定额挖土方	m³	1300.69	3.14×9.4×9.4×0.1+1/3×4×3.14×[9.4×9.4+(9.4+4×0.33)×(9.4+4×0.33)+9.4×(9.4+4×0.33)]=1300.69
4	C15 混凝土垫层	m³	26.00	3.14×9.1×9.1×0.1=26.00
5	C30 混凝土基础	m³	417.92	228.91+142.24+157.3-110.53=417.92 圆柱部分：3.14×9×9×0.9=228.91 圆台部分：1/3×0.9×3.14×(9×9+5×5+9×5)=142.24 上部大圆台：1/3×2.2×3.14×(5×5+4.54×4.54+5×4.54)=157.30 扣中间圆柱体：3.14×4×4×2.2=110.53
6	机械运土	m³	554.45	26.00+228.91+142.24+157.3=554.45
7	机械挖土	m³	1170.62	1300.69×0.9=1170.62
8	人工挖土	m³	130.07	1300.69×0.1=130.07
9	清单回填土方	m³	511.65	1066.1-26-228.91-142.24-157.3=511.65

2. 工程量清单综合单价分析表，见表8。

表8 工程量清单综合单价分析表

项目编码	010101003		项目名称	挖基础土方	计量单位		m³		

清单综合单价组成明细

定额编号	定额项目名称	定额单位	数量	单价/元				合价/元			
				人工费	材料费	机械费	管理费和利润	人工费	材料费	机械费	管理费和利润
1-7	人工挖土	m³	130.07	12.62			1.64	1641.48			213.39
1-148	机械挖土	m³	1170.62	0.27		7.31	0.99	316.07		8557.23	1153.53
1-162	机械挖土运土	m³	554.45	0.31		21.33	2.81	171.88		11 826.42	1559.78
人工单价	小计							2129.43		20 383.65	2926.70
50元/工日	未计价材料费/元										
清单项目综合单价/(元/m³)								(2129.43+20 383.65+2926.70)/1066.1 =23.86			

3. 编制该基础分部分项工程量清单与计价表，见表9。

表9 分部分项工程量清单与计价表

序 号	项目编码	项目名称	项目特征描述	计量单位	工程量	金额/元		
						综合单价	合 价	暂估价
1	010101001001	平整场地	—	m²	508.68	1.26	640.94	
2	010101003001	挖基础土方	夯实回填	m³	1066.10	23.86	25 437.15	
3	010103001001	土方回填	三类土，挖土深度 4m 以内，含运土 5000m	m³	511.65	15.00	7674.75	
4	010401006001	混凝土垫层	C15 混凝土厚 100mm	m³	26.00	460.00	11 960.00	
5	010401003001	混凝土满堂基础	C30 混凝土厚 1800mm	m³	417.92	520.00	217 318.40	
	合 计						263 031.24	

模拟试卷(三)

案例 1

【背景】

2009 年年初，某业主拟建一年产 15 万吨产品的工业项目。已知 2006 年已建成投产的年产 12 万吨产品的类似项目，投资额为 500 万元。自 2006 年至 2009 年每年平均造价指数

递增 3%。

拟建项目有关数据资料如下。

(1) 项目建设期为 1 年，运营期为 6 年，项目全部建设投资为 700 万元，预计全部形成固定资产。残值率为 4%，固定资产余值在项目运营期末收回。

(2) 运营期第 1 年投入流动资金 150 万元，全部为自有资金，流动资金在计算期末全部收回。

(3) 在运营期间，正常年份每年的营业收入为 1000 万元，总成本费用为 500 万元，经营成本为 350 万元。营业税及附加税率为 6%，所得税税率为 25%，行业基准投资回收期为 6 年。

(4) 投产第 1 年生产能力达到设计生产能力的 60%，营业收入与经营成本也为正常年的 60%。总成本费用为 400 万元。投产第 2 年及第 2 年后各年均达到设计生产能力。

(5) 为简化起见，将"调整所得税"列为"现金流出"的内容。

【问题】

1. 试用生产能力指数法列式计算拟建项目的静态投资额。

2. 编制融资前该项目的投资现金流量表，将数据填入表 1 中，并计算项目投资财务净现值(所得税后)。

3. 列式计算该项目的静态投资回收期(所得税后)，并评价该项目是否可行。

表 1　项目投资现金流量表　　　　　　　　　　单位：万元

序号	项目	合计	计算期/年						
			1	2	3	4	5	6	7
1	现金流入								
1.1	营业收入								
1.2	回收固定资产余值								
1.3	回收流动资金								
2	现金流出								
2.1	建设投资								
2.2	流动资金								
2.3	经营成本								
2.4	营业税金及附加								
2.5	调整所得税								
3	所得税后净现金流量								
4	累计所得税后净现金流量								
	折现净现金流量折现系数 i=10%		0.909	0.826	0.751	0.683	0.621	0.564	0.513
	所得税后折现净现金流量								
	累计所得税后折现净现金流量								

案例2

【背景】

某设计单位为拟建工业厂房提供 3 种屋面防水保温工程设计方案，供业主选择。

方案一，硬泡聚氨酯防水保温材料（防水保温二合一）；方案二，三元乙丙橡胶卷材（$\delta=2\times1.2\text{mm}$）加陶粒混凝土；方案三，SBS 改性沥青卷材（$\delta=2\times3\text{mm}$）加陶粒混凝土。三种方案的综合单价、使用寿命、拆除费用等相关数据，见表 2。

表 2　各方案相关数据表

序　号	项　目	方案一	方案二	方案三
1	防水层综合单价/(元/m²)	合计 260.00	90.00	80.00
2	保温层综合单价/(元/m²)		35.00	35.00
3	防水层寿命/年	30	15	10
4	保温层寿命/年		50	50
5	拆除费用/(元/m²)	按防水、保温费用 10%	按防水费用 20%	按防水费用 20%

拟建工业厂房的使用寿命为 50 年，不考虑 50 年后其拆除费用及残值，不考虑物价变动因素。基准折现率为 8%。

【问题】

1. 分别列式计算拟建工业厂房寿命期内屋面防水保温工程各方案的综合单价现值。用现值比较法确定屋面防水保温工程经济最优方案。

2. 为控制工程造价和降低费用，造价工程师对选定的屋面防水保温工程方案以 3 个功能层为对象进行价值工程分析。各功能项目得分及其目前成本见表 3。

表 3　功能项目得分及其目前成本表

功能项目	功能得分	目前成本/万元
找平层	14	16.8
保温层	20	14.5
防水层	40	37.4

计算各功能项目的价值指数，并确定各功能项目的改进顺序。

案例3

【背景】

某大型水利工程项目中的引水系统由招标人组织施工公开招标，确定的招标程序为：①成立招标工作小组；②编制招标文件；③发布招标邀请书；④对报名参加投标者进行资格预审，并将审查结果通知各申请投标者；⑤向合格的投标者分发招标文件及设计图纸、技术资料等；⑥建立评标组织，制定评标定标办法；⑦召开开标会议，审查投标书；⑧组织评标，决定中标单位；⑨发出中标通知书；⑩签订承发包合同。参加投标报价的某施工企业需制定投标报价策略。既可以投高标，也可以投低标，其中标概率与效益情况如图 1 所示；若未中标，需损失投标费用 5 万元。

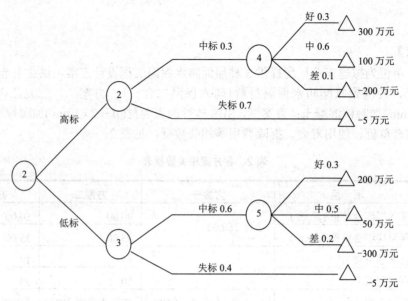

图1 决策树

【问题】

1. 上述招标程序有何不妥之处，请加以指正。

2. 请运用决策树方法为上述施工企业确定投标报价策略。

案例4

【背景】

某工程施工合同中规定，合同工期为30周，合同价为82 728万元(含规费38万元)，其中，管理费为直接费(分部分项工程和措施项目的人工费、材料费、机械费之和)的18%，利润率为直接费、管理费之和的5%，营业税税率、城市维护建设税税率、教育费附加税率和地方教育附加费率分别为3%、7%、3%和2%，因通货膨胀导致价格上涨时，业主只对人工费、主要材料费和机械费(三项费用占合同价的比例分别为22%、40%和9%)进行调整，因设计变更产生的新增工程，业主既补偿成本又补偿利润。

该工程的D工作和H工作安排使用同一台施工机械，机械每天工作一个台班，机械台班单价为1000元/台班，台班折旧费为600元/台班，施工单位编制的施工进度计划，如图2所示。

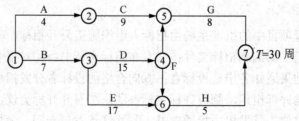

图2 施工进度计划

施工过程中发生如下事件。

事件 1：考虑物价上涨因素，业主与施工单位协议对人工费、主要材料费和机械费分别上调 5%、6% 和 3%。

事件 2：因业主设计变更新增 F 工作，F 工作为 D 工作的紧后工作，为 H 工作的紧前工作，持续时间为 6 周。经双方确认，F 工作的直接费(分部分项工程和措施项目的人工费、材料费、机械费之和)为 126 万元，规费为 8 万元。

事件 3：G 工作开始前，业主对 G 工作的部分施工图纸进行修改，由于未能及时提供给施工单位，致使 G 工作延误 6 周。经双方协商，对仅因业主延迟提供的图纸而造成的工期延误，业主按原合同工期和价格确定分摊的每周管理费标准补偿施工单位管理费。

上述事件发生后，施工单位在合同规定的时间内向业主提出索赔并提供了相关资料。

【问题】

1. 事件 1 中，调整后的合同价款为多少万元？

2. 事件 2 中，应计算 F 工作的工程价款为多少万元？

3. 事件 2 发生后，以工作表示的关键线路是哪一条？列示计算应批准延长的工期和可索赔的费用(不含 F 工程价款)。

4. 按合同工期分摊的每周管理费应为多少万元？发生事件 2 和事件 3 后，项目最终的工期是多少周？业主应批准补偿的管理费为多少万元？

案例 5

【背景】

某工程项目由 A、B、C 三个分项工程组成，采用工程量清单招标确定中标人，合同工期 5 个月。各月计划完成工程量及综合单价见表 4，承包合同规定如下。

1. 开工前发包方向承包方支付分部分项工程费的 15% 作为材料预付款。预付款从工程开工后的第 2 个月开始分 3 个月均摊抵扣。

2. 工程进度款按月结算，发包方每月支付承包方应得工程款的 90%。

3. 措施项目工程款在开工前和开工后第 1 个月末分两次平均支付。

4. 分项工程累计实际完成工程量超过计划完成工程量的 10% 时，该分项工程超出部分的工程量的综合单价调整系数为 0.95。

5. 措施项目费以分部分项工程费用的 2% 计取，其他项目费 20.86 万元，规费综合费率 3.5%(以分部分项工程费、措施项目费、其他项目费之和为基数)，税率 3.35%。

表 4　各月计划完成工程量(m^3)及综合单价表

工程名称	第 1 月	第 2 月	第 3 月	第 4 月	第 5 月	综合单价(元/m^2)
分项工程 A	500	600				180
分项工程 B		750	800			480
分项工程 C			950	1100	1000	375

【问题】

1. 工程合同价为多少万元？

2. 列式计算材料预付款、开工前承包商应得措施项目工程款。

3. 根据表 5 计算第 1、2 月造价工程师应确认的工程进度款各为多少万元？

表 5　第 1、2、3 月实际完成的工程量表

单位：m²

工程名称	第 1 月	第 2 月	第 3 月
分项工程 A	630	600	
分项工程 B		750	1000
分项工程 C			950

4. 简述承、发包双方对工程施工阶段的风险分摊原则。

案例 6

【背景】

某别墅部分设计如图 3～图 7 所示。墙体除注明外均为 240 mm 厚。坡屋面构造做法：钢筋混凝土屋面板表面清扫干净，素水泥浆一道，20 mm 厚 1：3 水泥砂浆找平，刷防水膏，采用 20 mm 厚 1：3 干硬性水泥砂浆防水保护层，25 mm 厚 1：1：4 水泥石灰砂浆铺瓦屋面。卧室地面构造做法：素土夯实，60 mm 厚 C10 混凝土垫层，20 mm 厚 1：2 水泥砂浆抹面压光。卧室楼面构造做法：150 mm 厚现浇钢筋混凝土楼板，素水泥浆一道，20 mm 厚 1：2 水泥砂浆抹面压光。

【问题】

1. 依据《建筑工程建筑面积计算规则》的规定，计算别墅的建筑面积。将计算过程及计量单位、计算结果填入 "建筑面积计算表"。

2. 依据《房屋建筑与装饰工程计量规范》计算卧室(不含卫生间)楼面、地面工程量，计算坡屋面工程量。将计算过程及结果填入"分部分项工程量计算表"。

3. 依据《房屋建筑与装饰工程计量规范》编制卧室楼面、地面，坡屋面工程的分部分项工程量清单，填入 "分部分项工程量清单"(水泥砂浆楼地面的项目编码：011101001，瓦屋面的项目编码：010901001)表。

4. 依据《建设工程工程量清单计价规范》编制"单位工程费汇总表"。假设别墅部分项目的分部分项工程量清单计价合计 207 822 元，其中人工费 41 560 元；措施项目清单计价合价 48 492 元；其他项目清单计价合价 12 123 元；规费以人工费为基数计取，费率为 30%；税率为 3.413%。将有关数据和相关内容填入"单位工程费汇总表"。

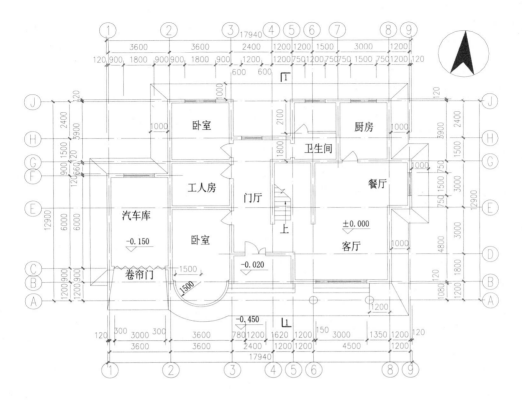

图3 一层平面图

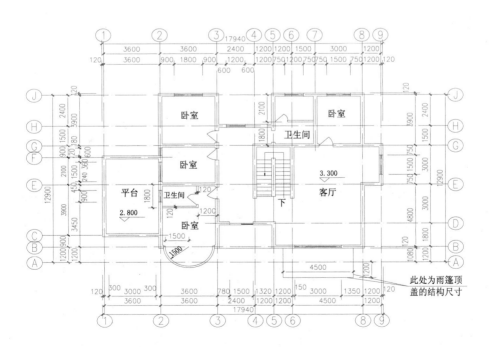

图4 二层平面图

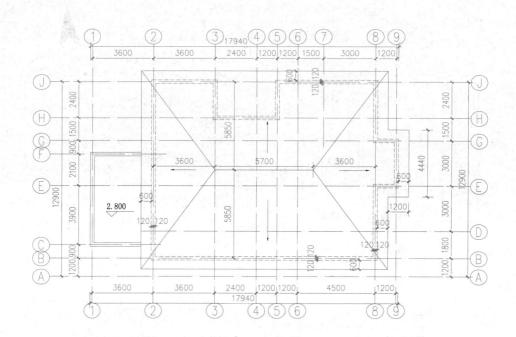

图 5 屋顶平面图

图 6 南立面图

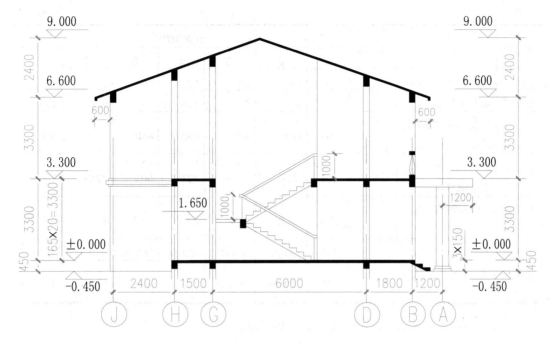

图 7 1-1 剖面图

模拟试卷(三)参考答案

案例 1

1. 静态投资额 $= 500 \times \left(\dfrac{15}{12}\right)^{1} \times (1+3\%)^{3} = 682.95$(万元)

2. 编制融资前该项目的投资现金流量表,见表 1。

表 1 项目投资现金流量表   单位:万元

序 号	项 目	合 计	计算期/年						
			1	2	3	4	5	6	7
1	现金流入			600	1000	1000	1000	1000	1178
1.1	营业收入			600	1000	1000	1000	1000	1000
1.2	回收固定资产余值								28
1.3	回收流动资金								150
2	现金流出		700	437	520	520	520	520	520
2.1	建设投资		700						
2.2	流动资金			150					
2.3	经营成本			210	350	350	350	350	350

序 号	项 目	合 计	计算期/年						
			1	2	3	4	5	6	7
2.4	营业税金及附加		36	60	60	60	60	60
2.5	调整所得税		41	110	110	110	110	110
3	所得税后净现金流量	−700	163	480	480	480	480	658
4	累计所得税后净现金流量	−700	−537	−57	423	903	1383	2041
	折现净现金流量折现系数 i=10%		0.909	0.826	0.751	0.683	0.621	0.564	0.513
	所得税后折现净现金流量		−636.3	134.64	360.48	327.84	298.08	270.72	337.55
	累计所得税后折现净现金流量		−636.3	−501.66	−141.18	186.66	484.74	755.46	1093.01

项目投资财务净现值(所得税后)为 1093.01 万元。

2. 静态投资回收期 $= (4-1) + \dfrac{57}{480} = 3 + 0.12 = 3.12$(年)

案例 2

1. 方案一：260×[1+(P/F,8%,30)]+260×10%×(P/F,8%,30)=288.42(元/m²)

方案二：90×[1+(P/F,8%,15)+(P/F,8%,30)+(P/F,8%,45)]+90×20%×[(P/F,8%,15)+(P/F,8%,30)+(P/F,8%,45)]+35=173.16(元/m²)

方案三：80×[1+(P/F,8%,10)+(P/F,8%,20)+(P/F,8%,30)+(P/F,8%,40)]+80×20%×[(P/F,8%,10)+(P/F,8%,20)+(P/F,8%,30)+(P/F,8%,40)]+35=194.02(元/m²)

综上计算可知，方案二综合单价现值最低，故方案二为最优方案。

2. 各功能指数见表 2。

表 2 功能指数计算表

功能项目	功能指数①	成本指数②	价值指数③=①/②
找平层	14/(14+20+40)=0.189	16.8/(16.8+14.5+37.4)=0.245	0.771
保温层	20/(14+20+40)=0.270	14.5/(16.8+14.5+37.4)=0.211	1.280
防水层	40/(14+20+40)=0.541	37.4/(16.8+14.5+37.4)=0.544	0.994

所以，改进顺序为：找平层—防水层—保温层。

案例 3

1. ① 第 3 步"发布招标邀请书"应为"发布招标公告(通告)"，因为是公开招标方式，不是邀请招标；② 在第 5 步与第 6 步之间应增加"组织投标单位踏勘现场，并就招标文件进行答疑"。

2. 运用决策树法进行计算。

分别求出各节点的期望值：

④ 节点的期望值=0.3×300+0.6×100+0.1×(−200)=130(万元)

⑤ 节点的期望值=0.3×200+0.5×50+0.2×(−300)=25(万元)

② 节点的期望值=130×0.3+(−5)×0.7=35.5(万元)

③ 节点的期望值=25×0.6+(−5)×0.4=13(万元)

从第②③节点的期望值比较来看，因为节点②的期望值大，所以应采取投高标的报价策略。

案例 4

1. 调整后的合同价款=827.28×[(1−22%−40%−9%)+22%×(1+5%)+40%×(1+6%)+9%×(1+3%)]=858.47(万元)

2. 税率=1/[1−3%−(3%×7%)−3%×(3%+2%)]−1=3.48%

F 工作的工程价款=[126×(1+18%)×(1+5%)+8]×(1+3.48%)=169.83(万元)

3. 事件 2 发生后，关键线路为：B→D→F→H

应批准延长的工期为：(7+15+6+5)−30=3(周)

可索赔的费用：原计划 H 工作最早开始时间是第 24 天，增加 F 工作后 H 工作的最早开始时间是第 28 天，可索赔的机械窝工时间 28−24=4(周)，窝工机械费：4×7×600=16 800(元)

4. 设直接费为 X，[X×(1+18%)×(1+5%)+38]×(1+3.48%)=827.28，解得 X=614.58，每周管理费=614.58×0.18/30=3.69(万元)。

事件 2、3 发生后，最终工期是 36 周，因为题目中所给条件"对仅因业主延迟提供的图纸而造成的工期延误"，事件 2 发生后，合同工期是 33 周，事件 3 发生后，应补偿工期36−33=3(周)，应补偿管理费=3.69×3=11.07(万元)。

案例 5

1. 工程合同价=(分项+措施+其他)×(1+规率%)×(1+税%)

=[(1100×180+1550×480+3050×375)×(1+2%)+208 600]×(1+3.5%)×(1+3.35%)

=(2 085 750.00+41 715.00+208 600)×1.0696725=2 498 824.49(元)

2. 材料预付款：2 085 750.00×15%=312 862.50 (元)

开工前措施款：41 715.00×1.069 672 5×50%×90%=20 079.62(元)

3. 1、2 月份工程进度款计算：

1 月份：(630×180+41 715.00×50%)×1.0696725×90%=129 250.40(元)

2 月份：

A 分项：630+600=1230m^3＞(500+600)×(1+10%)=1210(m^3)

则：(580×180+20×180×0.95)×1.0696725=115 332.09(元)

B 分项：750×480×1.0696725=385 082.10(元)

A 与 B 分项小计：115 332.09+385 082.10=500 414.19(元)

进度款：500 414.19×90%−312 862.50/3=346 085.27(元)

4．承、发包方对工程施工阶段风险分摊原则：可以预见的风险由承包方承担，不可预见的风险由发包方承担。

案例 6

1．计算别墅的建筑面积，填入表 3"建筑面积计算表"。

表 3　建筑面积计算表

序号	部位	计量单位	建筑面积	计算过程
1	一层	m²	172.66	3.6×6.24+3.84×11.94+3.14×1.52×1/2+3.36×7.74+5.94×11.94+1.2×3.24=172.66
2	二层	m²	150.20	3.84×11.94+3.14×1.52×1/2+3.36×7.74+5.94×11.94+1.2×3.24=150.20
3	阳台	m²	3.02	3.36×1.8×1/2=3.02
4	雨篷	m²	5.13	(2.4-0.12)×4.5×1/2=5.13
	合计	m²	331.01	

2．计算卧室(不含卫生间)楼面、地面工程量，计算坡屋面工程量，填入表 4"分部分项工程量计算表"。

表 4　分部分项工程量计算表

序号	分项工程名称	计量单位	工程数量	计算过程
1	卧室地面	m²	31.87	3.36×3.66+3.36×4.56+3.14×1.52×1/2+0.24×3=31.87
2	卧室楼面	m²	47.18	3.36×3.66+3.36×2.76+3.36×4.56+3.14×1.52×1/2+0.24×3-1.74×2.34+2.76×3.66=47.18
3	屋面	m²	211.18	$\frac{(5.7+14.34)\times\sqrt{2.4^2+(5.85+0.12+0.6)^2}}{2}\times2+\frac{1}{2}\times13.14\times$ $\sqrt{2.4^2+(3.6+0.12+0.6)^2}\times2+1.2\times4.44\times\frac{4.94}{4.32}$ $=140.18+64.91+6.09=211.18$ 其中：14.34=3.6+2.4+1.2+1.2+4.5+0.72×2 13.14=1.8+3+3+1.5+2.4+0.72×2

3．编制卧室楼面、地面，坡屋面工程的分部分项工程量清单，见表 5。

表5　分部分项工程量清单

序　号	项目编码	项目名称	项目特征描述	计量单位	工程量
1	011101001001	水泥砂浆地面	1. 垫层：素土夯实，60mm 厚 C10 混凝土 2. 面层：20mm 厚 1：2 水泥砂浆抹面压光	m²	31.87
2	011101001002	水泥砂浆楼面	1. 结合层：素水泥浆一道 2. 面层：20mm 厚 1：2 水泥砂浆抹面压光	m²	47.18
3	010901001001	瓦屋面	1. 找平层：素水泥浆一道，20mm 厚 1：3 水泥砂浆 2. 防水及保护层：刷防水膏，20mm 厚 1：3 干硬性水泥砂浆 3. 面层：25mm 厚 1：1：4 水泥石灰砂浆铺瓦屋面	m²	211.18

4. 编制"单位工程费汇总表"，见表6。

表6　单位工程费汇总表

序　号	汇总内容	金额/元
1	分部分项工程量清单计价合计	207 822
2	措施项目	48 492
3	其他项目	12 123
4	规费	12 468
5	税金	9587.29
合计=1+2+3+4+5		290 492.29